日本列島の下では何が起きているのか

列島誕生から地震・火山噴火のメカニズムまで

中島淳一　著

ブルーバックス

カバー装幀／芦澤泰偉・児崎雅淑
カバーイラスト／山田博之
目次・章扉・本文デザイン／坂 重輝（グランドグルーヴ）
本文図版／カモシタハヤト、さくら工芸社

はじめに

大きな地震が発生したり、火山が噴火すると、「地震の原因はプレートの沈み込みです」とか「マントルがとけてマグマができます」という説明をよく耳にします。では、プレートが沈み込むとなぜ地震が起こるのでしょうか？　マントルがとけるとは、どのような現象でしょうか？　そもそも、なぜプレートが動くのでしょうか？　よく考えてみると、日本列島には、わかっているようでわからない「なぜ？」が多くあることがわかります。

本書では、日本列島の下で起こっている現象をひとつずつ解説していきます。まず、プレートとは何かを説明し、次いで地球の構造を概観します。その後、日本列島の生い立ちを紹介し、日本列島周辺のプレート配置や、沈み込む太平洋プレートとフィリピン海プレートの歴史をみていきます。以上は、日本列島を理解するために必要な知識のおさらいです。

次に、沈み込む前の海洋プレートで起こる「含水化」に注目し、プレート内の水の挙動を説明します。そこから、本書の目的である「日本列島の下」に目を移していきます。プレート境界地震、沈み込むプレート（スラブ）内の地震、マントルでのマグマ生成と上昇、地殻内へのマグマの貫入、内陸地震の発生を紹介しながら、スラブから地表までにみられる一連の現象を説明していきます。

日本列島周辺は、プレート構造や地震・火山活動の理解が世界で最も進んでいる地域のひとつです。日本列島でみられる現象は「沈み込み帯の典型」として多くの研究者から注目されています。本書では、最新の研究成果を交えつつ、普段は見ることも触ることもできない日本列島の地下のようすを紹介します。

『日本列島の下では何が起きているのか』目次

Prologue

沈み込み帯に生まれて――変動し続ける日本列島

地震による地殻変動

2011年3月11日午後2時46分、マグニチュード(M)9・0の東北地方太平洋沖地震が発生しました。この地震により、東北地方の太平洋沿岸には高さ10mを超える大津波が来襲し、甚大な被害をもたらしました。

東北地方太平洋沖地震の発生前後で、日本列島(とくに東北地方)は大きく変形しています。宮城県の沿岸部は5mほど東に移動し、1m近く沈降しました。先ほどまで立っていた場所が一瞬にして数メートルも移動してしまうほどの大地震だったのです。

日本列島ではこのような大地震が過去、幾度となく繰り返されてきました。現在の日本列島のいたるところに、地震による地殻変動(隆起や沈降)の痕跡が残っています。たとえば、房総半島や三浦半島にみられる海岸段丘は、過去に繰り返し発生した関東地震クラスの大地震時の隆起によって形成されました。

地殻変動をもたらした地震として有名なのは、1804年に出羽国（山形県と秋田県）の日本海沿岸で発生した象潟《きさかた》地震です。潟湖《せきこ》と小さな島々がおりなす風光明媚な象潟の風景は、「東の松島　西の象潟」と評されました。松尾芭蕉も1689年にこの景勝地を訪れ、その絶景を楽しんだようです（『おくのほそ道』に俳句が残っています）。しかしながら、象潟地震により地面が1～2mほど隆起し、潟湖はほとんど陸化してしまいました。

地震の影響は地震発生時の地殻変動だけではありません。地震のあとには、余効変動とよばれるゆっくりとした変動が地下で起こることがわかっています。余効変動とは、急激な断層すべり（地震）の「余韻」のようなもので、プレート境界やその周囲のやわらかいマントルがじわじわと変形する現象です。東北地方太平洋沖地震の余効変動は現在も続いており、短くても数十年から100年は続くと考えられています。私たちが感じることができないほどゆっくりした変形が、日本列島の下でいまも続いているのです。

災害をもたらす火山噴火

日本列島には111の活火山があります。日本列島の面積は世界の陸地の0・25％ほどしかありませんが、日本列島周辺に分布する活火山の数は世界の約7％に相当します。世界で最も活発な火山活動がみられる地域のひとつで、噴火による災害が過去に幾度となく発生してきました。

最近では、2014年9月27日の御嶽山の水蒸気噴火や2018年1月23日の草津白根山の水蒸気噴火で犠牲者が出ました。1914年の桜島噴火（大正噴火）では58人が犠牲になり、流れ出た溶岩によって桜島と大隅半島が陸続きになりました。

過去300年間をみても、大きな被害をもたらした火山噴火が発生しています。1888年の磐梯山の水蒸気噴火では山体崩壊が起こり、発生した爆風と崩れ落ちた岩などにより北麓の集落が埋没し、多くの死者を出しました。1792年の雲仙岳の噴火では約1万5000名が犠牲になった、という記録が残っています。この噴火では、雲仙岳の山体崩壊による島原での犠牲者に加え、山体崩壊に起因する津波により有明海の対岸の肥後でも大きな被害が生じたことから、「島原大変肥後迷惑」という言葉が生まれました。

さらに過去に遡ると、日本列島では大規模なカルデラ噴火も幾度となく発生しています。約9万年前には阿蘇カルデラで過去最大級のカルデラ噴火が起こり、九州の大部分を火砕流（高速で山腹を流れ下りる高温の軽石や火山灰の混合物）が覆いつくしたとされています。約6万年前の箱根カルデラの噴火では、火砕流が三浦半島まで達し、現在の東京にあたる地域でも軽石が降り注ぎました。首都圏も火山噴火の被害と無縁ではないのです。

日本列島で一番最近に起こったカルデラ噴火は、約7300年前の南九州・鬼界カルデラの噴火です。南九州全域で1m近い火山灰が積もり、四国や紀伊半島でも火山灰の層が確認できます。鬼界アカホヤ火山灰として知られています。当時、九州に住んでいた縄文人の生活に大きな打撃を与えたことでしょう。

サツマイモの栽培で有名なシラス台地の起源は、火山噴火によって生じた火砕流や火山灰です。シラス台地の厚さは、鹿児島県内ではおおむね10m程度ですが、最も厚いところでは150mにもおよびます。大規模な火山噴火が過去に幾度となく発生したことは想像に難くありません。

プレートの沈み込み ——切り離せない日本列島の形成と災害

日本列島に大きな被害をもたらしてきた巨大地震や火山噴火の原因は「プレートの沈み込み」です。その意味では、プレートの沈み込みは災害をもたらす「厄介者」とみなせます。しかし、プレートの沈み込みなくしては、日本列島は誕生しませんでした。日本列島の形成史はプレートの沈み込みの歴史そのものなのです。

ユーラシア大陸の縁辺部で日本列島の土台ができはじめたのは約1億5000万年前です。恐竜が絶滅する時代（約6500万年前）の「少し前」です。それ以降、プレートの沈み込みの恩恵を受け、幼少期の日本列島はゆっくりと成長していきました。日本列島に大きな転機が訪れたのは、日本海の拡大が始まった約1900万年前です。日本列島が大陸から離れ、一人歩きを始めた瞬間です。そのときから「列島」としての日本の歴史が始まりました。

日本列島がほぼ現在の形になったのは約1500万年前です。それ以降、日本列島では、さまざまな時間スケールの地学現象が起きてきました。東北地方太平洋沖地震のようなプレート境界での巨大地震は100〜1000年、1995年兵庫県南部地震のような内陸の大地震は数百〜数千年、カルデラ噴火のような破局噴火は数万年に一度起こってきたことでしょう。山地や平野の形成は10万〜100万年かけてゆっくりと進行します。このようなさまざまな「イベント」により、日本列島は大きな変形を経験しながら、長い年月をかけて着実に「成長」してきたのです。

日本列島の下では、1億年以上もの間プレートの沈み込みが継続しています。年間数センチほどのゆっくりとした動きのため、日常的な感覚では「とまっている」ようにみえる現象です。しかし、プレートの沈み込みが日本列島の運命を決めてきました。

プレートの沈み込みと水

プレートの沈み込みや日本列島の地震・火山噴火の発生メカニズムの理解はここ20年で大きく進みました。たとえば、内陸地震の原因は、沈み込むプレートによる日本列島の圧縮にある、と従来は考えられていました。その理解の枠組はいまでも変わっていませんが、プレートが押す力だけでは、内陸地殻の変形や地震の分布を説明できないこともわかってきました。日本列島はどこでも同じように変形するのではなく、地殻が変形しやすい領域とそうでない領域があるのです。また、大きな地震が多く発生するプレート境界では、人が感じない「ゆっくりすべり」が起こっていることがわかってきました。これまで知られていなかった新しい現象です。

最近の研究により、「断層の強度を低下させる」、「岩石をとけやすくする」、「岩石の変形を促進する」など、日本列島を語るうえで欠かせない現象のすべてに「水」が関わっていることが明らかになってきました。水は日常生活に欠かせないとても身近な物質ですが、日本列島のようなプレートの沈み込み帯ではさまざまな役割を演じています。日本列島の変動の「立役者」なのです。

本書では、「プレートの沈み込み」と「水の役割」に焦点を当て、日本列島の下で起こっている現象を見ていきたいと思います。では、日本列島の地下に一歩足を踏み入れ、そこで起こっている壮大な営みを体験してみましょう。

Chapter
01

プレート テクトニクス入門
——地球を理解するための第一歩

本書の目的は日本列島の下の現象を解説することですが、その前に、みなさんに地球についての基礎知識を身につけていただきます。日本列島は（当たり前ですが）地球の一部ですから、地球全体について理解しておくことは重要です。とくに、地球の表面を覆う「プレート」とは何かを、そして「プレートの運動」はどのようなものかを学びましょう。

プレートとは何か？

地球は地表から中心に向かって、**地殻・マントル・核**の3層からなる球殻構造をしています（**図1・1、図1・2a**）。この分け方は化学組成にもとづくもので、各層の主要構成成分が異なります。地殻とマントルはケイ酸に富む岩石からなりますが、核は鉄やニッケルなどの金属で構成されています。

一方で、変形や流動特性などの力学的性質にもとづく分類もあります。基本的に、地球内部は深部ほど温度が高くなるので、地表付近の冷たい岩石は「硬く」、深いところにある温かい岩石は「やわらかい」傾向があります。そこで、地殻とマントルを岩石の硬さ・やわらかさに応じて分類できるのです。地殻とマントル最上部をふくむ温度が低く硬い岩盤の領域を**リソスフェア**（岩石圏）、温度が高く流動性に富む領域を**アセノスフェア**（岩流圏）、より深い領域を**メソスフェア**とよびます（図1・2b）。

プレートテクトニクスの主役である**プレート**とは、リソスフェアを指し、地殻だけではなく、温度が低いマントル最上部もふくみます。

プレートとして振る舞う「硬い岩盤」の厚さはどのくらいでしょうか。岩石の硬さは温度によってほぼ決まります。プレートの底の温度は、上部マントルを構成するかんらん岩が流動性に富

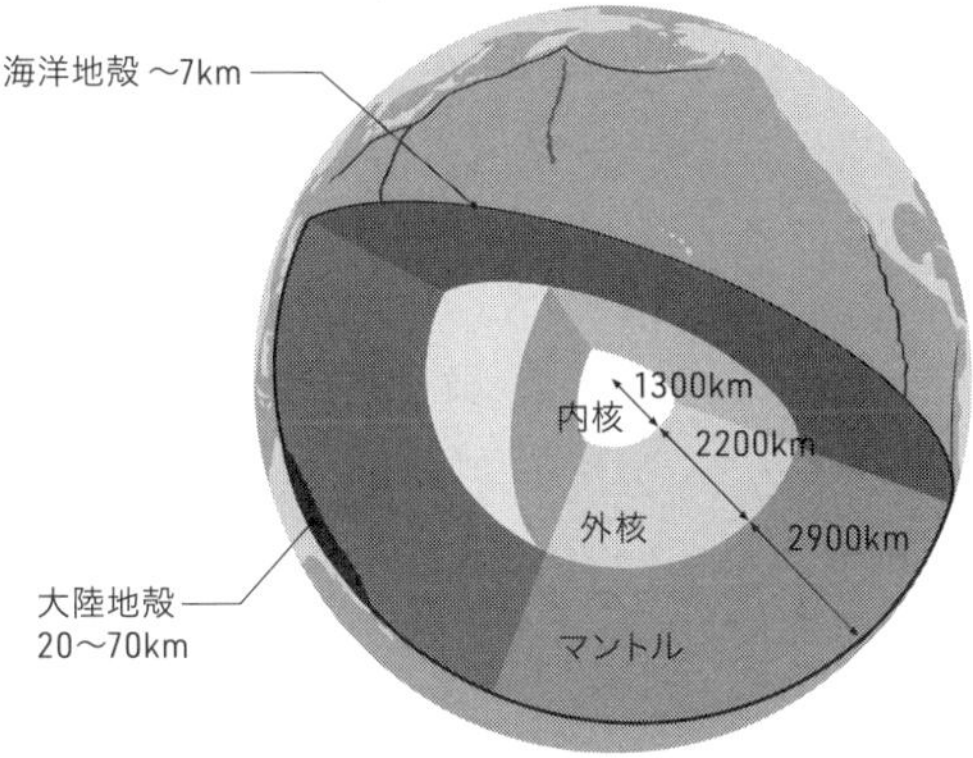

| 図1・1 | 地球の球殻構造

地球は地表から中心に向かって、地殻・マントル・核の3層からなる。

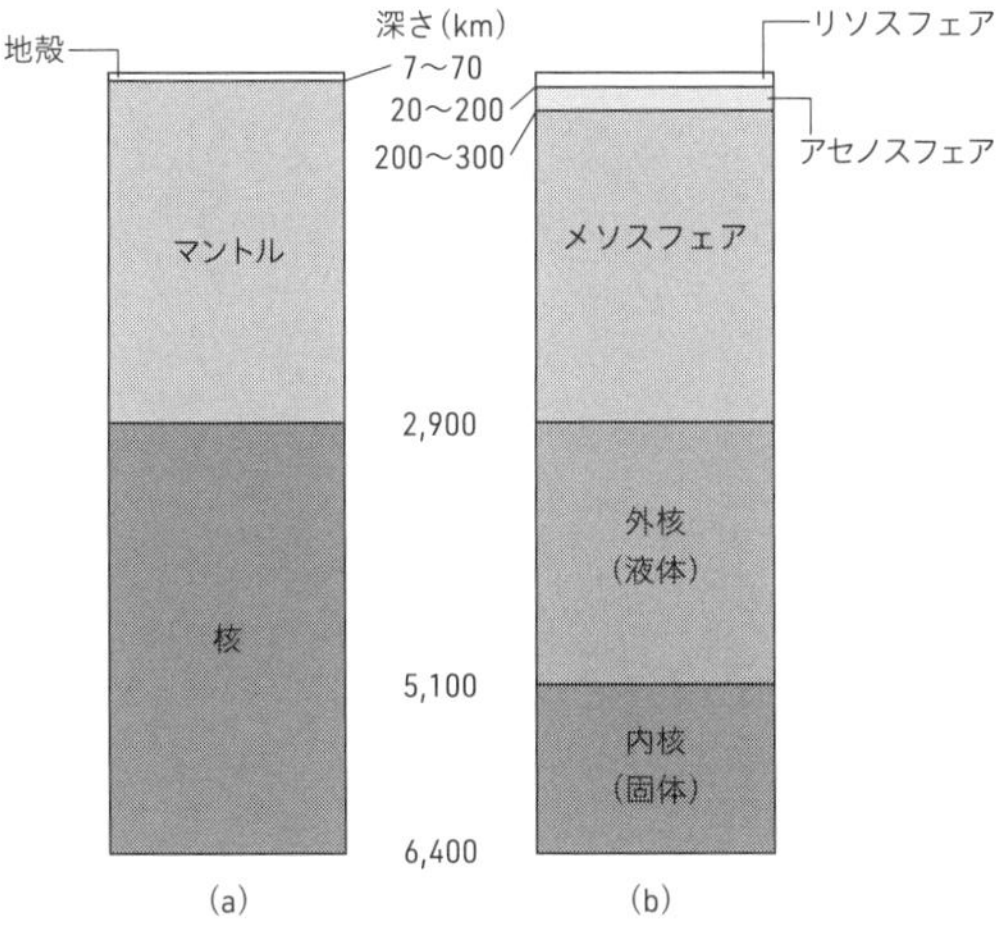

| 図1・2 | 地球内部の分類

(a) 化学組成にもとづく分類。(b) 力学的性質にもとづく分類。

むようになる1000～1200℃と考えられています。つまり、できたばかりの温かいプレートは薄く、古くて冷たいプレートは厚いことになります。たとえば、日本列島の下に沈み込む約1億3000万年前に形成された太平洋プレートの厚さは90㎞程度です。古い大陸の下では、プレートの厚さは100～200㎞にもおよびます。

プレートには**大陸プレート**と**海洋プレート**があります。大陸プレートの地殻はおもに花崗岩やはんれい岩で構成され、その厚さは場所によって20～70㎞の幅をもちます。一方、海洋プレートの地殻を構成するおもな岩石は玄武岩やはんれい岩で、その厚さはどこでも約7㎞です。マントルを構成するのはいずれもかんらん岩なので、プレート全体としてみると地殻の薄い海洋プレートのほうが高密度です。この密度の違いが「プレートテクトニクス」で大きな役割を果たします。

プレートの境界と相対運動

プレートテクトニクスの基本概念は「地球の表面は何枚かの硬いリソスフェアであるプレートで覆われており、プレートはやわらかいアセノスフェアの上を運動している。地表のおもな地学現象は、あるプレートと別のプレートが接する場所（プレート境界）で起こる」というものです。ここでは、プレートは内部で変形しない「剛体」として扱います。

異なる2つのプレートが隣り合うプレート境界では、一方のプレートに対して他方のプレートが運動します。これを相対運動といいます。相対運動は大きく3つに分けることができます（**図1・3**）。

まず、プレートが新しく生まれる海嶺では、プレートどうしが互いに遠ざかります。そのようなプレート境界は**発散境界**とよばれます。

プレートどうしが水平にすれ違うプレート境界は**横ずれ境界**です。横ずれ境界はプレートの動く方向により、右横ずれと左横ずれに分けられます。一方のプレートからみて他方のプレートが右に動く場合が右横ずれ、左に動く場合が左横ずれです。そのうち、おもに海嶺と海嶺のあいだで観察される横ずれ境界をトランスフォーム断層といいます。

3つ目のプレート境界は、2つのプレートが互いに近づく（一方のプレートが他方のプレートの下に沈み込ん

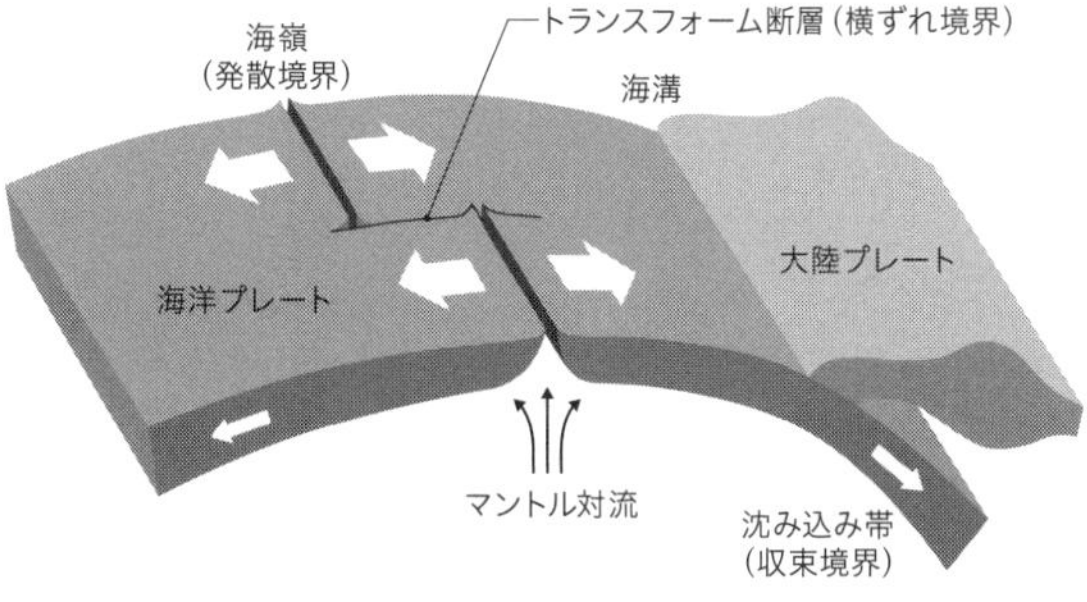

| 図1・3 | **プレートの相対運動**

発散境界では、2つのプレートが互いに遠ざかる。横ずれ境界では、プレートどうしが水平にすれ違う。収束境界では、2つのプレートが互いに近づく。

だり、衝突したりする）**収束境界**です。多くの収束境界では、密度の高い海洋プレートが密度の低い大陸プレートの下に沈み込み、日本列島周辺のような沈み込み帯が形成されます。一方、密度がほぼ等しい大陸プレートどうしが対面すると、衝突が起こることもあります。たとえば、世界の屋根として知られるヒマラヤ山脈は、大陸性のインドプレートとユーラシアプレートの衝突によって隆起しました。

プレートテクトニクスと地震・火山

プレートは硬い岩盤であるため、プレートどうしの運動によって引き起こされる変形はプレート境界に集中します。世界の地震・火山がプレート境界に沿って分布しているのも、そのためです（**図1・4**）。海嶺および沈み込み帯では激しい変動が生じていますが、変動のメカニズムは、海嶺（発散境界）と沈み込み帯（収束境界）で大きく異なります。

海嶺では、マントルから地表へマグマが供給され、活発な火山活動が生じています（海嶺のほとんどは海底火山で、アイスランドを除いて深海にあるため、直接目にすることはありません）。地表（海底）付近まで供給されたマグマは冷えて固化し、海洋プレートをつくります。マグマが固化してできた海洋プレートは、ベルトコンベアーのように海嶺の両側へ移動していきます。海嶺ではつねに新しい海洋プレートが誕生し、移動しているのです。プレートの拡大（移

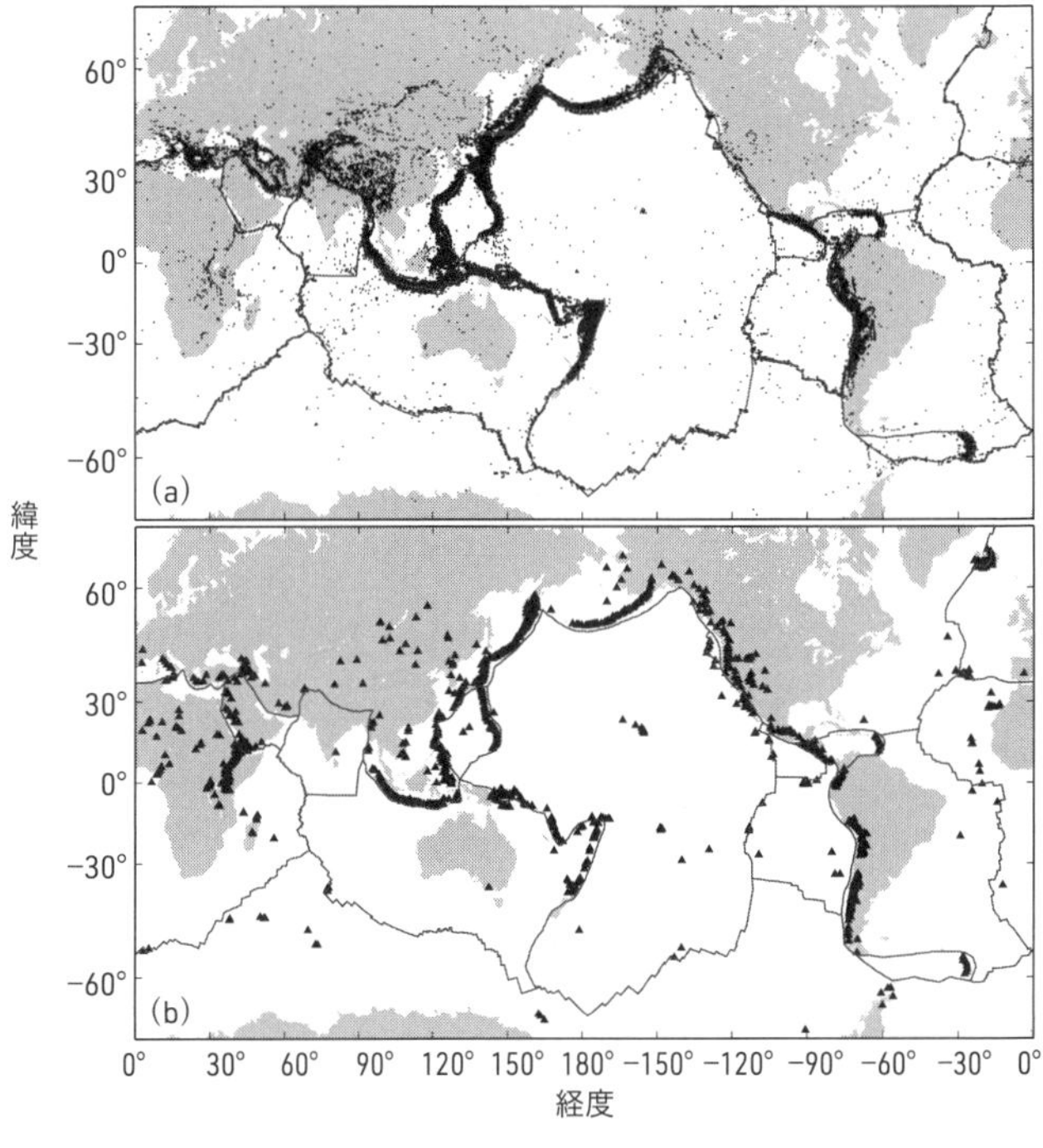

| 図1・4 | (a) 地震・(b) 火山の分布

硬い岩盤であるプレートの内部では変形が起きにくく、プレートの相対運動による変形はプレート境界（灰色線）に集中する。地震や火山がプレート境界に沿って分布するのも、そのためである。

動）速度は、それを生成する海嶺でのマグマ供給量と比例関係にあり、マグマの供給量が多い海嶺では拡大速度は大きく、マグマが少ない海嶺では拡大速度は小さくなります。驚くべきことに、地球全体で生成されるマグマのおおよそ6割が、海嶺での火山活動によるものです。

沈み込み帯では、海嶺で形成された海洋プレートが**海溝**や**トラフ**※1から地球内部に戻っていきます。この場所では、海洋プレートの沈み込みにともないマグマが生成されます（詳細は第8章参照）。沈み込み帯は海嶺以外の主要なマグマ生成場のひとつで、その生成量は地球全体の4分の1ほどを占めます。マグマは大陸地殻内に貫入し、一部は地表まで達し火山をつくりますが、その多くは地殻内で冷え固まると考えられています。冷え固まったマグマは大陸地殻の成長に寄与します。

現在の日本列島下で起こっている地学現象には、「プレートの沈み込み」が本質的な役割を果たしています。このまま本題に入ってもいいのですが、少し脇道にそれて、プレートテクトニクスがどのような過程を経て確立されたかを簡単にみてみましょう。日本列島周辺の地学現象を理解するうえでも大きな助けになるはずです。

大陸は移動する

1912年にウェゲナーによって**大陸移動説**が提唱されました。ウェゲナーは、現在は海洋で遠く隔てられた大陸どうしに、地形（海岸線の形など）だけでなくさまざまな類似点があることに気がつきました。たとえば、陸生生物の化石の分布、氷河の流れた跡（の向き）、などです。そこでウェゲナーは、現在ある6つの大陸はもともとひとつの大陸だったが、分裂して現在の位置まで移動したと考えたのです。

当時は、地球表面は地質時代を通して上下（鉛直）方向のみに運動し、その運動により山地・山脈、海洋が形成されたとの考えが支配的でした。たとえば、地球が少しずつ冷却される過程で地球表面にしわ（凸凹）ができ、盛り上がったところが陸地となり、凹んだ部分に水が溜まって海洋ができたと説明されていました。また、遠く離れた2つの大陸間で類似した陸生生物の分布が見られる理由を説明するために、かつては大西洋の海底の一部が盛り上がっていて、南米大陸とアフリカ大陸をつなぐ陸の橋が架かっていた、というアイデアも提案されていました。

そうした時代にあって、大陸の水平移動を取り入れたウェゲナーの大陸移動説はきわめて斬新なアイデアでした。しかしながら、大陸を動かす原動力を十分に説明できなかったこともあり、大陸移動説は科学界の支持を得るにはいたりませんでした。

プレート移動の証拠——古地磁気学の功績

いったんは科学の表舞台から消えた大陸移動説は、1950年代に新たに生まれた分野、古地磁気学のおかげで再び関心を集めるようになります。ここでは、古地磁気学の成果から大陸移動説の復活までを概観しましょう。

地球表面を構成する岩石は磁性鉱物をふくみます。**磁性鉱物**とは、ある一定の温度（３００～５００℃程度）以下で磁石としての性質を備える鉱物です。そのため、高温でとけた岩石であるマグマが冷えていく際に、３００～５００℃を下回ると、岩石中の磁性鉱物はそのときの**地球磁場**と同じ方向に帯磁（磁気を獲得）します。したがって、マグマが冷えて固まってできた岩石は、固まった当時の地球磁場を記録しているのです。これを**熱残留磁気**といいます。

世界中のいろいろな形成年代の岩石がもつ熱残留磁気を測定したところ、ヨーロッパ（ユーラシア大陸）と北米大陸で測定した磁極（地球磁場がつくる極）が古い時代では一致しないことがわかりました（**図１・５**ａ）。同じ時代の磁極が、場所により変わることは考えられません。そこで、昔は大西洋が閉じておりユーラシア大陸と北米大陸が合体していたが、ある時期に大西洋の拡大により大陸が分裂・移動したと考えると、磁極の見かけの変化を説明できることがわかりました（図１・５ｂ）。

海嶺でのプレート生成に決定的な証拠をもたらしたのも古地磁気学でした。北米のカリフォルニア沖での地磁気探査により、正負の地磁気異常が幅20～30㎞ごとに交互に現れることがわかりました。**地磁気異常**とは、各地で測定した地磁気の値から標準的なモデルが予想する値を引いた

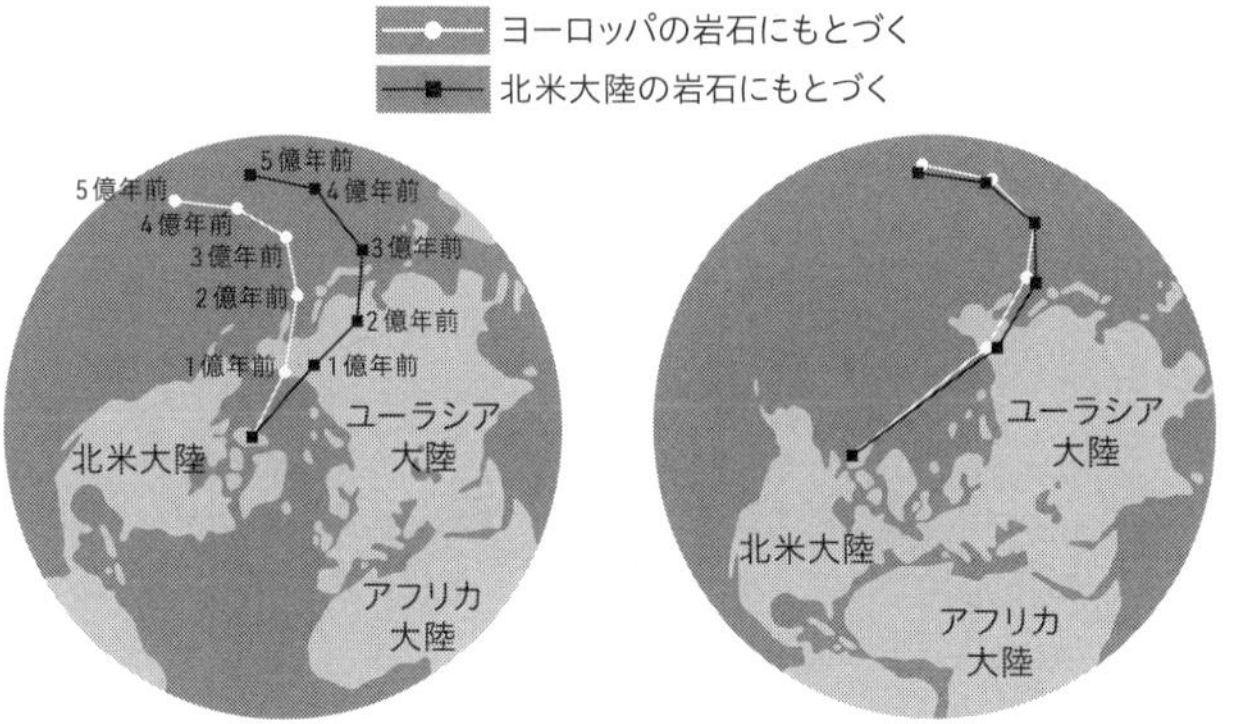

(a) 見かけの移動経路　　(b) 大陸移動を考慮した場合の移動経路

図1・5 | 磁極の移動

(a) 2つの大陸の岩石試料から推測される数億年前の磁極の位置は一致しない。(b) かつては合体していた大陸がある時期に分裂し、それぞれ現在の位置まで移動したと考えることで、磁極の不一致を解消できる。

値です。この地磁気異常の縞模様の成因を説明するために**海洋底拡大説**というモデルが提案されました。

陸上での古地磁気研究により、地球磁場は過去に何度も逆転を繰り返していたことがわかってきたのも、この時期です。海洋底が一定の速度で拡大していたとすると、現在の地球磁場と同じ方向に帯磁（正帯磁）した部分と、それとは逆向きに帯磁（負帯磁）した部分が交互に生じ、その縞模様は拡大軸（海嶺）を中心に対称に分布するでしょう（**図1・6**）。つまり、カリフォルニア沖で観測された地磁気異常の縞模様は、地質学的な長い時間にわたり海洋底が拡大し続けてきたことを示すと考えられたのです。

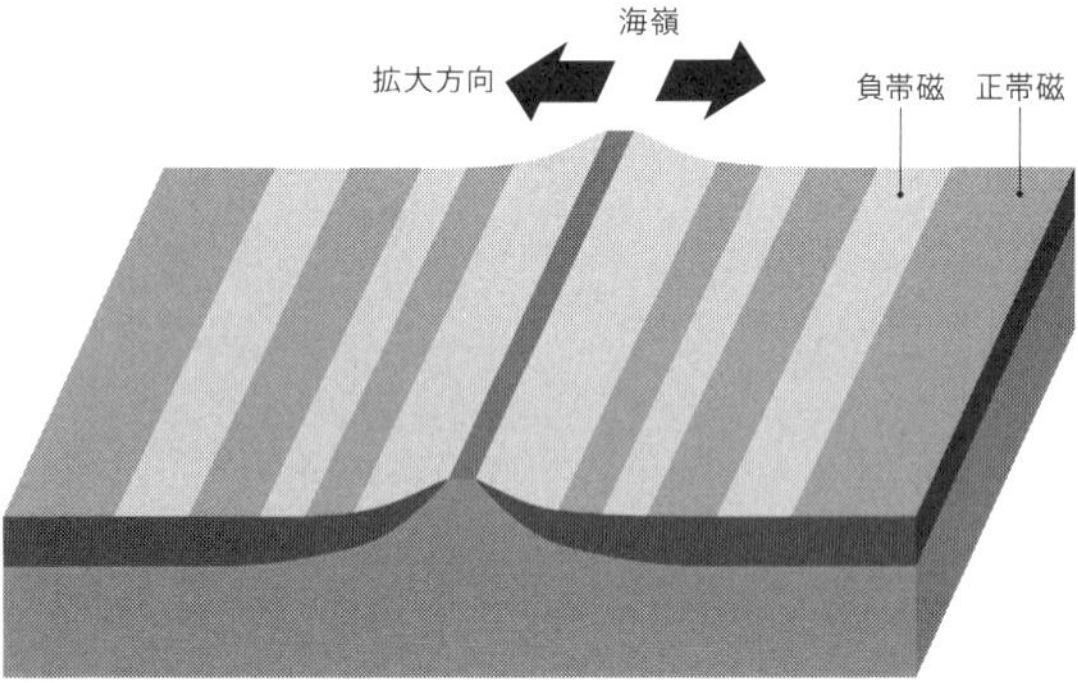

|図1・6| **地磁気異常の縞模様の形成**

地球磁場は過去に反転を繰り返してきた。海嶺でマグマが冷やされて海洋底をつくる際、岩石はその時代・その場所の地球磁場を記録する。そのため、海洋底の古地磁気を調べると、現在の地球磁場と同じ向きに帯磁した領域と逆向きに帯磁した領域が交互に現れる。

海洋底の地磁気異常の縞模様と地球磁場の逆転の時期を対応させることで、海洋底の拡大速度を求められます。そのようにして求めた海洋底の拡大速度、すなわちプレートの移動速度は年間数センチでした。プレートの日々の移動量はわずかですが、年間10cmで動いているとすれば、１００万年で１００km、１０００万年で１０００kmも移動します。数千万〜１億年あれば、大陸の形を変えるのに十分な距離を移動することができるのです。

プレート運動の実測

地磁気異常の縞模様の幅と過去の地磁気逆転の頻度から計算されたプレートの移動速度は、あくまでも過去数百万年のプレート運動についての平均値であり、「プレートが現在も動いている」ことを示しているわけではありません。太平洋のプレート運動が初めてモデル化されたのは1967年でしたが、現在のプレート運動を実測できたのは1980年半ばのことでした。その研究について紹介します。

茨城県鹿島町（当時）とハワイやマーシャル諸島のVLBI※2観測点の間の距離の変化を測定する日米共同実験がおこなわれました。その結果、鹿島とマーシャル諸島（太平洋プレート）は年間約8㎝のスピードで接近していること、この値は地磁気異常の縞模様から計算されたプレートの移動速度とよく一致することが明らかになりました。この観測では、ハワイが年間約6㎝というスピードで日本（鹿島）に近づいていることもわかり、大きな反響をよびました。「ハワイが日本に近づいてくる！」と話題になったのを覚えている読者もおられると思います。

余談ですが、年間数センチというプレートの移動速度は、人の爪が伸びる速さとほぼ同じです。「太平洋プレートが年間数センチ動いている」といわれてもぴんと来ないかもしれませんが、爪が伸びる速さと聞くと、プレートの動きはそんなにゆっくりしたものではないと感じるかもしれません。みなさんは年間数センチの動きをどう感じるでしょうか？

プレートは何枚？

現在のプレートの動き（運動方向と速さ）は、GNSS（Global Navigation Satellite

System）で観測される地表面の動きや地震断層のすべり方向（変位データ）をもとに計算できます。ＧＮＳＳとは全球測位衛星システムの総称で、少し前まではＧＰＳ（Global Positioning System）とよばれていました。カーナビや携帯電話の位置情報を取得するための技術としておなじみですね。ＧＰＳはアメリカによって航空機・船舶などの航法支援用に開発された測位システムです。衛星測位システムにはＧＰＳのほかにも、ロシアのＧＬＯＮＡＳＳ、ヨーロッパのGalileoなどがあるため、それらの総称であるＧＮＳＳが使われるようになりました。

地球表面のプレートの動きは地球中心を通る軸周りの回転運動で表現できます。つまり、プレートの回転軸と回転角速度（単位時間あたりに回転する角度）を与えれば、そのプレート内の点の動きが表せるのです。プレート運動を決める際には、隣り合うプレートの相対運動データから、それぞれのプレートの回転軸と回転角速度を決めていきます。

プレートの配置とその運動の決め方を簡単に説明しましょう。

まず、地形や地震活動の分布などから主要なプレート（太平洋プレート、ユーラシアプレート、北米プレートなど）の境界を決定します。次に、それぞれのプレート境界付近で観測された変位データから、隣り合うプレートの相対運動を説明する回転軸と回転角速度をプレートごとに求めます。すると、観測されている変位データの多くを説明できるでしょう。しかし、主要なプレートの運動を考えるだけでは、その動きを説明できない観測点もあるはずです。

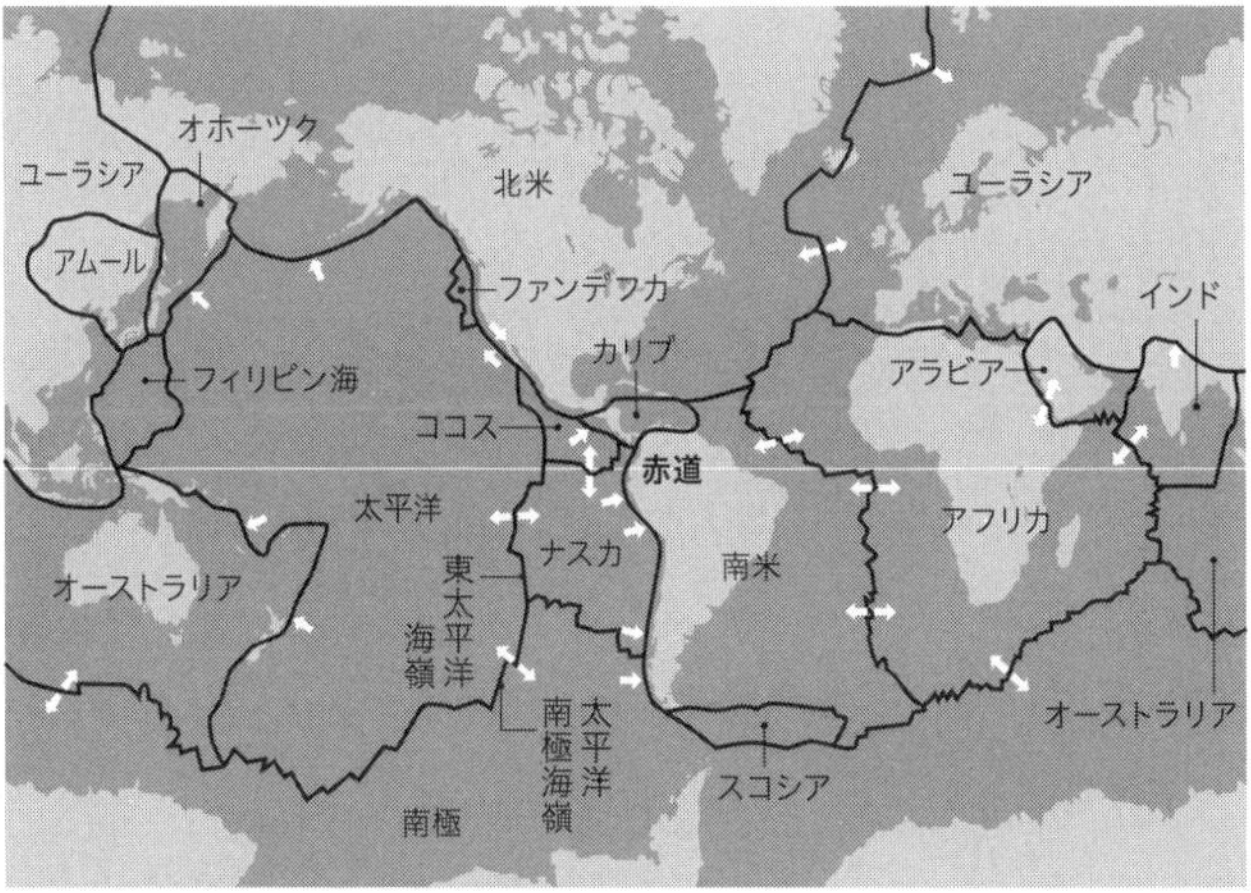

図1・7 | **世界の主要なプレート**

地球表面を覆うプレートの分割方法は研究者により異なるが、主要なプレートとしてここに示す十数枚が挙げられる。米国地質調査所公表の図に加筆。

そこで次に、動きを説明できない観測データがある地域（ブロック）を、独立した新しいプレートとして扱います。先の主要プレートに加え、新たなプレートの動きを導入することで、観測された変位データをよりうまく説明できるようになるでしょう。しかし、それでもまだ変位データを十分に説明できない観測点があるかもしれません。その場合には、さらにプレートを分割していきます。

このようにして、プレートの数を少しずつ増やし、観測データをできるだけうまく説明するプレート配置と運動のモデルを組み立てていきます。

しかし、この方法には、プレートをどこまで細かく分割するかという点で任意性があります。プレートを細かく分割すればするほど、局所的な変位データを説明できるようになります。しかし、プレートを恣意的に分割するのは問題です。なぜなら、観測された変位データにはつねにノイズ（雑信号）がふくまれているからです。また、観測点が地球表面に均等に分布しているわけではない、という問題もあります。つまり、観測された変位データを説明するためだからといって、プレートの数をいくらでも増やしてよいわけではないのです。プレートを分割する際には、そのプレートの地学的な意味を明確にする必要があります。

では、地球表面を覆うプレートは何枚あるでしょうか。太平洋プレートやユーラシアプレートのような主要なプレートは十数枚ですが（**図1・7**）、それ以外にも小さなプレートがたくさんあるとされています。あるモデルは14枚の大きなプレートに加え、38枚もの小さなプレート（マイクロプレート）を提案しています。

プレートテクトニクスにより解けた謎

プレートの動きを考えることで、それまでのモデルでは合理的な説明がつかなかった多くの地学現象を説明できるようになりました。その代表例が、山地・山脈の形成メカニズムや地震・火山の分布です。

プレートテクトニクスの考えを取り入れると、山地・山脈の形成の原因は、プレート運動によ

たとえば、湯呑みに入ったお茶を冷ましたいとき、みなさんならどうしますか？　湯呑みをそのまま置いておくといずれは室温まで冷めますが、お茶をかき混ぜればより早く冷めることを経験的に知っていると思います。お茶をかき混ぜると効率的に冷ますことができる理由は、次のように説明できます。

熱は温かいお茶から冷たい空気へ**伝導**により伝わります。伝導とは、物質の移動をともなわずに高温側から低温側に熱が移動する現象です。湯呑みの中のお茶が空気と触れているのは表面だけなので、伝導はそこでしか起こりません。伝導において、高温側（お茶）から低温側（空気）へ単位面積あたりに移動する熱量は両者の温度差に比例し、温度差がなくなるまで熱の移動は続きます。お茶と空気の温度差が小さくなると、移動する熱量は小さくなります。そのため、お茶が冷めるにしたがい、お茶の冷め方はゆっくりになります。

お茶をかき混ぜると、温度が低下した表面部分と湯呑みの深いところにあるまだ温度の高い部分が混ざります。すると、表面で再び空気とお茶の温度差が大きくなり、お茶から空気への熱伝導の効率が高くなります。このように、その内部に温度差のある物質を動かす伝熱形態を**移流**といいます。お茶をかき混ぜる（強制的に移流を起こす）ことで、効率的に冷ますことができるのです。

お茶の冷め方をじっくり観察すると、かき混ぜずに放置した場合にも、じつは移流が起こって

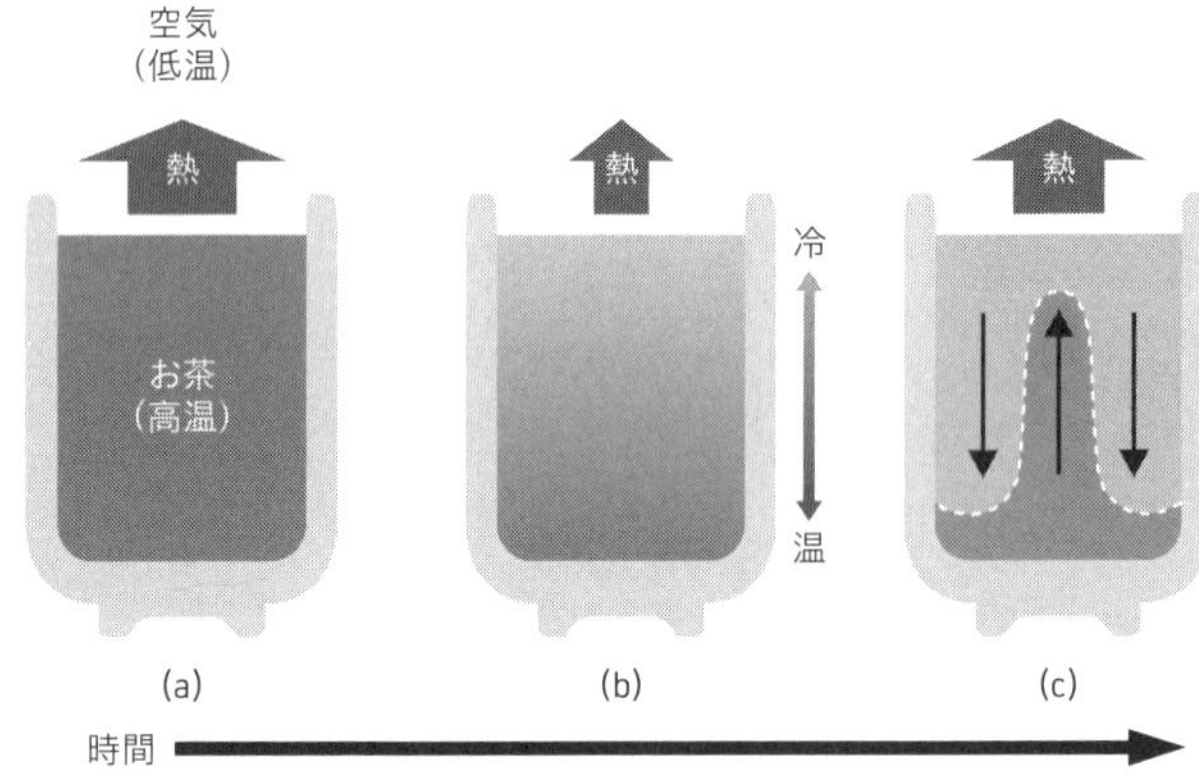

図1・8　対流とは

(a) お茶の表面を介して、高温のお茶から低温の空気へ熱が移動する（伝導）。(b) お茶の表面付近が冷めて、お茶の中で温度差が生じる。空気との温度差が小さくなるため、伝導の効率は下がる。(c) 表面付近の冷めたお茶は自重で沈み、湯呑み深くの温かいお茶が上昇する（移流）。空気との温度差が大きくなり、伝導効率が上がる。

いることがわかります。お茶では動きがわかりにくいので、味噌汁を考えましょう。熱い味噌汁は、空気に触れている表面がまず伝導により冷やされます。すると、冷やされた部分は周囲よりも重くなり、自重で沈み、代わりにお椀の深くから温かい味噌汁が上昇してきます。お椀の味噌汁をじっくりと眺めてみてください。味噌汁が自然と動きだし冷えていく過程を観察できます。

　このように、伝導と移流が組み合わさった伝熱現象を**対流**といいます（**図1・8**）。対流は流動性のある物質を最も効率的に冷却する（または温める）メカニズムです。

　地球の冷却過程でも、対流が重要な役割

を果たしています。地球は表面から冷やされ（伝導により大気や海水に熱が奪われ）、表面付近が冷たくなります。この冷えて硬くなった部分がプレートとして振る舞うのです。冷たいプレートはすぐ下の高温のマントルよりも密度が大きいため、重力的に不安定になり、地球内部に沈み込んでいきます。

一方で、マントルの最下部と核との境界は非常に温度差が大きく、マントル最下部はつねに核に温められています。そのため、マントル最下部からは高温物質の上昇が起こります。つまり、冷えたプレートの沈み込みとマントル最下部からの熱い物質の上昇が、マントル対流の原因なのです。

※1 トラフ（海盆）とは一般に水深が6000mより浅い細長い海底盆地、海溝は6000mより深い溝状の谷を指します。

※2 Very Long Baseline Interferometry（超長基線電波干渉法）の略で、天体（クエーサー）からの電波を利用してアンテナの位置を測る技術です。遠くにあるクエーサーが放った電波を複数のパラボラアンテナで受信し、その時刻差を使ってアンテナの位置関係をわずか数ミリメートルの精度で測ることができます。もともと電波天文学の分野から発展した技術で、その精度の高さから測量にも応用されています。

Chapter
02

地球内部を視る方法

——地球の大構造とプレートの運動

前章では、おもに地表のプレートの動きについて学びましたが、プレートは最終的に地球内部へ沈み込んでいきます。日本列島の下で何が起きているかを知るには、地球内部で何が起きているかを知らなければなりません。そこで本章では、地球の内部の構造や現象を観察する方法を紹介します。決して光の届かない地球内部ですが、地球科学者はさまざまな工夫によりその姿を明らかにしてきました。

望遠鏡では見えない世界

はるか遠くにある惑星や星を観察するには、望遠鏡を使います。望遠鏡により視野が拡大され、惑星や星の模様や輪郭などがはっきりと見えるようになるのです。

望遠鏡は、1608年にオランダの眼鏡職人リッペルハイが発明したとされています。その後、イタリアの科学者ガリレオは拡大率20〜30倍の望遠鏡を自作して、夜空の観測を始めました。そして、月の表面は起伏に富んでおり、さまざまな大きさのクレーターがあること、天の川は星団や星の密集地帯であること、木星には4つの衛星があることを発見しました。

望遠鏡の発明以前の天文学の成果といえば、おもに星や惑星の軌道計算で、占星術と強く結びついていました。望遠鏡の発明と進化が、天文学が近代科学として大きな飛躍を遂げるきっかけのひとつとなったのです。

では、地球内部を望遠鏡で見ることはできるでしょうか。残念ながら、地球内部は光が届かないため、望遠鏡（光）で観察することはできません。光の代わりに用いられるのが**地震波**です。

地震波の伝わり方（観測点への到着時刻や波の形の変化）を調べることで、地球内部の構造を知ることができます。地震波のデータには、その伝播経路に沿う地球内部の情報がふくまれるからです。小さな地震で生じる地震波はその震源近くでしかとらえられませんが、大きな地震が起こると地球の裏側の観測点まで地震波が伝わることがあります。地球の裏側へ伝播する地震波からは地球の深部の情報が得られます。地震波は地球内部を視るジオスコープ（Geoscope：地球望遠鏡）なのです。

地震と地震波

では、地震波とはどのようなものでしょうか。ここで、地震の揺れの伝わり方についておさらいしておきましょう。

みなさんが「地震だ！」と気がつくのは、揺れを感じたときや身の回りのものが揺れたときでしょう。この揺れは、地表に到着した地震波が起こします。しかし、科学用語としての「地震」は、地球内部で起こる断層運動を意味します。断層運動が地震波を生じさせるのです。

地震（断層運動）によって励起された地震波は地球内部を伝播し、地表で観測されます。振幅の大きな地震波が到着すると、私たちは「地面の揺れ」としてそれを認識するのです。しかし、小さな地震の場合には、たとえ地震波が地表に到着してもその揺れを感じることができません。日本列島周辺では一日に数百個もの地震が発生しています。そのほとんどは人が感じないほど小さなものですが、それらの地震により放出される地震波は、日本列島の下を「視る道具」として使われています。

断層運動によって励起される地震波は2つあります。媒質（岩石）が進行方向に振動しながら伝わる縦波（**P波**）と、進行方向と直交する方向に振動しながら伝わる横波（**S波**）です。P波はPrimary wave（第一の波）、S波はSecondary wave（第二の波）の頭文字をとったものです。

P波とS波は断層運動にともない震源（破壊の開始点）から同時に放出されますが、P波のほうが伝播速度が大きいため（S波の1・7～1・8倍）、各観測点にはP波が先に到着します。P波は音波と同じ縦波であるため、流体や気体中でも伝わりますが、横波であるS波は固体中しか伝わりません。

P波とS波の干渉によって生じる、地球表面を伝播する**表面波**という地震波もあります。表面波はP波やS波に比べてゆっくりと振動する波で、波のエネルギーが遠くまで伝わります。2011年東北地方太平洋沖地震の発生にともなって生じた表面波は、地球表面を6回以上周回したことがわかっています。

地球の層構造

前章で、地殻・マントル・核からなる球殻構造を紹介しましたが、これら3つの層はさらに細分化できることがわかっています（**図2・1**）。各層の中で化学組成はほぼ均一であるものの、

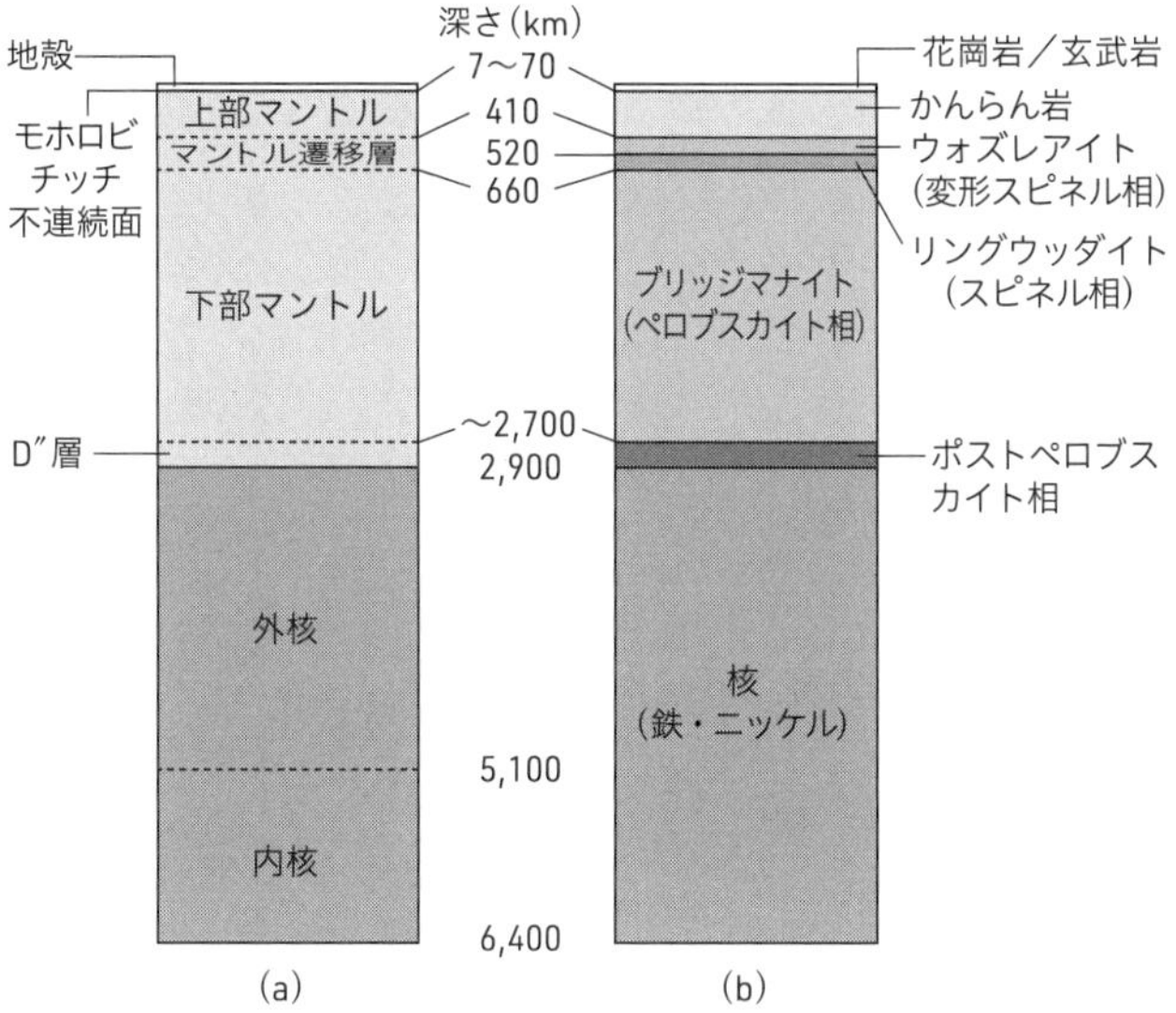

| 図2·1 | **地球の層構造**

(a) 各層の名前。地殻・マントル・核の3層に分けられ、地殻－マントル境界をモホロビチッチ不連続面（モホ面）という。マントルは上部・下部の2層に、核も外核・内核の2層に分けられる。さらに、上部マントル下部にはマントル遷移層、下部マントルと核の境界にはD″層がある。(b) 各層を構成する岩石や鉱物。マントルを構成するカンラン石は深さ（圧力）とともに相転移をする。

層内の地震波の速度に明らかな変化が認められるのです。

(1) 地殻

地殻は地球表面の薄い層です。地殻を構成する岩石は、大陸プレートと海洋プレートで異なります。

海洋プレートの地殻は玄武岩やはんれい岩で構成され、化学組成に地域性はほとんどみられません。また、海洋プレートの地殻の厚さは約7㎞でほぼ一定です。一方、大陸プレートの地殻は、厚さは20〜70㎞と地域性があり、その上部と下部で構成する岩石が異なります。上部地殻はおもに花崗岩、下部地殻はおもにはんれい岩からなり、その境界は地殻の厚さのおおよそ半分くらいのところにあります。

日本列島が属する大陸プレートの地殻の厚さは約30㎞ですが、ヒマラヤ山脈やアンデス山脈の下には60〜70㎞もの厚い地殻があります。高い山脈の下では地殻の根が深いのです。このことは、水に浮かぶ氷をイメージすると理解できます。水に浮かぶ氷は頭（上部）を水面より上に出しますが、大きな氷ほど水の中に沈んでいる部分が大きいことを経験的にご存じでしょう。マントルは長い時間スケールでは粘性流体として振る舞うので、地殻はマントルの上に浮いているとみなすことができます。軽い地殻が流動性のあるマントルの上に浮いており、地殻の荷重と地殻に働く浮力が釣り合っているのです。この力の釣り合いを**アイソスタシー**といいます。
地殻とマントルの境界は**モホロビチッチ不連続面**（モホ面）とよばれます。クロアチアのモホロビチッチが地震波の到着時刻の変化からモホ面を発見したのは、1909年のことでした。

(2) マントル

マントルはモホ面から深さ約2900kmまでの層で、地球全体に対して質量で68%、体積で83%を占める大きな領域です。マントルは深さによって構成物質（鉱物）が異なり、約660kmまでの**上部マントル**、660km以深の**下部マントル**に分けられます。上部マントルのうち、深さ410〜660kmは**マントル遷移層**とよばれています（文献によっては、400〜670kmをマントル遷移層としていることもあります）。

上部マントルを構成する岩石はかんらん岩で、かんらん岩はおもにカンラン石、輝石、ざくろ石といった鉱物で構成されています（カンラン石は8月の誕生石であるペリドット、ざくろ石は1月の誕生石のガーネットとしても知られています）。カンラン石はマントル遷移層以浅では安定ですが、さらに深部の高温・高圧条件下ではより密な結晶構造をもつ鉱物に変化します。このように、温度や圧力の変化にともない鉱物の結晶構造が変化することを**相転移**といいます。元素組成が変わらなくとも、結晶構造が変われば別の鉱物となるのです（コラム①参照）。

カンラン石（αオリビンともいう。オリビンはカンラン石の英語名）の相転移が起こる深さがマントル遷移層です。マントル遷移層は深さ520km程度まではウォズレアイト（変形スピネル相。βオリビンともいう）、それ以深はリングウッダイト（スピネル相。γオリビンともいう）という鉱物からなります。

下部マントルでは圧力が高いために、リングウッダイトはより密な結晶構造（ペロブスカイト構造）をもつ鉱物（ブリッジマナイト）に相転移します。

地震波形の解析により、下部マントルの最下部の厚さ約200km（深さ約2700〜2900km）の層は、地震波の伝播特性が下部マントルのほかの領域とは少し異なることがわかってきました。その層はD″層とよばれ、下部マントルと区別されます。D″層の上部境界で、ブリッジマナイトが新しい結晶構造（ポストペロブスカイト相）に相転移すると考えられています。

(3) 核

マントルの下、地球中心の核が発見されたのは1906年のことです。核の半径は地球半径の50%以上に相当しますが、体積は地球全体の16%ほどです。核はおもに鉄とニッケルからなりますが、水素、酸素、窒素などの軽元素も数パーセント程度入っていると考えられています。また、核は液体の**外核**と固体の**内核**に分けられ、その境界の深さは約5100kmです。

ここでひとつ不思議なことがあります。地球の温度はその深部ほど高くなります。温度が低いはずの外核がとけ、高温の内核が固体のままなのはなぜでしょうか？　内核もとけて液体になっていてもおかしくないように思えます。

じつは、物質の融解条件には温度だけでなく圧力も関係します。ほとんどの物質は、圧力が低くなると融点も低下します。そのため、内核より圧力が低い外核では、温度が低くても鉄・ニッケルがとけるのです。一方で、内核は圧力が高いため、高温でも鉄・ニッケルはとけません。内核－外核の境界の深さは温度と圧力のバランスで決まっているのです。このまま地球が冷え続け、外核の温度が下がっていくと、いずれは外核も固化してしまうでしょう。

地震波速度の深さ変化

地球内部を伝播する地震波の速度は深さとともに変化します（**図2・2**）。花崗岩やはんれい岩で構成される大陸地殻の標準的なP波速度は5・5～7㎞／s、S波速度は3～4㎞／sです。かんらん岩からなるマントルに入るとP波速度は約8㎞／s、S波速度は約4・5㎞／sになります。つまり、モホ面を境に地震波速度は10～15％も増加するのです。上部マントルと下部マントルでは、地震波速度はおおむね深さとともに増加します。カンラン石の相転移が起こるマントル遷移層では地震波速度の勾配《こうばい》（深さにともなう速度変化）は大きく、ほぼ均一の鉱物からなる下部マントルでは地震波速度勾配は小さくなります。下部マントル最下部ではP波速度が約14㎞／s、S波速度が約7㎞／sです。

地球内部で地震波速度の差が最も大きい境界は、岩石（下部マントル）と液体金属（外核）の境界である「核‐マントル境界」です。下部マントルから外核に入るとP波速度は40％以上も（約14㎞／sから約8㎞／sへ）低下します。また、液体の外核ではS波は伝わらないので、S波速度はゼロになります。外核内でもP波速度は深さとともに増加し、外核最深部では約10㎞／sです。固体金属の内核に入るとP波速度は約11㎞／s、S波速度は3・5㎞／sとなります。固

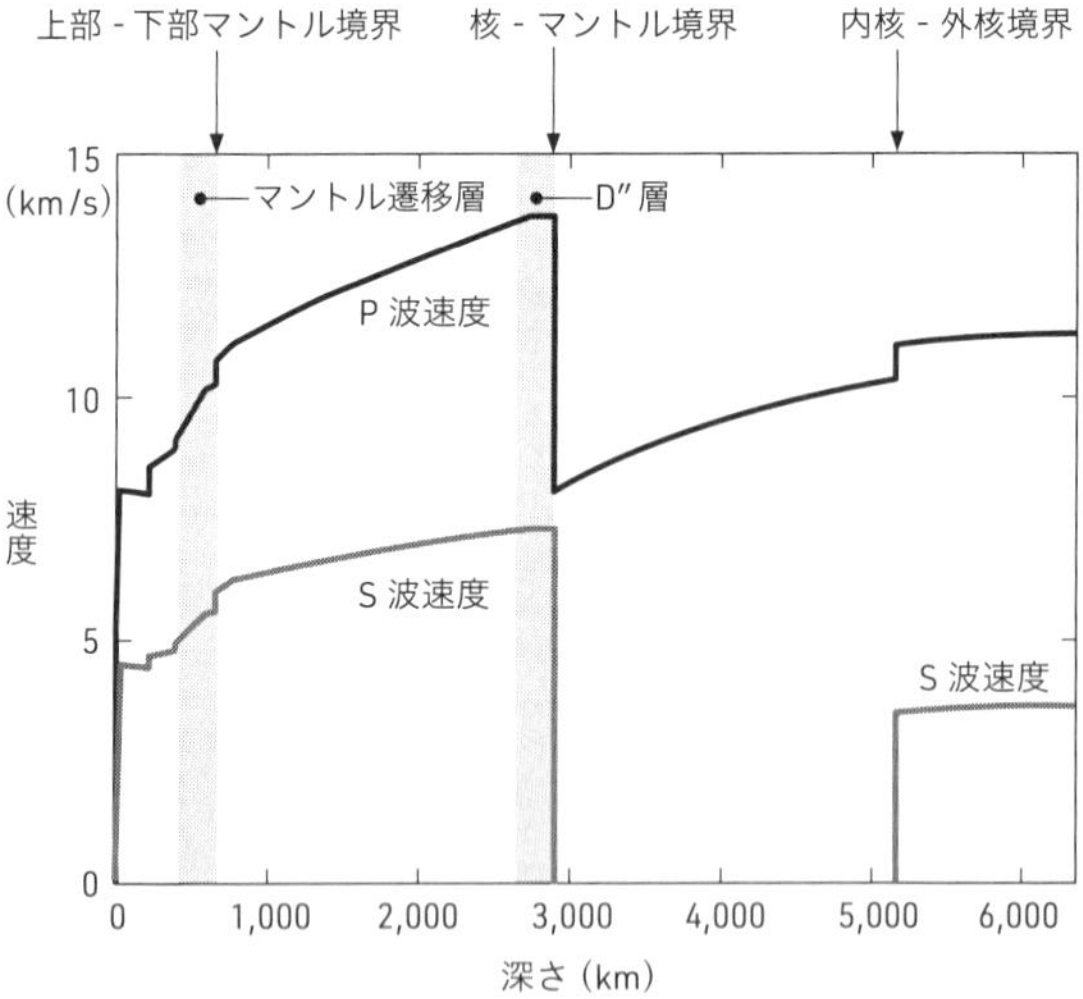

図2・2 | 地球内部の標準一次元地震波速度モデル

Dziewonski & Anderson (1981) にもとづく。

体金属である内核のS波速度は地殻のS波速度と同程度なのです。

地震波速度の水平変化

地震波速度は同じ深さでも場所によって変化します。地震波速度の水平変化は地下構造の違いを教えてくれます。たとえば、深さ200kmまでをみたとき、海洋プレートが沈み込む日本列島周辺と、安定な古い大陸が存在するオーストラリアとでは、その地下構造が異なることは想像に難くないでしょう。また、火山の下にマグマがあれば、そこは周囲とは構造が違うことになります。このような地球内部構造の水平方向の変化を知ることは、プレートの沈み込みやマグマ活動を理解するために重要です。

水平方向の地震波速度不均質の大きさはさまざまです。地表付近では、堆積層などの影響で地震波速度が数十パーセント以上も変化する場所があります。たとえば火山下のマグマだまりでは、30%を超える速度低下が観測されることもあります。また、上部マントルに沈み込む冷たい海洋プレートは、周囲にくらべ地震波速度が5〜10%ほど速く伝わる高速度域として観測されます。

しかし、プレートの沈み込みやプルーム（後述）の上昇などの影響を受けていない「静かな上部マントル」では、地震波速度の水平変化は最大でも2%ほどです。下部マントルでは速度不均質はさらに小さくなり、おおむね1％以下となります。

地震波速度の水平変化の原因

同じ深さで地震波速度が異なるのはなぜでしょうか？　それにはいくつかの原因が考えられます。

たとえば、同じ岩石であっても、温度によって地震波の伝わる速さが変化します。岩石は温度が高いとやわらかく、低いと硬くなるためです。地殻や上部マントルでは、岩石の温度が100℃変わると、地震波の伝わる速さは1％ほど変化します。もし、上部マントルにおける2％の速度異常を温度だけで説明しようとすると、その領域は周囲よりも温度が200℃ほど高い（または低い）ことになります。

また、水や二酸化炭素などの揮発性物質やマグマが存在する領域では、地震波速度が低下します。これは、水やマグマなどの不純物が岩石の弾性的性質を変化させるためです。ただし、水やマグマなどが地震波速度に与える影響は、その存在量や存在形態（岩石中にどのように分布しているか）により異なることがわかっています。水やマグマの存在による地震波速度の変化は複雑です。ここでそれを説明するのは簡単ではありませんが、体積比で数パーセントの水やマグマがあると、地震波速度は数パーセントから数十パーセントも低下することがあります。

地震波速度は岩石（鉱物）の化学的な不均質でも変化します。たとえば、上部マントルの主要構成鉱物であるカンラン石の一般的な組成はマグネシウム90％、鉄10％ですが、鉄の割合が増えると、カンラン石の地震波速度は低下します。多くの鉱物では、鉄・マグネシウム比以外にも、マグネシウム・ケイ素比やマグネシウム・カルシウム比などが地震波速度に影響を与えることが知られています。しかし私たちは、岩石の化学組成が空間的にどのくらい変化するかについて、十分な情報をもっていません。そのため多くの場合、化学的な不均質の影響は小さいと仮定して、観測された速度不均質を解釈します。

本書で紹介する日本列島下の地下構造については、地震波の伝わる速さが周囲にくらべて「遅い」または「速い」という違いだけに注目していきます。地震波速度が周囲より遅い領域は、温度が高いか流体（水やマグマなど）を多くふくむと考えられます。逆に地震波速度が速い領域は、沈み込むプレートのように周囲より温度が低くなっているはずです。地震波が速いか遅いかをみるだけで地下で起こっている現象をイメージできるでしょう。

地震波トモグラフィ——地球の中身をスキャンする方法

地球内部の三次元的な構造変化を明らかにする方法はいくつかありますが、データ処理が比較的容易で多くの研究で用いられている方法として、**地震波トモグラフィ**があります。「トモグラフィ（Tomography）」を辞書で引くと、「医療診断や物理探査などで用いられる逆解析技術」などと書かれています。病理診断に使われるCTスキャンの「CT」はComputed Tomographyの頭文字です。CTスキャンでは、身体に全方位からX線を照射し、身体を通過する際の吸収度合いの違いを測定します。その結果をもとに、身体の中の三次元的な画像（断層図）を構築できるのです。

地震が起きると、震源から地震波が四方八方に広がり、地球内部の不均質構造（温度変化や水の有無など）の影響を受けながら観測点まで届きます。もし、地球内部の地震波速度が深さ方向にのみ変化する理想的な球殻構造をもつならば、震源から同じ距離にある観測点では同時に地震波が観測されます。しかし、構造が水平方向にも変化する場合には、そう単純ではありません。

火山の下を例に考えてみましょう。たとえば、周囲よりも地震波速度の遅いマグマだまりを通過する地震波は、ほかの地震波にくらべて少し遅れて観測点に届くでしょう。ただし、遅れて届く地震波を1本観測するだけでは、その伝播経路上のどこにマグマだまりがあるかはわかりません。しかし、複数の場所で発生した地震を面的に配置された観測点で観測すると、平均的なタイミングよりも地震波が遅く到着する観測点もあれば、平均的なタイミングで到着する地震波もあるでしょう（**図2・3**）。平均よりも遅く到着する複数の地震波が交差する付近にマグマだまりがある、と考えるのが自然です。このように、多くの地震波を使うことで、地球内部の三次元的な不均質構造を求めることができます。この方法では、互いに交差する多くの地震波を用いることが重要です。

これが地震波トモグラフィの原理です。地震波トモグラフィにより、地球内部の三次元的な地震波速度分布が明らかになってきました。その速度分布は温度や含水量などと関連付けて解釈されています。その解釈例は第6章以降で紹介します。

ところで、CTスキャンと地震波トモグラフィには大きな違いがあります。CTスキャンではX線の照射装置と受信装置を身体の周りに自由に配置することができ、それらの配

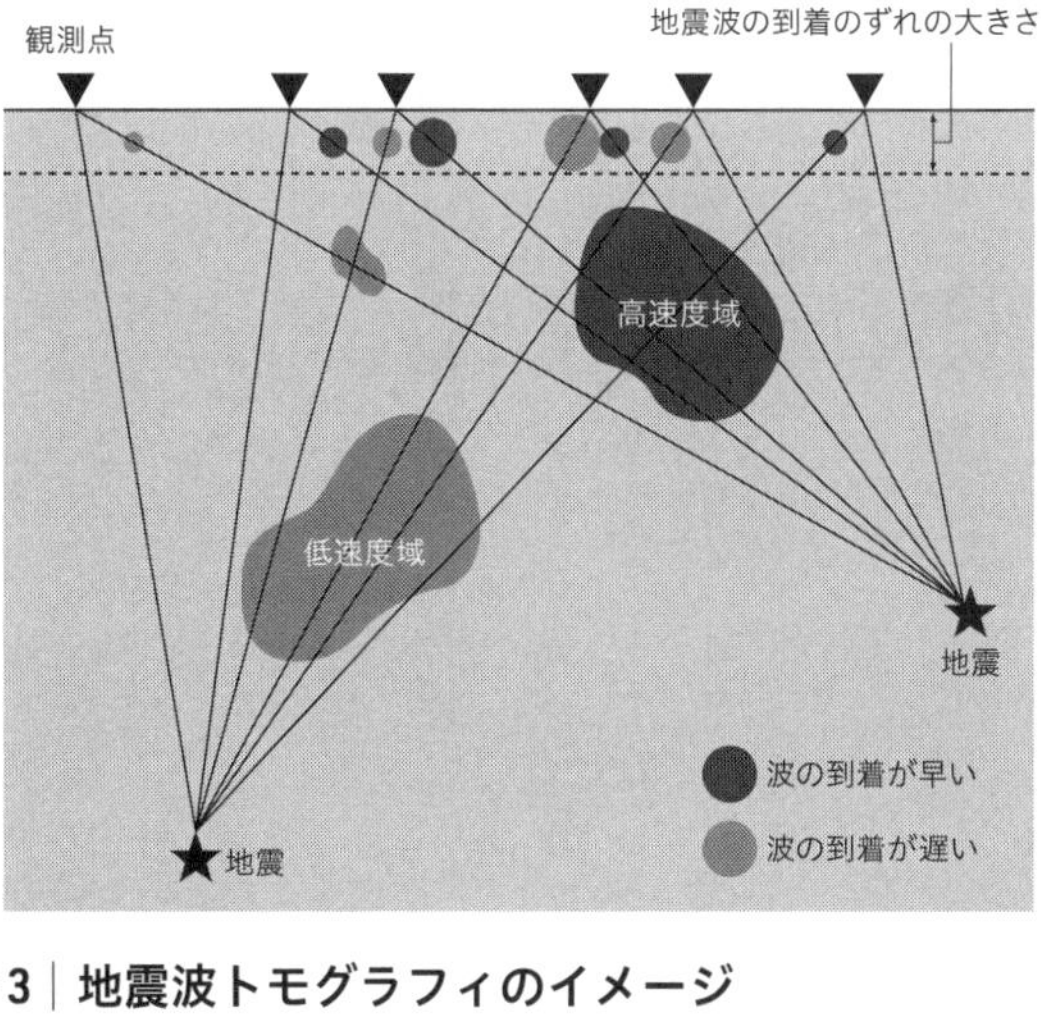

図2・3 | 地震波トモグラフィのイメージ

震源と観測点の間に不均質構造があると、地震波はその情報を観測点に届けてくれる。低速度域を通ってきた波は平均より遅く、高速度域を通ってきた波は平均より早く観測点に到着する。波の到着時刻の違いを用いて、地球内部の三次元地震波速度分布を求めることができる。

置を変えることで任意の箇所をより詳しく調べることが可能です。一方で、地震波トモグラフィに使う地震の発生場所には地域的な偏りがあり、X線の照射装置のように自由に配置することはできません。受信点である観測点の配置はある程度工夫できますが、それでも海域などでは十分な観測ができません。つまり、地震波トモグラフィでは「意のまま」にデータを得ることができないのです。したがって、十分な数の地震波が通過しない領域では構造推定の精度が低い、という問題がつねにあります。

トモグラフィ解析が見せる大規模構造 ——停滞スラブとプルーム

地震波トモグラフィでは、解析するスケールによって見える現象が異なります。全地球を対象に解析した場合、大規模な構造が確認できます。たとえば、海洋プレートが沈み込んでいる場所は周囲にくらべ低温のため、地震波高速度異常域としてイメージングされます（**図2・4**）。

日本列島下の太平洋プレートに対応する高速異常域をたどっていくと、太平洋プレートがマントル遷移層で水平方向に広がっているようすを確認できます（第7章参照）。遷移層に横たわるプレートを**停滞スラブ**とよびます。**スラブ**とは、沈み込んだ海洋プレートのことです。停滞スラブはいつまでも遷移層にとどまるわけではなく、いずれ自重により下部マントルへ崩落していくと考えられています。実際に、下部マントルには、いままさに崩落しているスラブと解釈できる

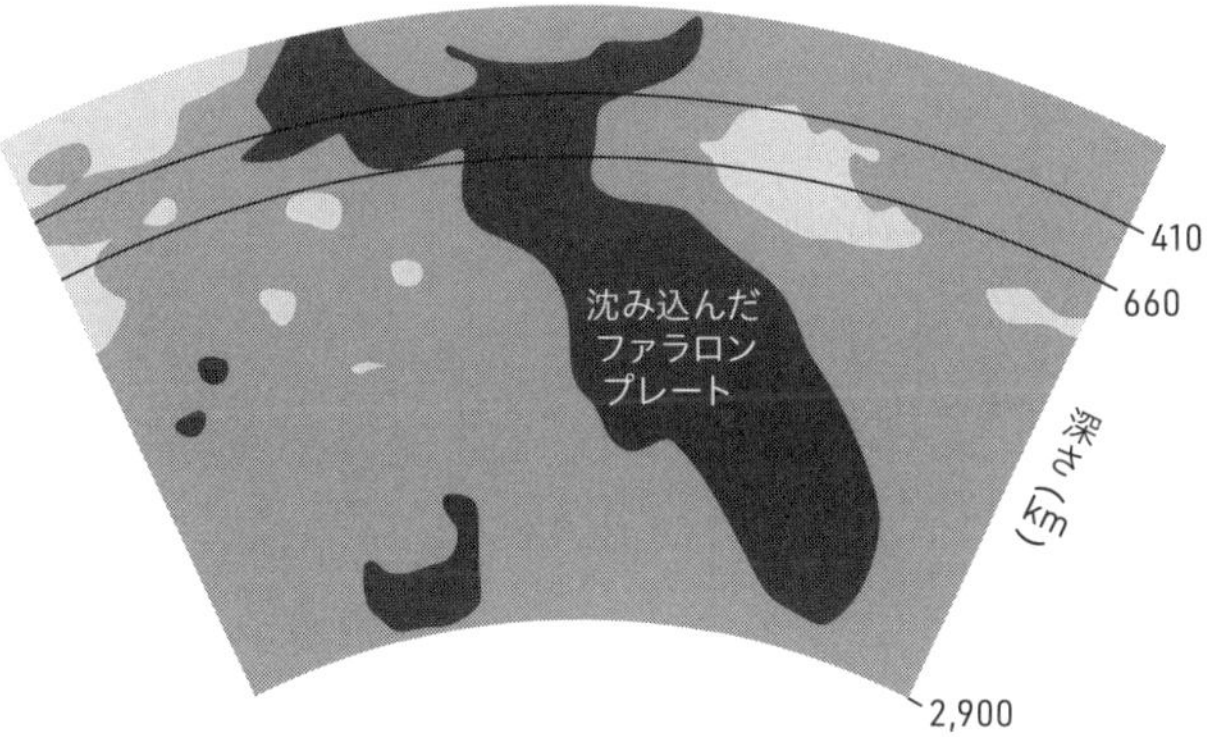

| 図2・4 | 北米大陸下の地震波速度分布

米国のほぼ中央部を通る北緯約31度線に沿う東西鉛直断面図。現在、地表にはないファラロンプレートが高速度異常域として下部マントルにイメージングされている。Grand *et al*. (1997) の図を簡略化。

高速度異常域も確認できます。

地球内部の体積は一定なので、プレートが下部マントルに崩落すると、その反動として下部マントル物質が上昇すると考えられます。このマントルの上昇流は**プルーム**とよばれます。実際に、南太平洋とアフリカ東部には核－マントル境界に起源をもつ大規模なプルームが存在することがわかっています。

より狭い地域を対象としたトモグラフィ解析では、マグマ活動や地震活動に関連した構造異常が見つかります。たとえば、火山の下の地殻やマントル最上部では、高温異常や流体（水やマグマ）の影響で地震波速度が遅くなります。その速度変化は数パーセントから数十パーセントにもおよぶことがあります。

日本列島は世界で最も地震活動が活発な地域

のひとつであり、さらに、陸域には世界に類を見ない稠密《ちゅうみつ》な地震観測網が展開されています。これらの地の利により、日本列島下では詳細な地殻・マントル最上部の構造が明らかになってきました。その特徴的な構造は私たちに、日本列島の下で起こっているさまざまな現象を理解するヒントを与えてくれます。日本列島下の構造については、第6章以降で詳しく紹介します。

度の合わない眼鏡で視る地球内部

本章では、地球内部を地震波で視る方法や速度不均質の解釈の仕方を紹介してきました。では、地球内部をより詳しく視るにはどのようにしたらよいでしょうか。望遠鏡で星を見るときには、まず星に望遠鏡を向け、ピントを合わせます。また、倍率が足りなければ、高倍率のレンズを使うなどの工夫をします。地震波観測においては、そういった工夫が難しいのが現実です。

その理由はいくつかあります。まず、前にも述べましたが、一番の問題は、私たちが地震の起こる場所をコントロールできないということです。

また、観測に使うことができる波の波長の問題もあります。望遠鏡での天体観測には光（可視光）を用いますが、可視光より波長の長い電波を用いる「電波天文学」、波長の短いX線やガンマ線を用いる「X線天文学」などの分野も確立されています。観測する波長により見える物体（物理現象）が異なるため、広い波長帯域で観測できることは大きな利点です。ガンマ線から電波までは波長が10〜15桁も離れており、天体観測ではさまざまな現象を観測できます。たとえば、可視光では星や星雲の光を発している場所を観測できますが、電波では光を出さない塵《ちり》などの星間物質の分布を、X線やガンマ線ではブラックホールやパルサーなどの高エネルギー天体を観測することができます。

一方、地球内部を伝播する地震波の波長は数百メートルから数百キロで、3〜4桁の幅しかありません。地球内部を視る「目の種類」が限られているのです。また、解像度は解析に用いる波の波長で決まります。地震波で解像できるのは1〜100㎞スケールの不均質構造であり、それよりも細かい構造変化を調べることは困難です。さらに、地震波にはノイズ（雑微動）がふくまれており、純粋に地震波だけを解析することはできません。地震波で地球内部を視るには、さまざまな困難がつきまとうのです。

もちろん、データの質の向上や解析方法の改良により、「地球内部を視る目」は少しずつよくなっています。それでも、ピントの合う眼鏡を手に入れることはできていません。私たちは「度の合わない眼鏡」で地球内部を視ている状況なのです。

コラム①

鉱物と岩石

原子配列が規則正しく、化学組成がほぼ一定の構造を結晶とよびます。結晶のうち、天然に産出するものが鉱物です。天然で見つかって初めて結晶に鉱物名がつけられます。化学組成が同じでも、結晶構造が異なれば別の鉱物とみなされるため、たとえば、ともに炭素からできている石墨（黒鉛）とダイヤモンドは別の鉱物です。マントル遷移層の鉱物であるリングウッダイトやブリッジマナイトは、上部マントルの主要鉱物であるカンラン石が相転移し、結晶構造が変化したものです。

いくつかの鉱物の集合体が岩石です。上部マントルを構成するかんらん岩は、カンラン石、斜方輝石、単斜輝石、ざくろ石などからなりますが、それらの量比はある程度の幅（地域性）をもちます。岩石はその生成条件や鉱物の組み合わせの違いにより、同じ岩石でも色合いが異なる場合があります。

Chapter
03

日本列島ができるまで

前章までは、地球内部構造、地震波速度不均質の原因などに触れてきました。本章では注目する範囲を狭めて、おもに約1900万年前以降に起きた大イベントである日本海の拡大と、それにともなう日本列島の形成史を振り返ってみたいと思います。日本列島が形成過程で受けた大きな変形の名残は、現在の日本列島にたくさん残っています。日本列島の生い立ちを知ることは、現在の日本列島を理解する鍵となります。

イザナギプレート

日本神話のことはみなさん聞いたことがあるでしょう。男神のイザナギと女神のイザナミが地上に降りて結婚し国を生んでいった、という言い伝えが古事記や日本書紀に記されています。これはあくまでも神話ですが、じつは日本列島の誕生には「イザナギ」と名づけられたプレートが深く関わっていました。

現在の日本列島の下には、太平洋プレートとフィリピン海プレートが沈み込んでいます。これら2つのプレートが沈み込み始めたのは、地質学的にはかなり最近のことです。1億3500万年前には、太平洋プレートは南太平洋に位置する成長途中の小さなプレートで、その周囲を海嶺に囲まれていました（**図3・1**）。海嶺を挟んで反対側には別のプレートがあり、太平洋プレートは3つの海洋プレートに囲まれていました。

若き太平洋プレートを囲んでいたのはイザナギプレート、ファラロンプレート、フェニックスプレートという大きな海洋プレートです。その時代、のちに日本列島の土台となる陸地はまだユーラシア大陸の一部で、その下にはイザナギプレートが沈み込んでいました（**図3・2①**）。

イザナギプレートの沈み込みはユーラシア大陸にある変化をもたらしていました。沈み込みにともなって、イザナギプレート上の堆積物が海溝周辺で変形・破壊され、はぎ取られながら大陸

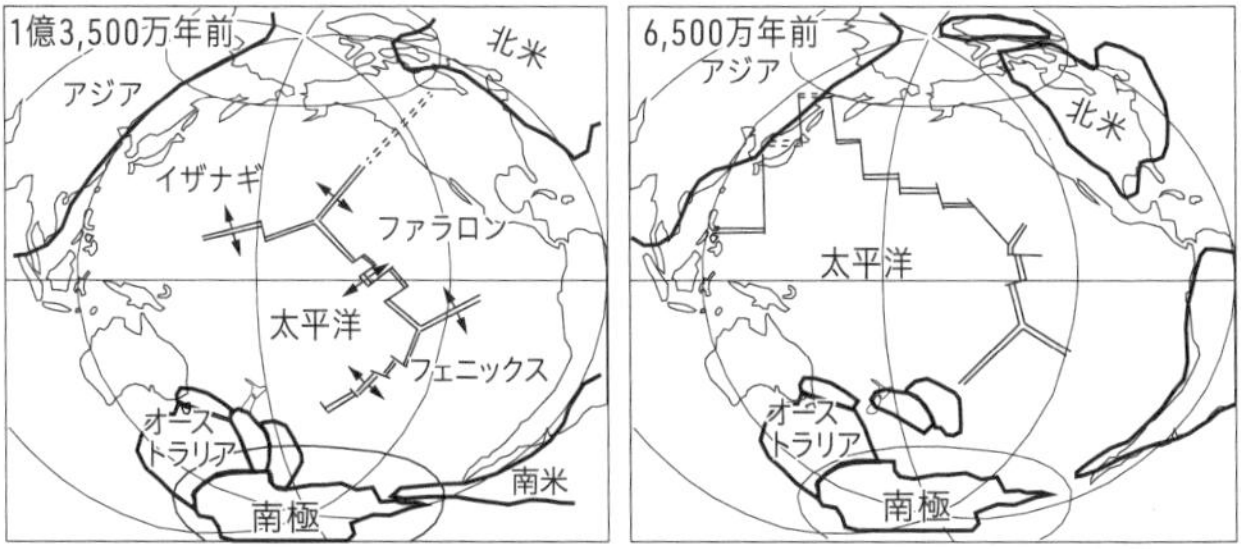

図3・1 **若き太平洋プレート**

かつての太平洋プレートは、海嶺に囲まれた小さなプレートだった。イザナギプレート、ファラロンプレート、フェニックスプレートという大きな海洋プレートに囲まれていた。太い線は過去の大陸の位置を表す。Nur & Ben-Avraham (1977) の図を簡略化。

に付加されていったのです。堆積物の大陸への付加が長い間続いた結果、**付加体**という構造が形成されました。この付加体は現在の日本列島（とくに西南日本）の主要な部分を占めます。

また、イザナギプレートの沈み込みによって、大陸縁辺の日本列島の土台には大規模な左横ずれ運動が起こりました（図３・２①）。この横ずれ運動により、南にあった北海道西部や東北日本、西日本の太平洋沿岸が北上し、西日本の日本海側（中国地方や九州北部）と合体しました。このとき、日本列島を縦断するように形成された左横ずれ断層が**中央構造線**です。

イザナギプレートは沈み込みを続け、約５０００万年前までに完全に大陸下へと姿を消してしまいました。イザナギプレートは現在の地球上には存在しませんが、日本列島の骨組みをつくる付加体の一部はイザナギプレートの名残です。

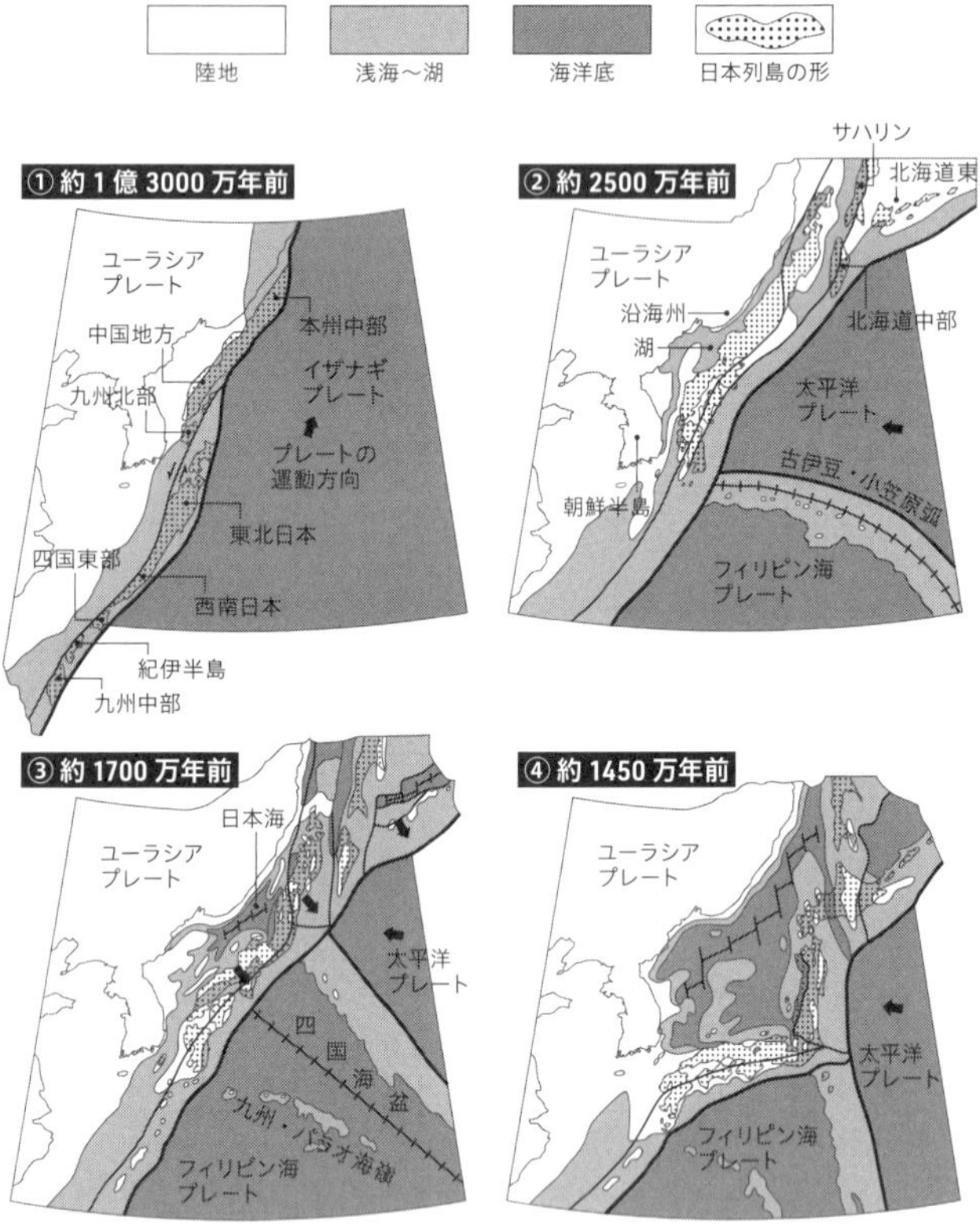

図3・2 **日本海の形成**

1億3000万年前には、日本列島の土台はユーラシア大陸縁辺に合った。2500万年前以降、大陸縁辺に陥没地形が形成され、その広範囲に湖沼や河川ができていた。その陥没地形が拡大し続けた結果、日本海が形成された。日本海の拡大により、日本列島の土台となる部分が大陸から切り離されたのである。平（1990）の図を簡略化。

失われたプレート――沈み込み後の行方は追えるのか？

イザナギプレートのように、過去に存在していたものの、現在は存在しないプレートがいくつか知られています。周囲を3つの海嶺に囲まれていた太平洋プレートの成長およびプレート運動により、まずフェニックスプレートが現在の南太平洋の極域付近に完全に沈み込んでしまったと考えられています。その後、イザナギプレートも地球上から姿を消しました。最後に残ったファラロンプレートも、その北側はほとんど沈み込んでしまいましたが、断片がまだかろうじて残っています。北米の太平洋沿岸に位置するファンデフカプレートと、中南米と南米の太平洋沖にそれぞれ残っているココスプレートとナスカプレートです（図1・7）。

ところで、なぜ現在は地表に存在しないプレートのことがわかるのでしょうか。第1章で述べた地磁気異常の縞模様がヒントになります。

地磁気異常の縞模様は、その時々の海洋底の拡大方向と直交するように形成されます。したがって、地磁気異常の縞模様の向きから当時の海洋底の拡大方向を、縞模様の間隔から拡大速度を知ることができます。また、海洋底の拡大は海嶺を挟んでほぼ対称に進行し、すべての海洋底は海嶺を軸として両側に対をなすようにつくられたと考えられます。つまり、海洋底の対称性と拡大方向・拡大速度から、過去のプレートの動きを復元できるのです。そのようにして復元された過去のプレート配置から、過去約1億８０００万年間のプレート運動の履歴が解明されています。

また、すでに沈み込んでしまったプレートの姿を地震波トモグラフィによって確認できる場合があります。たとえば、北米大陸下の地震波速度分布を詳細に調べると、ファラロンプレートと解釈できる地震波高速度異常域が下部マントルに見つかります（図２・４）。ファラロンプレートはいずれはマントル最下部まで沈み込んでいくでしょう。

日本海の形成――日本列島の独り立ち

イザナギプレートが完全に沈み込んでしまった後には、イザナギプレートと太平洋プレートの間にある海嶺が沈み込み、次いで太平洋プレートがユーラシア大陸の下に沈み込み始めました。太平洋プレートは海嶺側から大陸下に沈み込み始めたのです。太平洋プレートはイザナギプレートと同様に、沈み込みながら大陸に堆積物を付加し続けました。太平洋プレートによる堆積物の付加が、日本列島の土台をより強固なものにしていったといえます。

太平洋プレートが沈み込み始めてからある程度時間が経った頃、大陸縁辺部で大きなイベントが起こりました。日本海の形成です。地質学のデータは、約２５００万年前には大陸縁辺の日本列島の土台と大陸の間に陥没地形が形成され、そこには湖沼や河川が存在していたことを示しています（図３・２②）。その陥没地形は約１９００万年前から約４００万年かけて拡大し、それが現在の日本海となりました（図３・２③と④）。

大陸の分裂というと、中央海嶺軸に沿った分裂を想像するかもしれませんが、日本海の形成メカニズムはそれとは違ったようです。海洋底掘削により得られたデータからは、マントルの上昇による地殻の伸張と、それにともなうマグマの貫入による新たな海洋地殻の形成が原因だったと考えられています。

日本海は、広いところで幅が約８００㎞あるので、平均すると年間約20㎝もの速さで拡大したことになります。これは、現在の太平洋プレートの沈み込み速度の約２倍です。日本海拡大時には、日本列島が非常に大きな変動を受けたことが想像できます。

日本海の拡大により、東北日本は反時計回りに約25度、西南日本は時計回りに約45度回転しながら太平洋側に押し出されていき、そこに太平洋側から伊豆火山弧が衝突して、東北日本と西南日本が合体しました（**図３・３**）。東北日本と西南日本が回転しながら合体したことを明らかにしたのも、古地磁気のデータでした。「逆くの字形」の日本列島は、１５００万年前には原型ができていたようです。

日本海の拡大時には地殻が引き延ばされたため、日本海東縁を中心に多くの正断層が形成されました（断層の種類については、コラム②参照）。これらの古い正断層は現在の日本列島の内陸

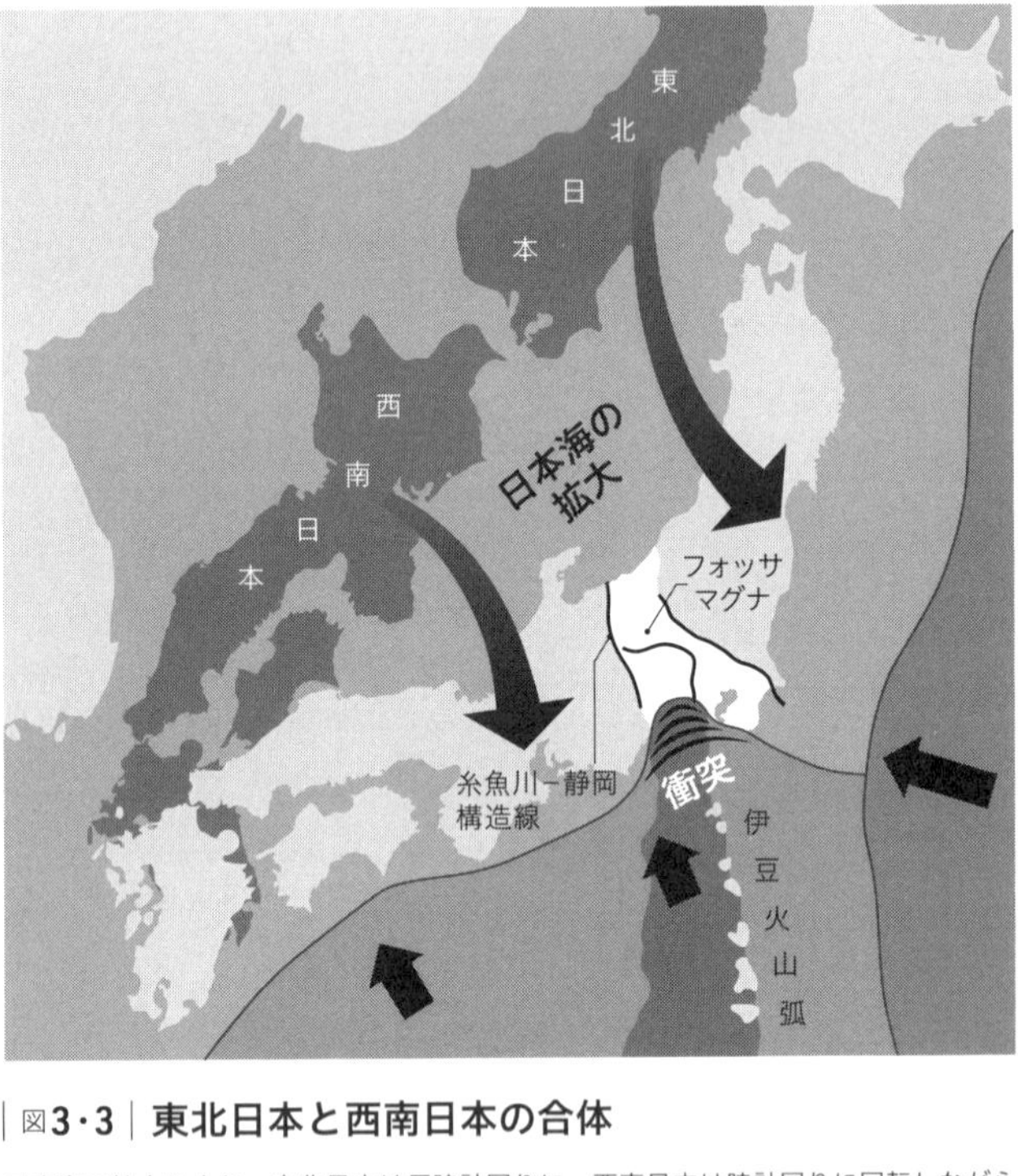

図3・3　東北日本と西南日本の合体

日本海の拡大により、東北日本は反時計回りに、西南日本は時計回りに回転しながら太平洋側へ押し出された。そこに伊豆火山弧が衝突してきて、東北日本と西南日本が合体した。現在の「逆くの字形」の日本列島が形成されたのは、約1500万年前のこと。日本地質学会編『日本地方地質誌3　関東地方』の図に加筆。

の地震活動に大きな役割を果たしていると考えられています（詳しくは第9章で説明します）。

東北日本と西南日本が合体する際に、両者の間に**フォッサマグナ**（ラテン語で「大きな溝」を意味する）とよばれる幅約１００㎞の大地溝帯が形成されました。東北日本と西南日本の境界として有名な「糸魚川‐静岡構造線」はフォッサマグナの西端の境界です。フォッサマグナには、その後の火山活動や堆積作用により厚さ６０００m以上の堆積層が形成されています。

山地・山脈の形成と東北日本の陸化

日本海の拡大が終わってからしばらくは、日本列島は圧縮も引張《ひっぱり》も受けない、力学的に中立な状態でした。日本列島の変動がひと息ついた、静かな時期だったことでしょう。西南日本の大部分は陸地であり、対馬海峡はまだ大陸と陸続きでした。東北日本は、北上山地と阿武隈山地を除く大部分がまだ浅い海の底で、現在の東北地方を南北に走る奥羽山脈の西側には、水深約１５０0m程度の細長い海が広がっていました。

この静かな時期がしばらく続いたあと、奥羽山脈に沿って活発な海底火山活動が生じたことがわかっています。太平洋プレートの沈み込みにともなう新たな火山活動です。火山活動によって噴出したマグマが海水と反応し、熱水鉱床がつくられました。その後も続いた火山活動により、東北日本は徐々に陸域を増やしていきます。

約８００万年前以降、活発な火成活動により奥羽山脈沿いに多数のカルデラが形成されました。カルデラとは火山活動によって生じた大きな凹地で、噴火で形成された火口とは区別されます。カルデラの形成には大量のマグマが必要と考えられ、過去の巨大噴火の名残とされています。東北日本におけるカルデラの形成は約３００万年前まで継続したと考えられています。

約３００万年前から東北日本は強い圧縮を受け始めました。東北日本にかかる力が中立的なものから圧縮力に変わると、東北日本で激しい隆起が始まりました。激動期の始まりです。

圧縮力がかかると地殻の弱いところ、すなわち「弱面」に変形が集中します。この時期の東北日本の隆起に大きな役割を果たしたのは、日本海拡大時に生成された多数の正断層でした。正断層は地殻の弱面として働き、圧縮力を受けて今度は逆断層として再活動し始めたのです。継続的にかかる圧縮力により、多くの逆断層が何度も地震を起こしたと考えられます。断層運動により断層沿いの地面は隆起し、山地を形成しました。一方で、陸地に高低差ができると河川の勾配が急になり、地形の浸食が進みます。このようにして、起伏に富んだ日本列島が少しずつ形成されていったのです。

伊豆火山弧の衝突とトラフの変形

現在の日本列島の地震・火山テクトニクスに大きな影響を与えているイベントがもうひとつあ

ります。**伊豆火山弧**の衝突です。

日本周辺の地図をみると、関東地方の南側に火山島が線状に点在していることがわかります（**図3・4**）。これが伊豆火山弧です。北端には伊豆大島や三宅島があり、八丈島、青ヶ島を経てさらに南へと続いています。2013年から噴火活動が活発化した西之島も、伊豆火山弧の火山島のひとつです。

じつはこれらの火山も、北海道～東北の火山と同様に太平洋プレートの沈み込みが原因で形成されました。ただ、北海道や東北の火山と違って、火山が形成されている上盤《うわばん》側のプレートは大陸プレートではありません。伊豆から小笠原を通ってマリアナにいたる火山弧は、海洋プレートであるフィリピン海プレート上に形成されています。

フィリピン海プレートの運動により、その上にある火山島は徐々に日本列島に近づきます。しかし、フィリピン海プレート上に形成された火山島は密度の小さい大陸性の地殻（厚さ約20㎞）をもつため、プレートの沈み込みを妨げます。規模の小さな火山島であれば、プレートとともに西南日本の下に沈み込めるかもしれません。しかし、規模の大きな火山島は沈み込みに抵抗し、日本列島と衝突することもあります。

フィリピン海プレートは関東地方の南では**相模トラフ**、東海地方では**駿河トラフ**、西南日本では**南海トラフ**から沈み込んでいます。その形状をみると、相模トラフと駿河トラフの走向は南海

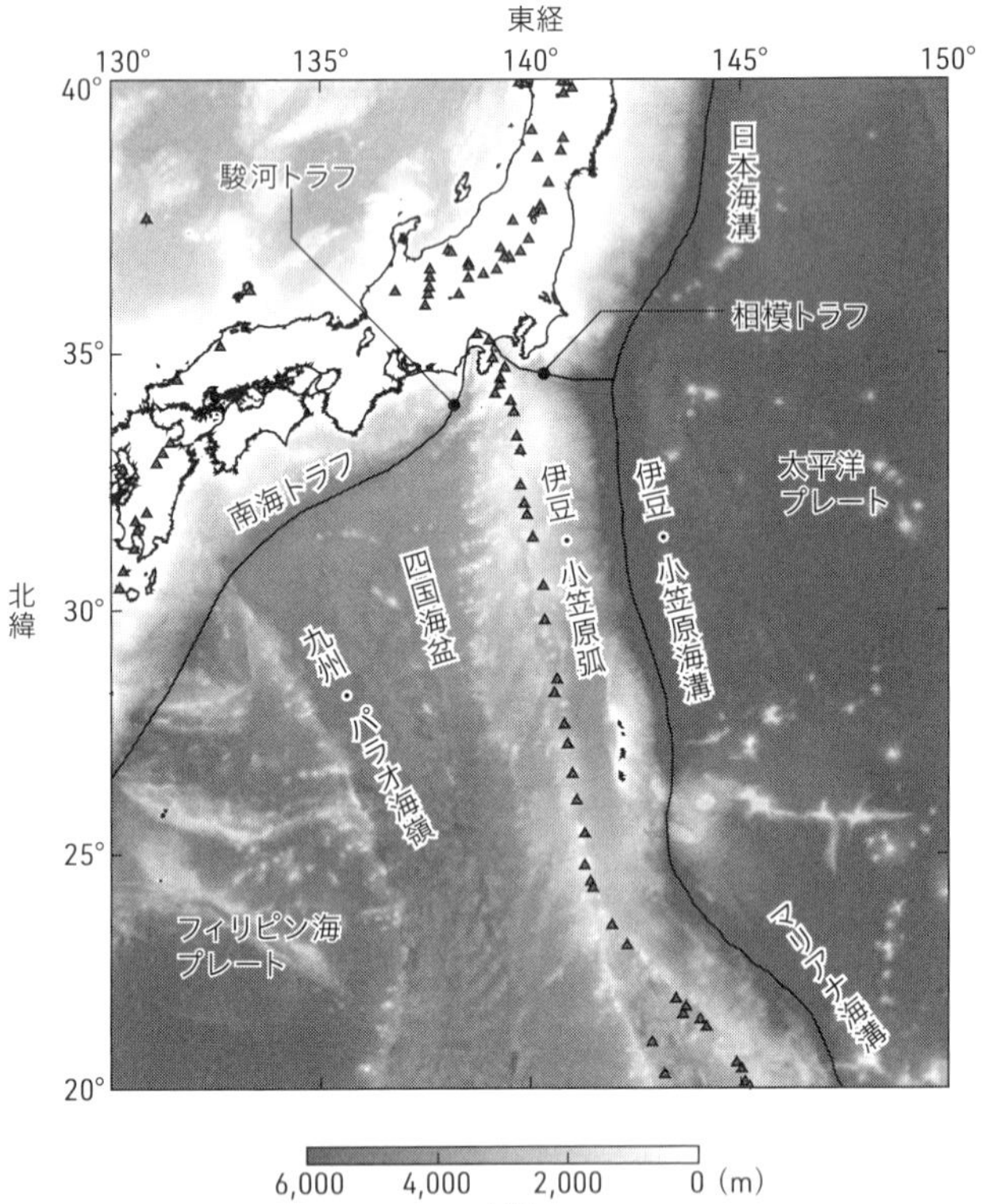

図3・4 伊豆火山弧

伊豆諸島・小笠原諸島をふくむ火山島の列で、マリアナ海溝まで続いている。いずれの火山島も海洋プレートであるフィリピン海プレート上に形成されたもので、フィリピン海プレートの運動によりゆっくりと日本列島に近づいている。

トラフの走向（東北東－西南西）と大きく異なることがわかります。相模トラフと駿河トラフが「ハ」の字を描いているのは、フィリピン海プレート上の火山島の連続衝突の結果です。過去1500万年にわたる断続的な火山弧の衝突（北進）が、西南日本の東西に延びる地質構造やプレートの沈み込み口であるトラフの一部を北に押しやってしまったのです。

現在、日本列島に衝突しているのが伊豆半島です。伊豆半島は火山性の地塊（海底火山の集まり）で、フィリピン海プレートの運動により北上し、約100万年前から日本列島に衝突し始めました。約15万年前以降の伊豆東方の火山群（大室山、小室山など）の活動により、伊豆半島東部には新しい陸地が形成されていきました。1989年の伊東沖の手石《てい し》海丘の噴火と同じような活動が過去に何度も繰り返され、もともとあった地塊に新しい陸地がつけ加わり、大きな陸地である現在の伊豆半島が形成されたのです。

伊豆半島衝突の少し前、約500万年前に衝突した火山島は日本列島と合体し、伊豆半島の北方にある丹沢山地を形成しました。約900万年前には、富士山の北にある御坂《みさか》山地が日本列島に衝突したと考えられています（**図3・5**）。

このままフィリピン海プレートの運動が継続すると、伊豆半島はどうなってしまうのでしょうか？

現在のフィリピン海プレートは相模トラフと駿河トラフから沈み込み、陸域では伊豆半島の付

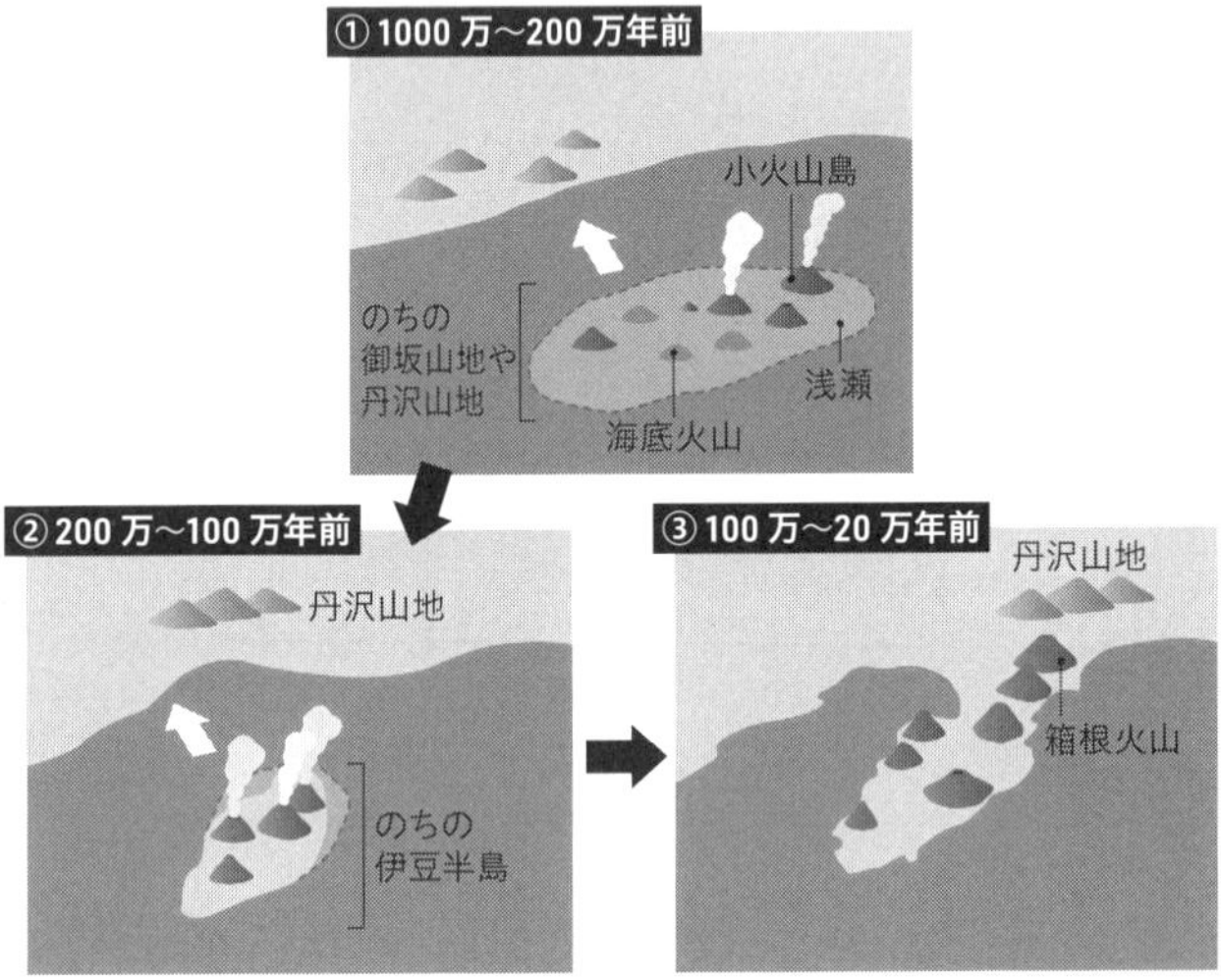

| 図3・5 | 伊豆火山弧の衝突・合体

約1500万年前以後、火山島の衝突が続いている。丹沢山地や伊豆半島も、もともとはこれに連なる火山島だった。伊豆半島ジオパークホームページ掲載の図を改変。

け根で一部が衝突しています。このまま伊豆半島が日本列島に衝突し続けると、将来的には伊豆半島の南側（海底）で新しい沈み込みが始まる可能性があります。沈み込み境界を伊豆半島の南側に変えることで、沈み込みを妨げている伊豆半島を地表に残したまま、フィリピン海プレートの沈み込みを継続できるというわけです。地質学的な観察により、これまでも御坂山地や丹沢山地の衝突の際に衝突境界が南側にジャンプしたことがわかっています。

コラム ②

断層のタイプ

地殻内部にかかる力の状態によって、さまざまなタイプの断層運動（地震）が生じます。ここで、断層の種類について整理しておきましょう（**図3・6**）。

断層面が傾いている場合、浅い側の岩盤を「上盤《うわばん》」、深い側の岩盤を「下盤《したばん》」とよびます。断層面を境として両側のブロックが上下方向（縦方向）に動くとき、上盤がずり下がる場合を**正断層**、のし上がる場合を**逆断層**といいます。正断層は引張場、逆断層は圧縮場で形成される断層です。

一方、両側のブロックが水平方向に動く断層は**横ずれ断層**とよびます。相手側のブロックが右に動く場合を**右横ずれ断層**、左に動く場合を**左横ずれ断層**といいます。

中部地方から西日本にかけての内陸地震は横ずれ断層型が多く、東北地方などの東北日本では逆断層型の内陸地震が多く発生します。逆断層に右横ずれの動きが重なるなど、2つのタイプの運動が組み合わさった断層運動が観測されることもあります。

ところで、日本で多く見られる断層が「逆断層」とよばれるのを不思議に思ったことはありませんか？

英語では、逆断層を「reverse fault（逆向きの断層）」、正断層を「normal fault（ふつうの向きの断層）」といいます。この「normal」「reverse」というよび方は、イギリスの炭鉱で見つかる断層をもとに決まりました。そこで見られる断層のほとんどが正断層であったことから、その断層を「ふつうの向きの断層（正断層）」、それと逆の動きをする断層を「逆向きの断層（逆断層）」と呼ぶようになったそうです。

ここで、地震が起こるとよく耳にする「活断層」に触れておきましょう。

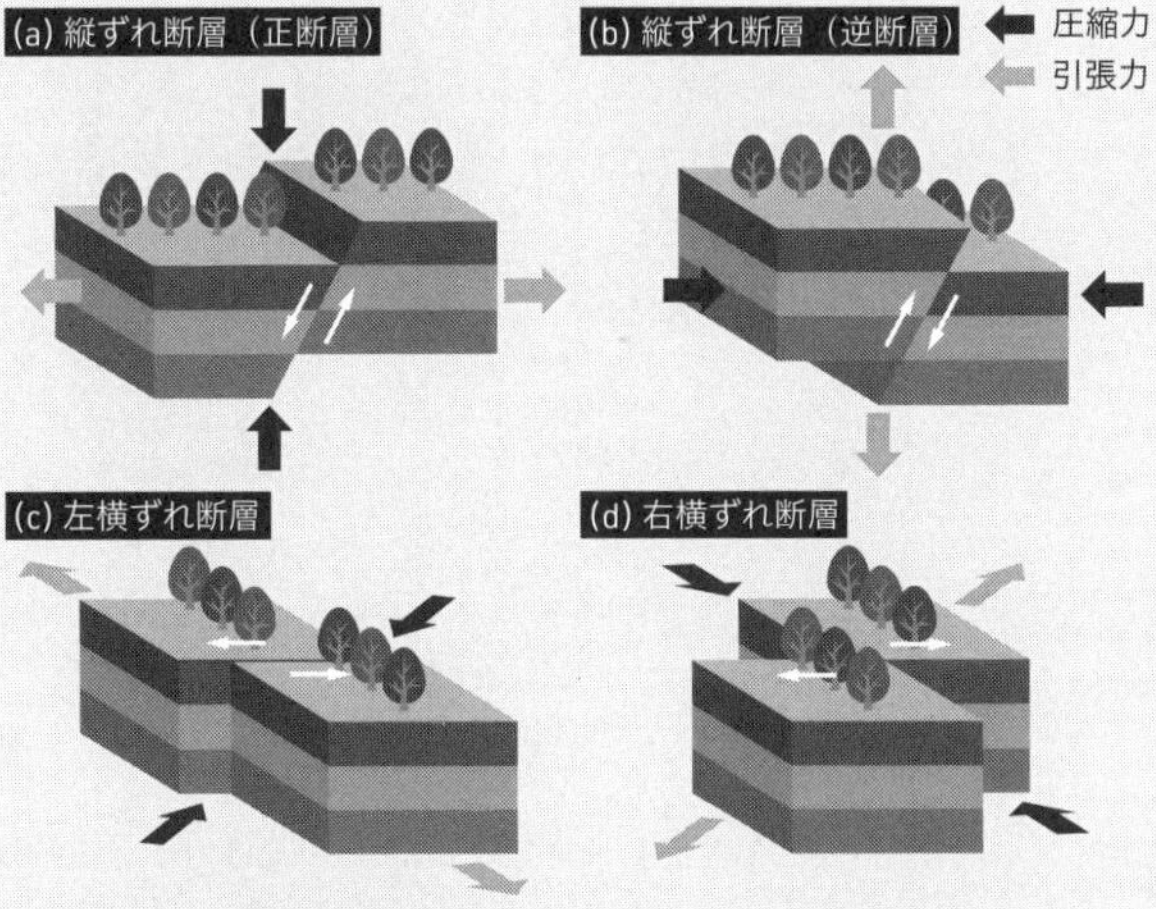

| 図3・6 | 断層の種類

(a) 正断層　(b) 逆断層　(c) 左横ずれ断層　(d) 右横ずれ断層

活断層の定義は分野によって異なります。地震調査研究推進本部は、「最近の地質時代に繰り返し活動し、将来も活動する可能性のある断層」と定義しています。ただ、「最近の地質時代」のとらえ方は、過去50万年、１００万年、または第四紀（２６０万年前）以降など、研究者によって幅があります。一方で、工学的には「過去12万～13万年の間に活動した痕跡がある断層」とみなすこともあります。

活断層はあくまでも地表でみられる「活動の痕跡」なので、地表まで断層運動が達しない場合や、断層運動によってずれた痕跡がのちに堆積層で覆われたりして、地表で活動の痕跡を確認できない場合には、活断層とは認定されません。活断層がないからといって、その地域で過去に大きな地震が起こらなかった、または将来地震が起こらないわけではないことに注意が必要です。

Chapter 04

日本列島の下には何があるか?

ここまで、すでに日本列島周辺のプレートが何度か登場してきましたが、本章できちんと紹介します。日本列島の下で何が起きているかを理解するうえで、日本列島の下に何があるか、すなわちどんなプレートがどのように分布しているかを理解することは、避けて通れません。とくに重要なのは、列島の下に沈み込む太平洋プレートとフィリピン海プレートです。本章の後半では、これら2つのプレートが歩んできた歴史をおさらいします。

日本周辺のプレート

少し古い教科書・啓蒙書には、日本列島周辺の主要なプレートとして、**ユーラシアプレート、北米プレート、太平洋プレート、フィリピン海プレート**の４つが挙げられています（**図４・１**）。このうち、海洋プレート（太平洋プレート、フィリピン海プレート）と大陸プレート（ユーラシアプレート、北米プレート）との境界は明瞭です。太平洋プレートは千島海溝〜日本海溝〜伊豆・小笠原海溝から、フィリピン海プレートは相模トラフ〜駿河トラフ〜南海トラフ〜琉球海溝から日本列島の下に沈み込んでいます。

沈み込まれる大陸プレートであるユーラシアプレートと北米プレートの間にも、プレート境界があるはずです。しかし、一般に大陸プレートどうしの境界線は明瞭な地形として確認できません。

１９７０年代初めまでは、ユーラシアプレートと北米プレートの境界はシベリアからサハリンを通り南下し、稚内付近から北海道中軸部、襟裳岬を通り、千島海溝と日本海溝の接続部（襟裳岬の南側）にいたる、というのが定説でした（図４・１の破線）。これは、北海道中軸部に南北に走る少し古い（数百万年前の）地質構造が見られるためです。このモデルでは、北海道東部は北米プレート、北海道西部と本州はユーラシアプレートに属します。しかし、北海道中軸部では、最南部の日高山脈周辺を除いて、現在は顕著な地震活動がみられません。そのため、北海道

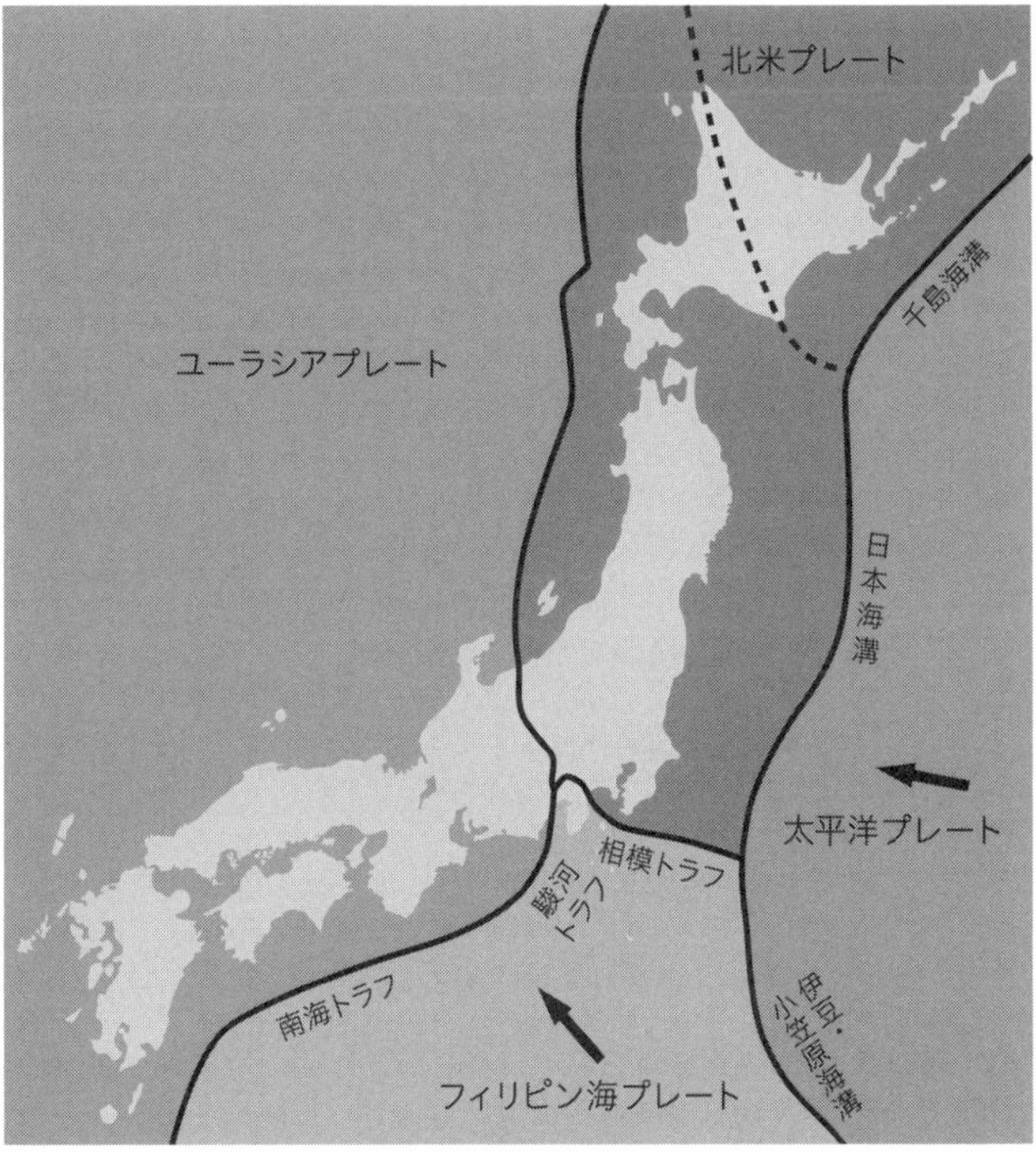

| 図4・1 | 日本列島周辺のプレート配置（古い理解）

破線は北海道中軸部を通る古い地質構造線。

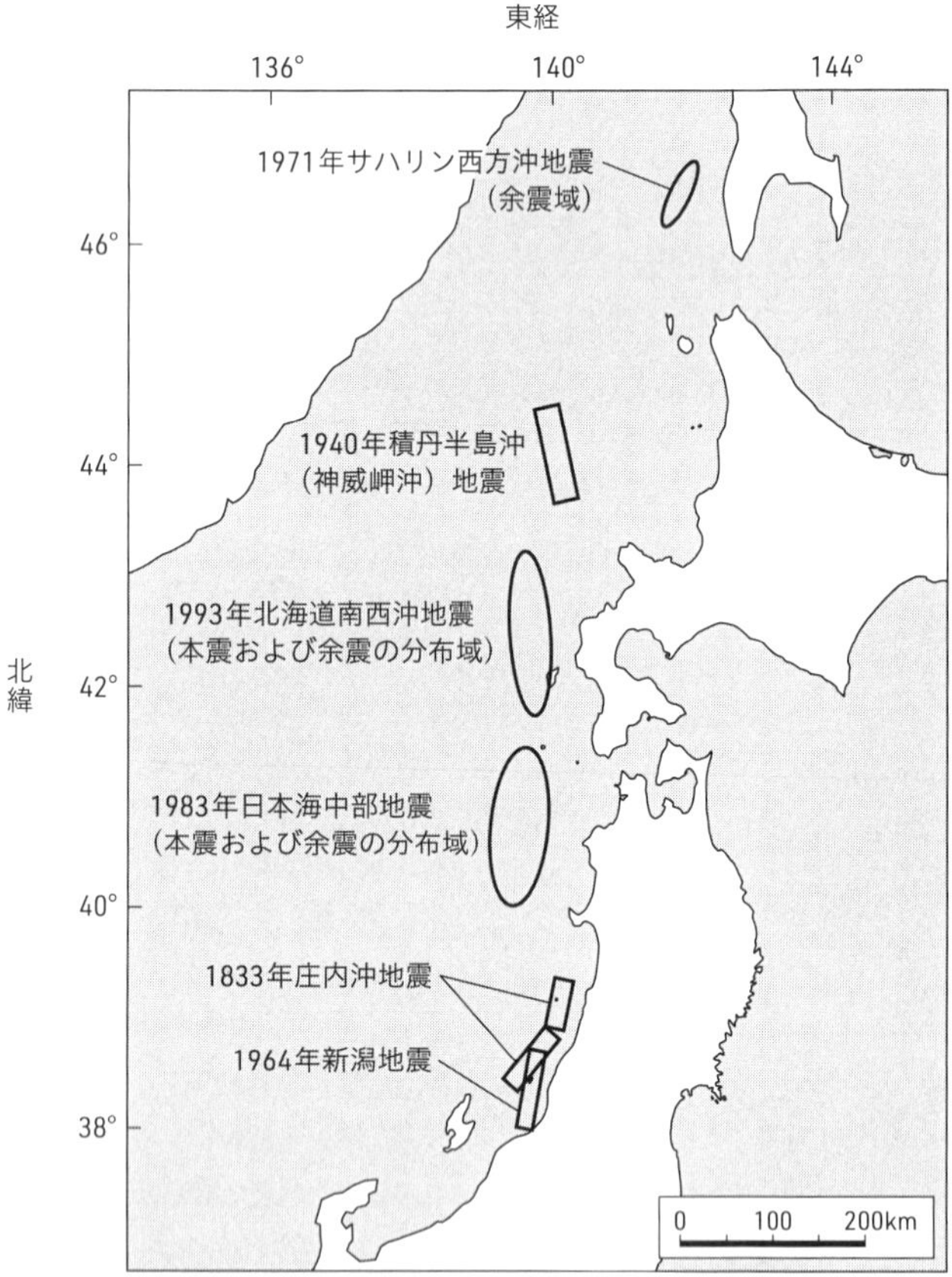

図4・2 **新生プレート境界説と日本海東縁の大地震**

シベリア〜サハリン〜日本海東縁にかけて、大きな地震が発生している。これらがプレート境界の地震、すなわちそこに北米プレートとユーラシアプレートの境界がある、という考えが提案された。地震調査研究推進本部「日本海東縁の地震活動の長期評価」（2003）にもとづく。

中軸部にプレート境界が存在するという考えに賛同しない研究者もいました。

１９８０年代に入り、違った解釈が現れました。そのきっかけになったのは、日本海の海底地形の詳細な調査でした。日本海東縁（北海道〜東北地方の日本海の海岸線の西側）で、約２５０万年前から激しい変動が起こっていることがわかったのです。また、日本海東縁には南北に延びる顕著な地震活動帯がみられます。これらを根拠に、シベリア〜サハリン〜日本海東縁が北米プレートとユーラシアプレートの境界である、という説が発表されました。日本海東縁でプレートの沈み込みが開始されつつあるとする、**新生プレート境界説**という考えです。

新たに提案されたプレート境界周辺では、１９４０年積丹半島沖地震（Ｍ７・５）、１９６４年新潟地震（Ｍ７・５）、１９６４年男鹿半島沖地震（Ｍ６・９）などの大きな地震も発生しています。新生プレート境界説が提唱された直後の１９８３年に日本海東縁で日本海中部地震（Ｍ７・７）が発生し、この説は注目を浴びました。１９９３年の北海道南西沖地震（Ｍ７・８）もこのプレート境界で発生したとされています（**図４・２**）。日本海東縁にプレート境界を引くと、北海道と東北日本は北米プレートに乗っていることになります。

オホーツクプレート――東北日本が属するプレート

日本海東縁プレート境界説が提唱されたのと同じ頃、日本付近のプレートモデルを見直すきっかけとなる発見がありました。シベリア東部の地震分布が詳細に検討され、帯状の地震活動域が見つかったのです。地震活動はカムチャッカ半島の付け根からシベリアにかけてみられ、そこでは左横ずれ断層の地震が起こっていることがわかりました。

シベリア東部は、従来のモデルでは北米プレートの内部に位置していました。地殻活動が安定しているはずのプレート内部で帯状の活動域が見られることは、そこになんらかの構造線があることを示唆します。そこで、この帯状の地震分布がプレート境界の活動と解釈され、この地震活動域を北端とする**オホーツクプレート**が提案されました。オホーツクプレートの西端は日本海東縁〜サハリンをほぼ南北に走っています（**図4・3**）。

動きの小さい大陸プレートであるオホーツクプレートの運動を決定するのは、容易ではありません。しかし、オホーツクプレートとその周りを囲む北米プレート、太平洋プレート、ユーラシアプレートの間での地震（断層）のすべり方向を精査すると、オホーツクプレートがユーラシアプレートとは違った動きをしていることがわかりました。

その後、GNSSで得られたシベリアの地殻変動データによって、オホーツクプレートの存在が明瞭に示されました。オホーツクプレートは北米プレートとも明らかに異なる動きをしていることがわかったのです。現在は、北海道や東北日本はオホーツクプレートに属すると考えられています。

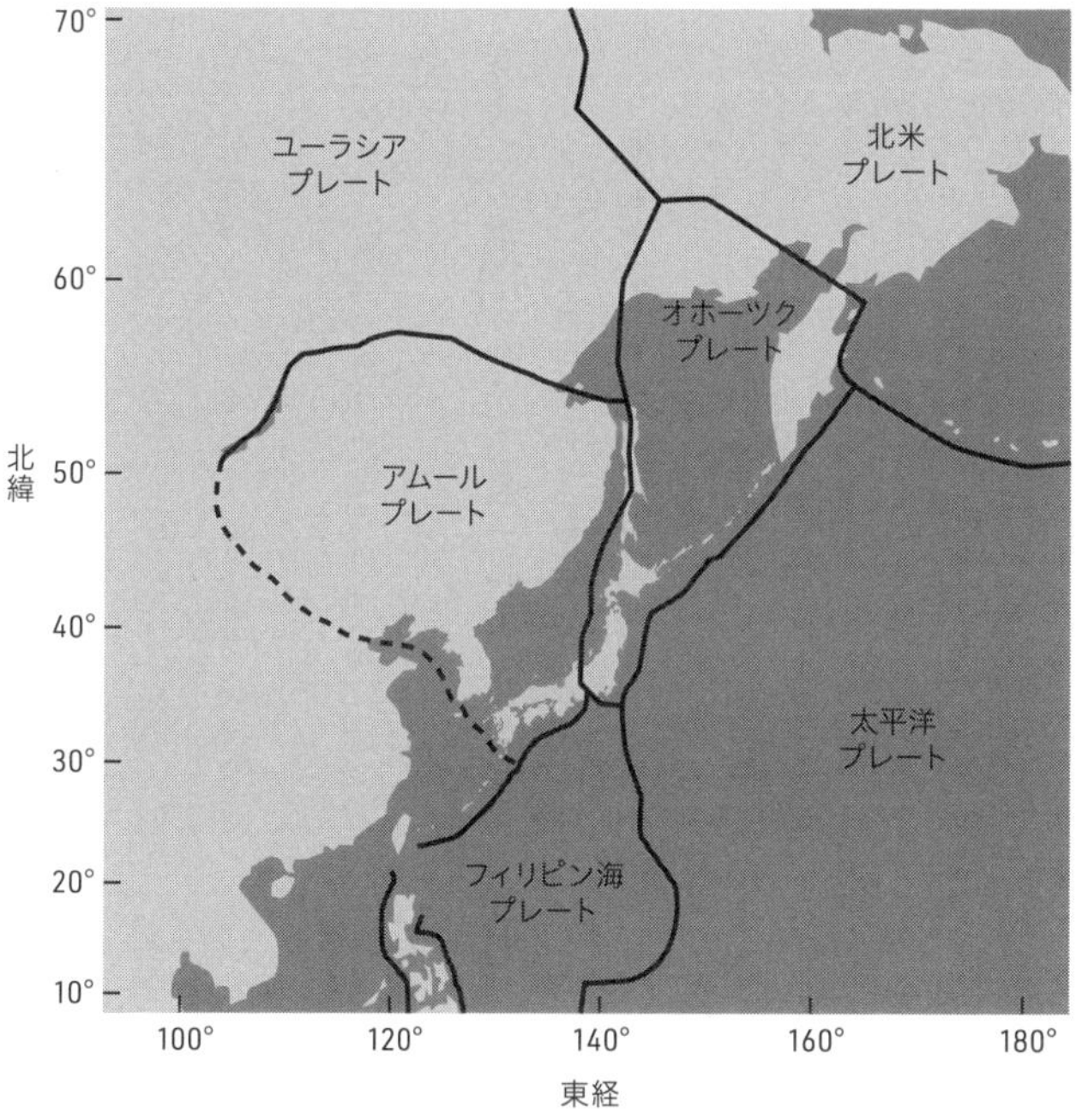

図4・3 | 日本列島周辺のプレート配置(新しい理解)

従来の4つのプレートに加えて、オホーツクプレートとアムールプレートが提案されている。Wei & Seno (1998) の図を簡略化。

アムールプレート――西南日本をふくむ不明瞭なプレート

西南日本はユーラシアプレートに属するとされていました。ところが1980年代に、ユーラシアプレートは複数のマイクロプレートに分割できるという考えが提案されました。マイクロプレートのうち、中国北東部、朝鮮半島、西南日本をふくむ比較的大きなプレートが**アムールプレート**です。その北限はサハリンの北側からほぼ西に延び、シベリアのバイカル湖にいたります。バイカル湖以南ではプレート境界がやや不明瞭です（図4・3）。

オホーツクプレートの運動を決定したのと同じように、バイカル湖周辺の地震のすべり方向を用いてアムールプレートの運動が決められました。その後、シベリア、中国東部、韓国でのGNSS観測で得られた地殻変動データの解析により、アムールプレート上の観測点はユーラシアプレートに対して東に動いていること、アムールプレートに属する観測点どうしの相対変位はほぼゼロであること（つまり、プレート内では大きな変形は生じていないこと）が明らかになりました。この結果は、アムールプレートがひとつのブロックとして運動していることを示します。

アムールプレートとオホーツクプレートの相対速度は、日本海東縁で年間7～15㎜程度です。この2つのプレートの境界は、日本海東縁から糸魚川‐静岡構造線を通り、南海トラフへとつながります。

南西諸島は島嶼《とうしょ》部が少ないため、面的な地殻変動データを得ることは容易ではありません。発生する地震も陸域から離れているものが多いため、断層運動(断層のすべり方向)の推定精度も高くありません。そのためアムールプレートの南端はよくわかっておらず、いくつかのモデルが提案されています。

太平洋プレート――大きくて古くて冷たい海洋プレート

ここからは、日本列島の形成や現在の変動に深く関わっている太平洋プレートとフィリピン海プレートに注目して、それぞれの個性を紹介していきます。どちらも海洋プレートですが、その生い立ちや歩んできた歴史は大きく異なります。これらのプレートの成り立ちを知ることは、現在の日本列島で起きる現象を理解するうえでも重要です。まずは、古くて冷たい太平洋プレートに注目します。

(1) 太平洋プレートの不思議な年代分布

太平洋プレートは世界最大のプレートで、プレートが生成されつつある東側と沈み込んでいる西側に大別されます(図1・7)。太平洋プレートが生成されているのは、中南米から南米の沖合に延びる**東太平洋海嶺**およびその南側に連なる**太平洋南極海嶺**で、ここでの拡大速度は年間6

〜16㎝です。太平洋プレートは北西向きに運動しているため、北太平洋（アラスカ〜アリューシャン）から北西太平洋（カムチャッカ半島〜北海道〜東北地方〜伊豆・小笠原〜マリアナ）で主要な沈み込みが起こっています。この地域でのプレートの収束速度は年間6〜10㎝です。また、ニュージーランドの北方にあるトンガ・ケルマディックでも太平洋プレートの沈み込みが生じています。一方で、運動方向とほぼ平行なプレート境界も存在し、マリアナ諸島最南部からソロモン諸島にかけて横ずれ断層を形成しています。

太平洋プレートは東太平洋海嶺で生成され北西方向に運動しているので、北西太平洋ほど海洋底の年代が古くなります。プレート年代はアリューシャン付近で5000万〜7000万年、日本列島付近では約1億3000万年です。しかしながら、最も古い1億5000万年以上前の海洋底は、海嶺から最も遠いカムチャッカ半島〜北海道付近ではなく、マリアナ海溝の東側（北緯15度、東経155度付近）に存在します（**図4・4**）。また、海洋底の年代をよくみると、伊豆・小笠原海溝〜マリアナ海溝付近では海溝から東に向かって少しだけ古くなっています。じつはこの奇妙な年代の分布には、太平洋プレートの形成過程と運動の履歴が関係しているのです。

前章で紹介したように、約1億年前の太平洋プレートは周りを海嶺に囲まれていたため、当時の太平洋プレートはその外側が新しく中央部ほど古い、という年代分布でした。太平洋プレートはイザナギプレートとの境界である海嶺側からユーラシア大陸の下に沈み込み始めたために、現

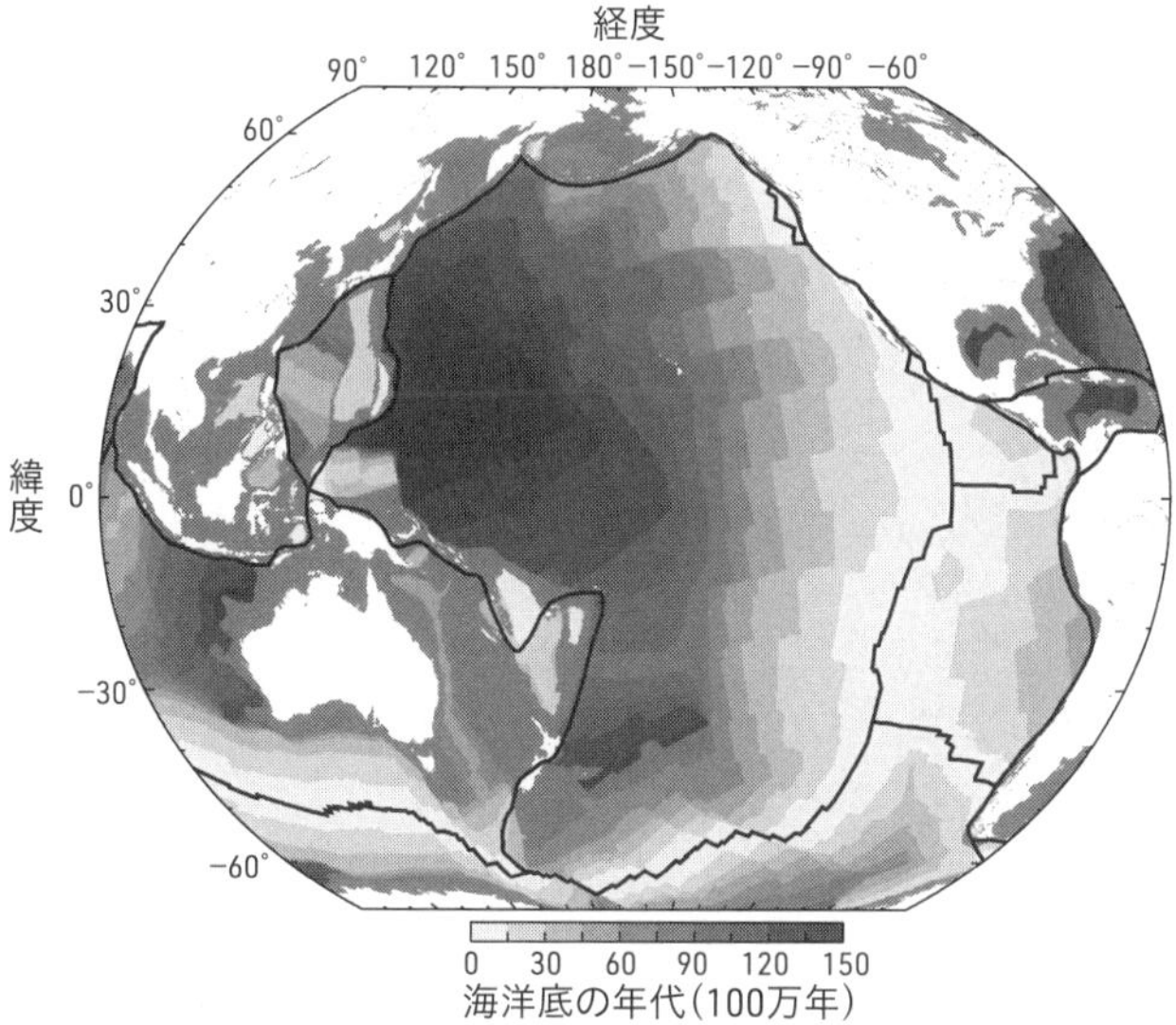

図4・4 | 海洋プレートの年代分布

太平洋プレートは東太平洋海嶺で最も新しく、そこから離れるにつれて年代が古くなっている。日本列島付近の年代は約1億3000万年である。ただし、太平洋プレートが最も古いのは、海嶺から最も遠いカムチャッカ半島〜北海道付近ではなく、マリアナ海溝の東側である。この一見不可解な年代分布には、太平洋プレートの形成と運動の歴史が関わっている。Müller *et al.* (2008) にもとづく。

在の日本海溝〜伊豆・小笠原海溝〜マリアナ海溝付近では海溝に近い西側ほど海洋底が新しくなっているのです。

ただ、これだけでは一番古い海洋底がマリアナ海溝の東側に存在する理由を説明できません。もうひとつ重要な要素として、太平洋プレートの運動方向を考える必要があります。じつは、過去に太平洋プレートの運動方向が変わったことがあるのです。その変化を教えてくれるのが、プレート上の海山列の並びです。というわけで、次はリゾート地として有名なハワイに目を向けてみましょう。

(2) 運動方向の突然の変化

ハワイ諸島の一番東にあるハワイ島では現在、キラウエア火山やマウナケア火山などにおいて活発な噴火が起こっています。太平洋プレートの真ん中にあるハワイ島での火山活動は、マントル起源の熱い上昇流（**プルーム**）が原因です。ハワイ島下のプルームは下部マントルから上昇していると考えられています。プルーム上に形成される火山を**ホットスポット火山**といいます。

ハワイ諸島周辺の海底地形を見ると、北西に延びる海底火山の列が確認できます。この火山列（**ハワイ海山列**）は東経170度付近で、カムチャッカ半島の東側にいたる北北西向きの海底火山列（**天皇海山列**）とつながっているようにみえます（**図4・5**）。これらの海底火山の形成年代はカムチャッカに近いものほど古くなっています。この火山列の並びからプレート運動の歴史を読み取ることができるのです。ちなみに、カムチャッカ半島の付け根で海溝が折れ曲がっているのは、天皇海山列が抵抗しつつ、大陸プレートの下に沈み込んでいるためです。

プルームが地表に到達すると火山島または海底火山が形成されますが、太平洋プレートはそれとは関係なく運動しているので、それらはプレートの運動方向に移動します。ハワイ海山列と天

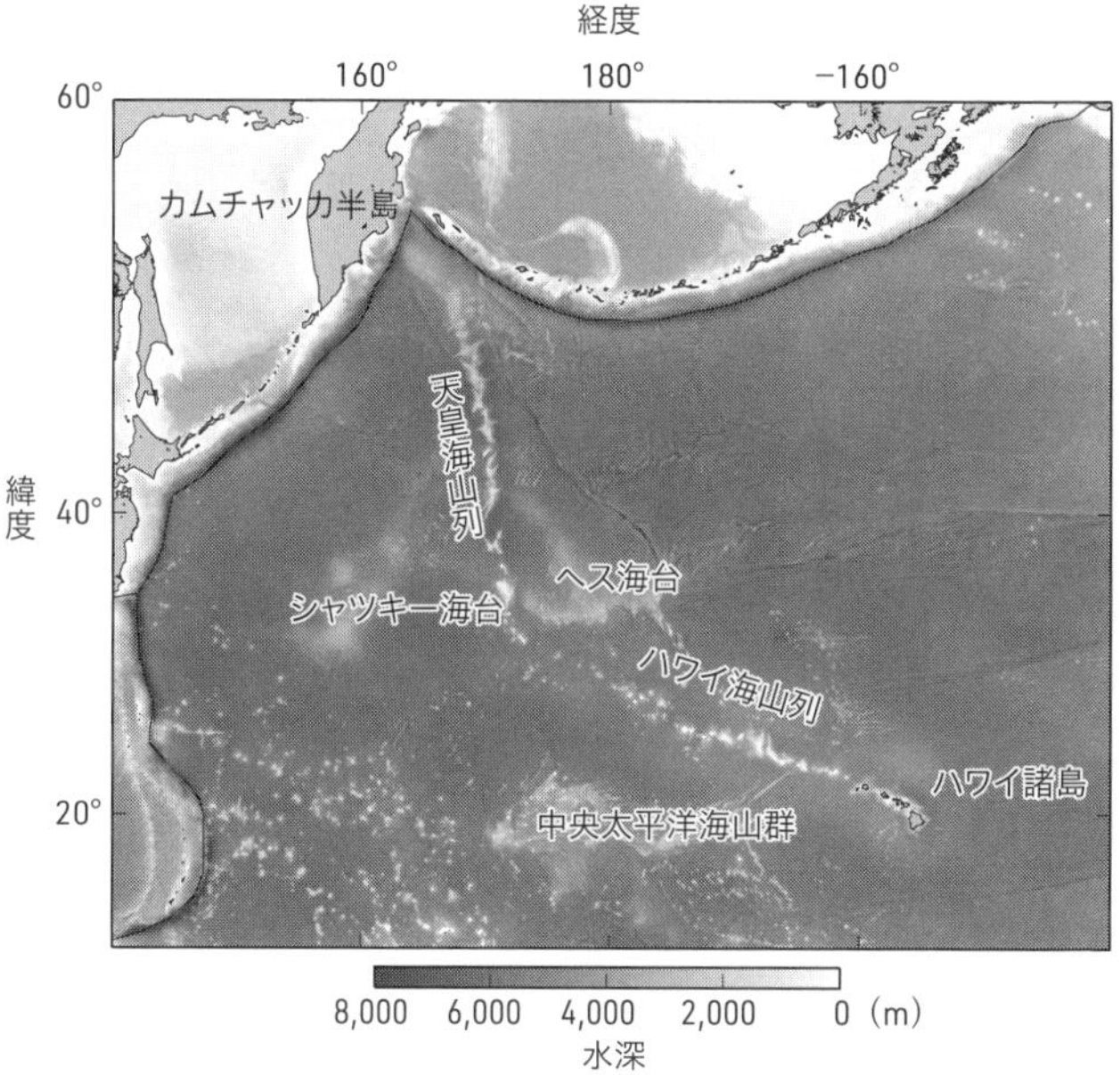

| 図4・5 | ハワイ海山列と天皇海山列

ハワイ島で現在みられる噴火活動の原因はプルームである。プルームによって形成される火山をホットスポット火山という。ハワイ島から北西に延びるハワイ火山列はすべてホットスポット火山である。さらに、ハワイ海山列の先には北北西向きの天皇海山列がある。これら2つの火山列の向きの違いは、太平洋プレートの運動方向の変化に起因すると考えられている。

皇海山列の並びから、現在は北西方向に安定して運動している太平洋プレートは、おおよそ4400万～4300万年前以前は北北西向きに運動していたことがわかります。昔は北北西に向かって動いていたプレートが、あるとき北西へと運動方向を変えたのです。そのために、太平洋プレートで一番年代の古い海洋底はマリアナ海溝の東側に位置しているのです。

(3) 運動方向はなぜ変わった？

では、4400万～4300万年前に何が起こったのでしょうか？　何が太平洋プレートの運動を変化させたのでしょうか？

プレートの運動は地球を覆うほかのプレートと影響をおよぼし合います。小さなプレートの場合、周囲のプレートからのちょっとした影響により、その運動方向が変わってしまうことがあるかもしれません。しかし、太平洋プレートのような大きなプレートはほかのプレートの影響を受けにくいと考えられます。なんらかの地球規模の変動が起こったに違いありません。

その時代に地球規模でどのような変化があったかはわかっていません。可能性のひとつとして、インド大陸（インドプレート）とユーラシア大陸（ユーラシアプレート）の衝突がきっかけになったのではないか、と考えられています。

インド大陸とユーラシア大陸の衝突は、地表に大きな変動をもたらしたことがわかっています。衝突により両大陸間の海底が押し上げられ、ヒマラヤ山脈とその北側のチベット高原が形成されたのです。その証拠に、ヒマラヤ山脈で三葉虫などの古代の海洋生物の化石が見つかります。この2つの大陸が衝突し始めたのは、5500万〜5000万年前だといわれています。

インド大陸が衝突したことで、インドプレートとともに北向きに運動していたオーストラリアプレートの動きが遅くなりました。そして、それまでオーストラリアプレートに南から押されるように北進していた太平洋プレートが、その進行方向を北西に変えたという考えがあります。インド大陸の衝突と太平洋プレートの運動方向の変化という2つのイベントには500万〜1000万年の時間差がありますが、地球規模のプレート運動を変化させるにはそのくらいの時間が必要なのかもしれません。

フィリピン海プレート ——複雑な生い立ちと日本列島との深い関係

つぎに、日本列島下に沈み込むもうひとつの海洋プレート、フィリピン海プレートに目を向けましょう。フィリピン海プレートの成長過程はとても複雑で、太平洋プレートとはまったく違った歴史をもっています。

(1) 小さくなるだけのプレート

フィリピン海プレートは、その東を伊豆・小笠原海溝〜マリアナ海溝、北を南海トラフ〜琉球海溝（西南日本〜九州〜沖縄）、西をフィリピン海溝〜ルソン海溝（台湾〜フィリピン）、南をパラオなどの島嶼部に囲まれた海洋プレートです（図1・7）。プレートの西半分を占めるフィリピン海が名前の由来になっています。

太平洋プレートは現在も東太平洋海嶺や太平洋南極海嶺で拡大しているのに対して、現在のフィリピン海プレートには活動している海嶺が存在しません。さらに、フィリピン海プレートは北側の南海トラフ〜琉球海溝、西側のフィリピン海溝〜ルソン海溝から大陸プレートの下に沈み込んでいます。つまり、フィリピン海プレートは小さくなるだけのプレートなのです。フィリピン海プレートのどこかに新しい海嶺が出現しないかぎり、いずれフィリピン海プレートはすべて沈み込み、地球上から姿を消してしまうでしょう。

現在のフィリピン海プレートに活動している海嶺がないのはなぜでしょうか？　そもそもフィリピン海プレートはどのように拡大したのでしょうか？　日本列島の形成・成長とも密接に関わるその発達史を、簡単に振り返ってみましょう。

(2) 複雑な発達史

フィリピン海プレートの発達史の研究は、1980年代以降に大きく進展しました。古地磁気データと海底掘削データの充実によるものです。発達過程の詳細は研究により異なりますが、大枠は以下のように考えられています。

4500万~2500万年前:フィリピン海プレートはおよそ4500万年前に、赤道付近で太平洋プレートの中に突然誕生しました。その海域で起こったプレート沈み込みの**背弧海盆**(プレート沈み込み帯の火山列よりも、海溝から離れた位置に形成される海面下の盆地)として生まれたと考えられています。背弧海盆で海洋底が拡大し(**背弧拡大**という)、約3000万年前までに現在の西フィリピン海盆(現在のフィリピン海プレートの西側部分)をつくりました。

フィリピン海プレートは1000万年ほどかけて赤道付近からゆっくり北上し、2500万年前には現在の九州の南側を占めていました。また、いまの南西諸島付近でユーラシア大陸の下に沈み込み始めていました(図3・2②)。

フィリピン海プレートの下には、その生成以来ずっと、太平洋プレートが沈み込んでいます。太平洋プレートとの沈み込み境界(フィリピン海プレートの東端)では活発な火山活動があり、「古伊豆・小笠原弧」に沿って火山島が形成されていました。

2500万～1700万年前頃：古伊豆・小笠原弧のすぐ西側に、背弧海盆の海嶺が新たに生まれ、古伊豆・小笠原弧は東西2つに引き裂かれました。引き裂かれた西側は九州の南東にある九州・パラオ海嶺として、現在も海底地形の高まりを残しています（図3・4）。古伊豆・小笠原弧が引き裂かれた際、海嶺（拡大軸）が少しずつ東に移動しながら拡大が進行したため、九州・パラオ海嶺の場所はあまり変化せず、古伊豆・小笠原弧だけが東方向へ移動していきました（図3・2②と③）。このときの拡大軸が現在の「四国海盆」であり、海底地形でその高まりを確認することができます。

1700万～1500万年前頃：四国海盆に沿うプレートの拡大は続いており、新しいフィリピン海プレートが生成されていました。拡大軸付近はできたばかりのプレートが占めており、その両側（ほぼ東西）に向かって徐々に古くなる年代分布をしていました（図4・4）。

生まれたてのフィリピン海プレートは熱くて軽いため、そのままでは大陸プレートの下に沈み込むことはできません。しかし、この時期には日本海の拡大が続いており、それにより強制的に南へ移動させられた西南日本が、薄く熱いフィリピン海プレートに乗り上げたと考えられています。そうして、西南日本下へのフィリピン海プレートの沈み込みが開始しました。

1500万年前頃には日本海の拡大が完了し、同時期に四国海盆でのフィリピン海プレート拡大も終了したと考えられています。日本列島周辺のプレート配置は現在とほぼ同じになりました

(図3・2④)。

1500万～300万年前頃：四国海盆での拡大が終わってからは、フィリピン海プレートの海洋底は古くなる一方です。この頃のフィリピン海プレートはほぼ北向きに運動し、日本列島の下に沈み込んでいました。

フィリピン海プレートの下には東から太平洋プレートが沈み込み、現在の伊豆・小笠原海溝の西側にはいくつもの火山島が誕生しました（図3・4）。伊豆半島も、この頃に誕生した火山性の地塊の集合体です。これらの火山島はフィリピン海プレートといっしょに北に移動し、継続的に中部日本に衝突するようになりました（図3・5）。

300万年前以降：フィリピン海プレートの運動の向きが北から北西に変わりました。その時期は、東北日本が圧縮場になった時期とほぼ一致します。最近、フィリピン海プレートの運動方向の変化により東北日本の圧縮場が生じたとする、以下のような考えが提唱されました。

300万年前以前のフィリピン海プレートの運動方向は北向きであり、伊豆・小笠原海溝とほぼ平行でした。そのため、伊豆・小笠原海溝では、上盤側のフィリピン海プレートが沈み込む太平洋プレートに対して右横ずれ運動をしていました。しかし、フィリピン海プレートの運動が北西向きに変わったことで、伊豆・小笠原海溝が西へ移動し始めます。この海溝の移動は、海洋底に沿ってすき間をつくらないために不可欠な運動です。伊豆・小笠原海溝と日本海溝はつながっているので、伊豆・小笠原海溝の移動にともない日本海溝も徐々に西側へ移動します。この日本海溝の移動が東北日本を圧縮場にしている原因である、というのです。

この考えは、東北日本が圧縮場になった時期を説明できる魅力的なモデルに思えます。しかし、広く受け入れられるためにはさらなる検証が必要でしょう。

これまで見てきたような複雑な発達史のために、日本列島周辺のフィリピン海プレートの年代は東西方向に大きく変化します。一番新しい海洋底は四国海盆の両側にあり、その年代は、拡大が終了した時期とほぼ同じ1500万年前です。四国海盆から離れるにつれて海洋底は古くなり、古伊豆・小笠原弧の分裂により生じた海洋底の年代は2500万〜1500万年前です。九州・パラオ海嶺の西側には四国海盆の拡大が始まる前からプレートが存在していたので、そこでの年代は3000万年前より古くなっています。この東西方向での海洋底年代の違い、および形成過程に起因する海底地形の変化が、西南日本と九州や南西諸島における火山・地震活動の違いの原因となっています。

日本列島下のスラブ形状

図4・6は、地震活動および地震波高速度域の分布から推定された日本列島下のスラブ形状で

す。

北海道〜東北地方〜関東・中部地方の下には、太平洋スラブが傾斜30〜40度で沈み込んでいます(第7章参照)。スラブ形状は滑らかですが、千島弧−東北日本弧の会合部(北海道西部)、および東北日本弧−伊豆・小笠原弧の会合部(関東地方〜若狭湾)にスラブの尾根があります。

フィリピン海スラブの形状はとても複雑です。とくに、中部地方〜近畿地方下ではスラブが大きく湾曲しています(この特徴的な構造については第8、10章で改めて触れます)。

関東地方〜中部地方下では少なくとも深さ140km程度までフィリピン海スラブが沈み込んでいますが、地震が発生するのは深さ60〜80km程度までです。また、琵琶湖東部から中国地方にかけては、深さ60km程度までしか地震が発生していません。西南日本でスラブ内地震が深くまで発生しないのは、2500万〜1500万年前に形成された若いスラブの沈み込みが原因であると考えられます。一方、3000万年前以前に形成された古いスラブが沈み込む九州以西では、深さ約200kmまで地震が発生しています(第7章でスラブ内地震の地域性を紹介します)。

なお、図4・6には示していませんが、最新の地震波トモグラフィ解析によれば、フィリピン海スラブは九州西部で深さ400km程度、中国地方の沖合で深さ300km程度まで沈み込んでいることがわかっています。地震活動では追跡できませんが、地震波高速度域として明瞭にとらえられているのです。

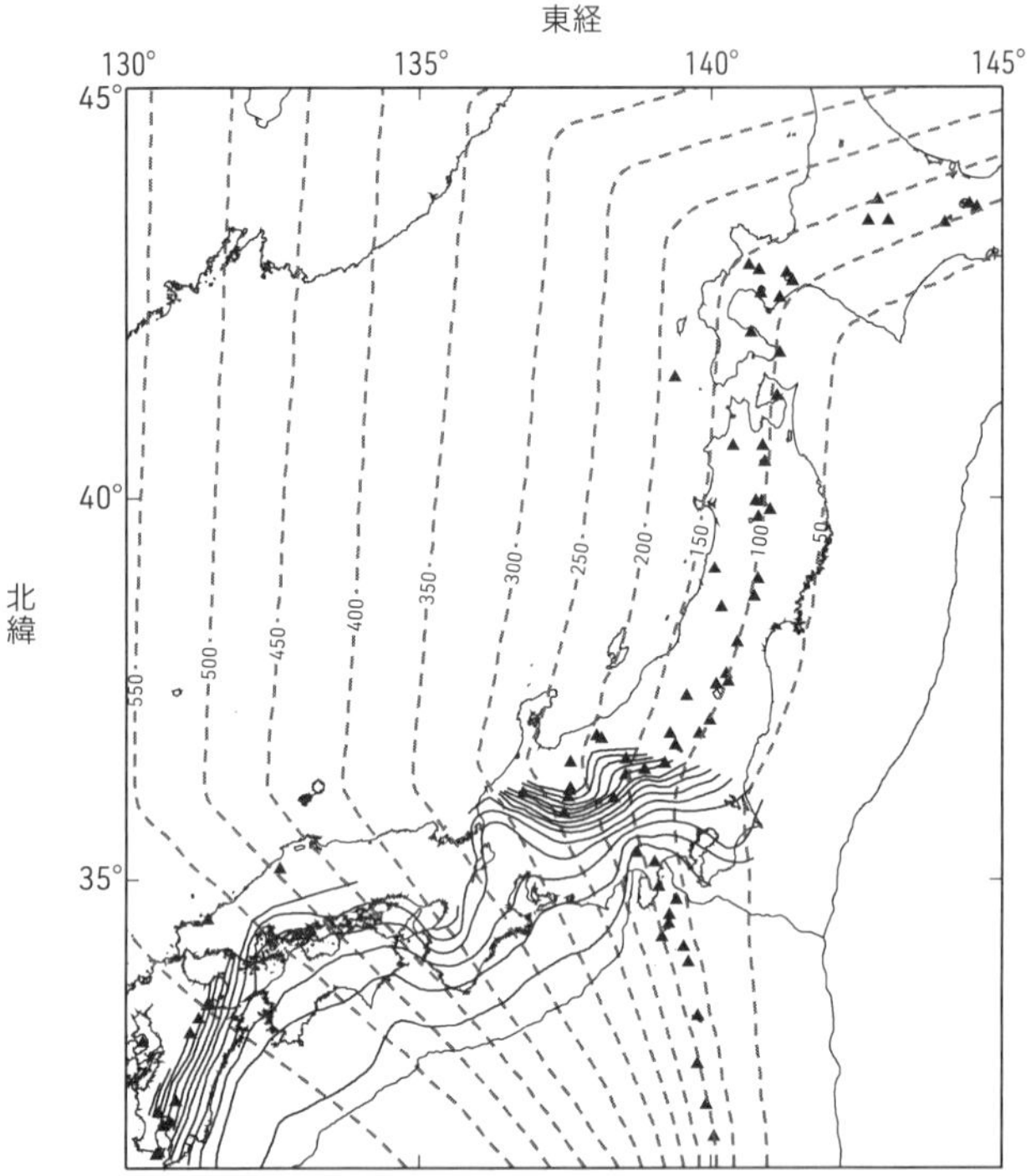

図4・6 日本列島下のスラブ形状

破線は太平洋スラブの等深度線（50km間隔）、実線はフィリピン海スラブの等深度線（10km間隔）。Hasegawa *et al*. (2009) にもとづく。

Chapter
05

プレートの沈み込みと水

海洋プレートは海溝やトラフから地球内部へ沈み込んでいきます。当たり前のようにそう説明してきましたが、プレートの沈み込みという現象はそれほど簡単には起こりません。プレートが沈み込むためには、それまでほぼ平らだった海洋底が折れ曲がる必要があるのです。また、この沈み込み時の折れ曲がりにともない、海洋プレートには亀裂が入り、そこに海水が浸透していきます。プレートに取り込まれた水はどうなるでしょうか。本章では、プレート内の水の行方を追っていきます。

海洋プレートの構造

沈み込む海洋プレートは海洋地殻とマントルからなります（**図5・1**）。

プレート最上部の海洋地殻は、海嶺での火山活動によって地表（海洋底）に噴出した玄武岩溶岩や、玄武岩質マグマが地下で固まってつくるはんれい岩などからなります。大陸地殻にくらべて鉄やマグネシウムに富み、石英（SiO_2）の含有量が少ないのが特徴です。

海洋地殻とマントル上部の硬い部分がリソスフェア、つまり「海洋プレート」となります。リソスフェアの厚さは温度構造（鉛直分布）に依存します。生まれたばかりの海洋底は高温のためリソスフェアが薄く、その厚さは20〜30㎞程度です。プレートは海嶺から遠ざかるにつれて徐々に冷やされ厚くなります。たとえば、海洋底の年代が1億年より古い日本列島周辺の太平洋プレートの厚さは約90㎞と、海嶺での厚さの数倍にもなります。

海嶺で誕生したばかりの海洋プレートの表面には、玄武岩（地殻）がむき出しになっています。しかし、海洋底を移動する間に堆積物に覆われ、地殻は隠れてしまいます。大陸から離れた海底では放散虫や海綿動物などのプランクトンの死骸や火山灰などの遠洋性堆積物、大陸近くでは河川や沿岸域に由来する砂や泥が堆積します。深海での堆積速度は1000年で数ミリ、浅海では数センチから数十センチとゆっくりですが、長い年月をかけて海洋底を移動する間に、数百

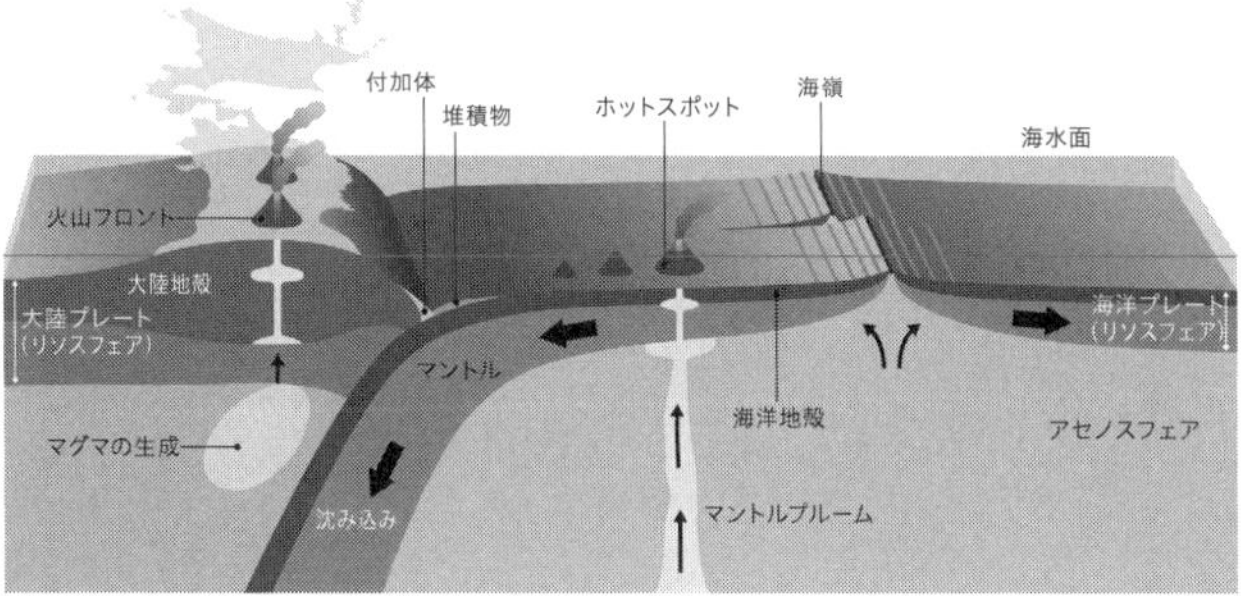

| 図5・1 | 海洋プレート（リソスフェア）の構造

プレート（海洋地殻とマントル上部を合わせたもの）の厚さは温度に依存して決まる。海嶺付近では、その厚さは20～30km程度で、海嶺から離れるにつれて厚さを増していく。

メートルから1㎞を超える厚さの堆積層が形成されることもあります。

遠洋性堆積物は静かな海洋底で長い時間かけて堆積し続けるため、地球規模の気候変動、海洋変動、地質変動、はては隕石衝突事件などの痕跡を記録しており、地球史の研究において重要な試料となります。

海洋底の起伏と海山

海洋プレート（海洋リソスフェア）の厚さはその形成年代によって変化しますが、海の水深も海洋底の年代でほぼ決まります。陸上では軽い大陸地殻がマントルの上に浮いており、高い山の下には厚い地殻の根がある、というアイソスタシーの考えを第2章で紹介しました。海洋底では逆のことが起こっています。

海嶺で生成されたばかりのプレートは熱く、密度が小さいためアセノスフェアの上に浮いている状態です。しかし、海嶺から離れるにつれ徐々に冷やされ、平均密度が大きくなります。すると、重くなったプレートがアセノスフェアを押し下げ、海洋底は徐々に沈降していきます。海嶺から海溝に向けて水深が徐々に深くなるのはこのためです。海嶺での平均的な水深は2000m程度ですが、たとえば海洋底の年代の古い北西太平洋の水深は5000〜6000m程度になります。

海洋底の水深がプレートの温度だけで決まるのであれば、水深は海嶺から離れるほど深くなりますが、海洋底には局所的な地形の高まりも存在します。海山や海丘です。一般的に、比高が1000m以上のものを**海山**、1000mに満たないものを**海丘**とよびます。海山や海丘のほとんどは昔の海底火山の名残です。前章で取り上げた天皇海山列は規模、全長とも世界最大規模の海山列です。また、マリアナ海溝の東側にもたくさんの海山が分布しています（図4・5）。

日本列島周辺では、千葉県銚子市の沖合にある「第一鹿島海山」が有名です（**図5・2**）。この海山は富士山と同じくらいの大きさで、いままさに日本海溝から沈み込もうとしています。沈み込みにともなう大きな変形により、第一鹿島海山の中央部には正断層が生じ、断層の西半分は海溝内に崩落しています。その結果、第一鹿島海山の西半分に相当する部分では、海溝の水深が浅くなっています。この地域には、第一鹿島海山のほかにも、第二〜五鹿島海山、香取海山があ

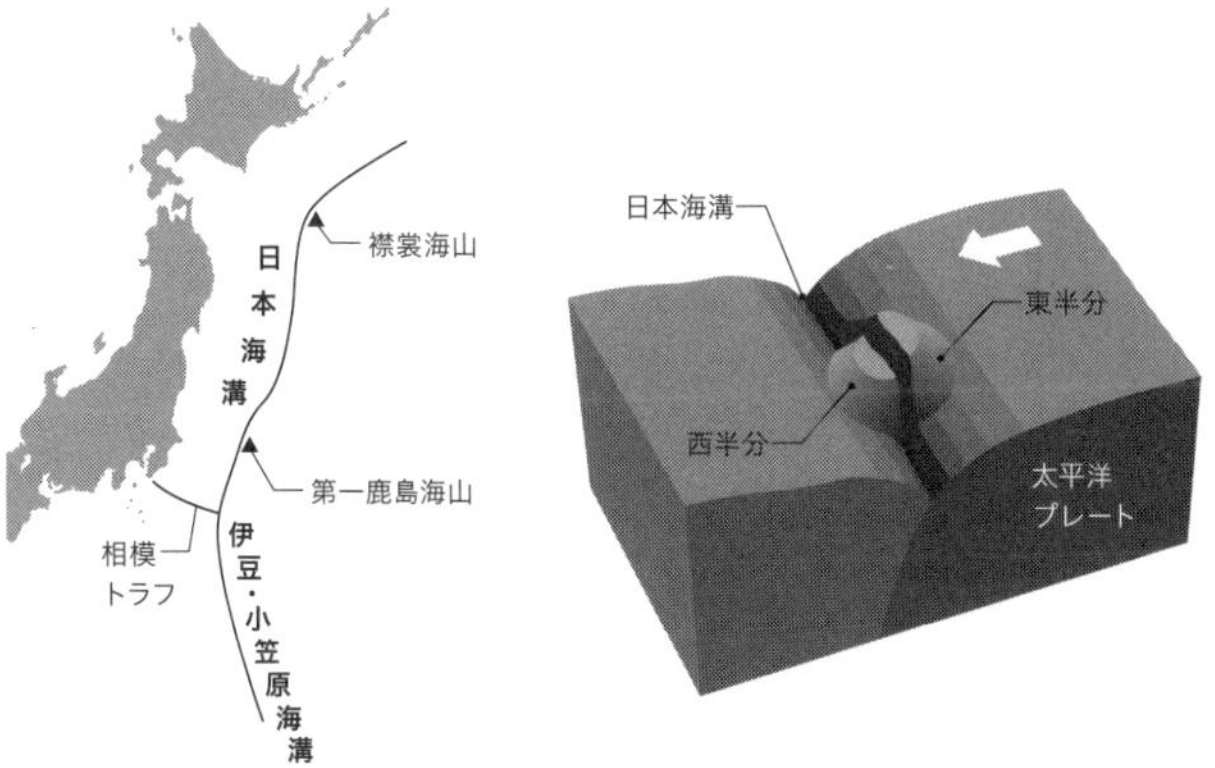

図5・2 第一鹿島海山

富士山と同じくらいの大きさの海山で、いままさに日本海溝から沈み込もうとしている。沈み込みにともない海山は大きく変形し、中央部に正断層が生じた。西半分は海溝内に崩落している。小林（1980）にもとづく。

ります。

北海道の襟裳岬の沖合には「襟裳海山」があります。この海山の裾野は海溝軸に達しています。近い将来、沈み込みを開始するでしょう。

さらに広大な地形の高まりも海洋底には存在します。**海台**とよばれる、台地状の地形です。これらは、現在は活動していない海底火山の昔の大噴火の名残で、大量の玄武岩質マグマの噴出により形成されました。

日本の東のはるか沖合には「シャツキー海台」があります（図4・5）。その面積は日本の国土と同じくらいで、周囲の海洋底から海台の頂上までの高さは約3500mです。南太平洋には、日本の国土の約14倍の面積を誇る「オントンジャワ海台」という巨大な海台も存在します。この海台は、約1億2000万年前に起きた地球の歴史上最大規模の火山活動によってつくられた巨大火山で、玄武岩やはんれい岩からなる約30㎞もの厚さの地殻をもっています。

プレートの変形とアウターライズ

プレートテクトニクスでは「プレート＝剛体（変形しない硬い岩盤）」として扱いますが、海洋プレートがまったく変形しないとしたら、地球内部へ沈み込むことはできません。実際、海洋プレートや大陸プレートが硬いのは確かですが、大きな力に対してはゆっくり変形できる、適度にやわらかい性質も持ち合わせています。

海溝近くまでやってきたプレートはどのように沈み込んでいくのでしょうか。簡単な実験をしてみましょう。机の上にプレートを模したノートを置き、机から半分はみ出た状態を考えてください。机上のノートの端を押さえ、机からはみ出た部分を下に押すと、その先端は下方（地球内部）を向きますが、代わりに机の端の近くではノートが盛り上がります。プレートでも同じ変形が起こっています。プレートの運動が水平移動から沈み込みへと転じる場所で、海底地形の高まりがみられるのです。海溝海側の広い範囲でみられる比高500～1000mほどの海底面の高まりを**アウターライズ**（outer rise：海溝外縁隆起帯）といいます（**図5・3**）。

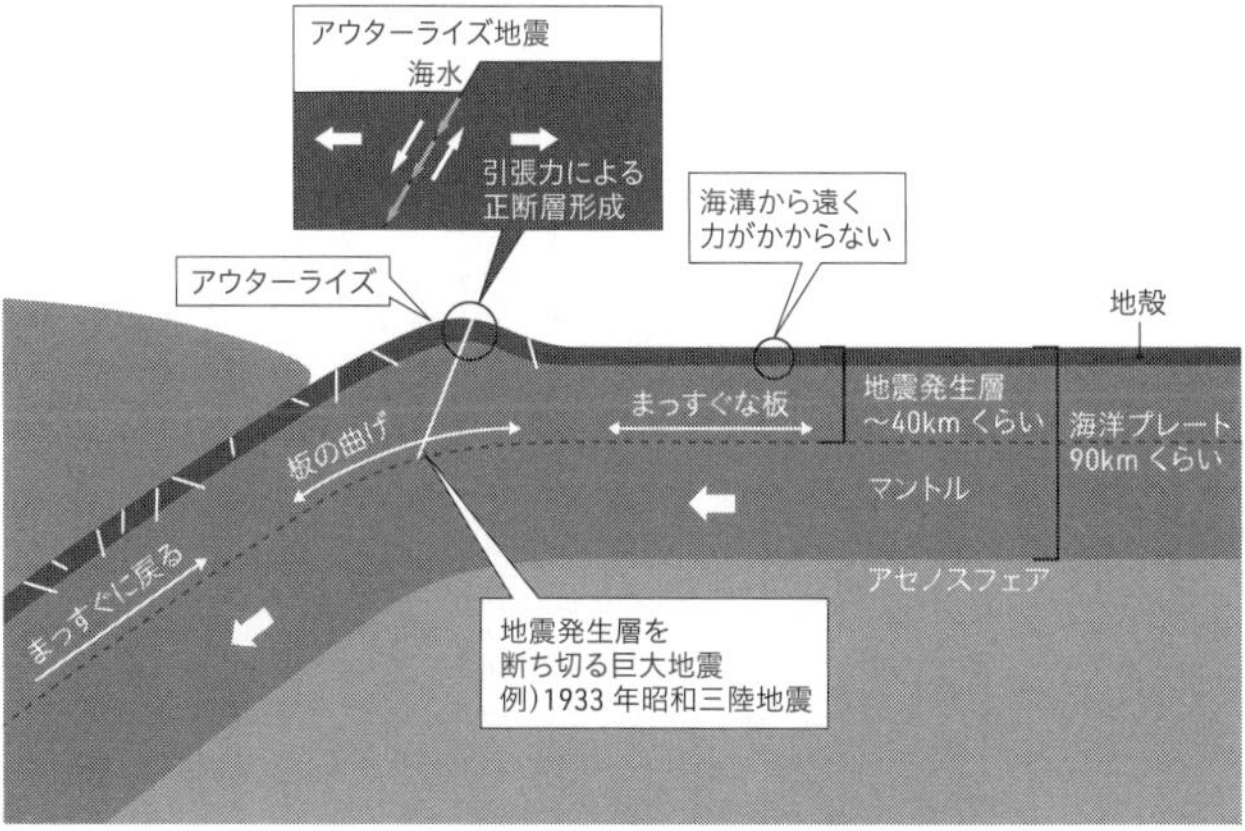

図5・3 | アウターライズでの変形と正断層地震

海洋プレートが水平移動から沈み込みに転じる場所でみられる、海底地形の高まりがアウターライズ。海溝海側の広い範囲に発達する。また、上に凸のプレートの変形により、正断層地震が発生する。

一般に、太平洋プレートのような古くて厚いプレートほどアウターライズが大きく発達しますが、その発達具合には同じプレートでも地域差があります。たとえば、太平洋プレートでは、千島海溝の海側では顕著なアウターライズがみられますが、日本海溝南部や伊豆・小笠原海溝の海側ではアウターライズはそれほど発達していません。

なお、「アウターライズ」とは海溝より海側での地形の高まりをさす地理的な用語で、「海溝の海側＝アウターライズ」とは限りません。しかし、海溝海側の海洋プレート内で発生する地震はアウターライズの有無にかかわらず、一般に「アウターライズ地震」とよばれています。本書でも、海溝海側の海洋プレート内で発生する地震をアウターライズ地震とよぶことにし、「海溝の海側」と「アウターライズ」は同義の言葉として使うことにします。

アウターライズ地震——曲げられ、割れる海洋プレート

沈み込みにともない海洋プレートは変形します。プレートはある程度の変形に耐えられますが、一定以上の変形を受けると、その一部に亀裂が生じることがあります。

アウターライズから海溝にかけての領域では、沈み込むプレートの上への凸の変形により、プレート浅部に引張場が生じます。この引張場により、海溝軸にほぼ平行な走向をもつ正断層が形成されます（図5・3）。海洋地殻を断ち切る正断層によって形成された地塁・地溝構造も多くみられます。**地塁**とは、ほぼ平行な複数の断層によって区切られ、両側に対して相対的に隆起している凸状の地形（台地など）です。**地溝**は、両側に対して相対的に沈降している凹状の地形（峡谷など）を指します。

海溝の海側で正断層が形成される際に、地震が起きることがあります。**アウターライズ地震**です。

アウターライズ地震として有名なのは、日本海溝の東側（海側）で発生した1933年昭和三陸地震（M8・1）です。この地震の断層面は海溝軸にほぼ平行で、西に約45度で傾斜していま

す（図5・3）。断層の長さは南北方向に約200㎞にもなります。深さ方向の広がりは十分な精度で把握できていませんが、海底面から深さ40㎞程度まで破壊がおよんだ可能性が指摘されています。この地震が引き起こした津波の第一波は約30分で三陸沿岸に到着し、最大遡上高は岩手県気仙郡綾里《りょうり》村（現・大船渡市三陸町）で約29mでした。

アウターライズ地震と沈み込むプレート境界の地震がペアで発生した事例が多く報告されています。いずれの例でもプレート境界地震が先に起こり、その後にアウターライズ地震が発生しました。たとえば、1933年昭和三陸地震は、1896年に発生した明治三陸地震（M8・2、プレート境界地震）に誘発されたと考えられています。2007年の千島列島のアウターライズ地震（M8・1）の2ヵ月前にも、やはりプレート境界地震（M8・2）が発生しています。また、2005年8月にはプレート境界地震である宮城県沖地震（M7・2）が発生し、その約3ヵ月後にその東側でアウターライズ地震（M7・0）が発生しました。さらに、2011年東北地方太平洋沖地震（M9・0）の39分後にも、M7・5のアウターライズ地震が発生しました。

プレート境界で起きる地震は逆断層型です。プレート境界で大地震が発生すると、その逆断層運動により、海洋プレートは沈み込み方向（陸側）に引っ張られます（上盤側のプレートはそれとは逆の海側に動きます）。そのため、海洋プレートの海溝海側の領域に引張力が働き、アウターライズで正断層地震が発生すると考えられています。

ただし、プレート境界地震が起きてからアウターライズ地震が発生するまでの時間にはばらつきがあります。この時間差は、プレート境界地震による応力変化の大きさや、アウターライズ地震を起こす断層面の摩擦特性や応力状態（地震への準備状況）などに依存すると考えられています。２００９年にサモアで起きた地震のように、プレート境界地震とアウターライズ地震がほぼ同時に（数分以内に）起こることもあります。

アウターライズ断層に沿う海水の浸透

日本海溝北部～千島海溝西部の北西太平洋でおこなわれた海底地震探査により、海洋地殻（海底面から深さ７km程度まで）のP波速度は海溝に近づくにつれて徐々に低下することが明らかになりました。さらに、海溝から海側約90kmの範囲では、マントル最上部のP波速度も標準的な値より小さいこともわかりました。

このようなプレート構造の変化が生じるのは、海溝に近づくにつれて地殻やマントル最上部に海水が浸透するためと考えられています。

海溝海側でのプレートの折れ曲がりにより形成される正断層は、大きなものは深さ40km程度まで達することもあります。それらの断層が水の通り道となり、プレート内に水が供給されるのです。水が通過したあとは断層に沿って鉱物の沈殿が起こります。そうして水の通路が閉鎖されると、断層に入った水は地表に抜け出せなくなります。

しかし、断層運動はせん断変形（ずれ変形）であり、断層面に沿ってすき間ができるわけではありません。そのため、たとえ深さ40㎞まで達する正断層運動が起きたとしても、本当にその深さまで水が浸透できるかどうかは、議論が分かれています。

熱クラック――海洋プレートの冷却による亀裂と含水化

海嶺で生成された海洋プレートが冷やされる際に、熱収縮によりプレート内部で大きな引張力が生じ、深いところまで亀裂が入ることがあります。この亀裂を**熱クラック**といいます。熱クラックは身の回りでも目にすることがあります。たとえば、熱したガラスに冷水をかけると割れる（粉々になる）現象がそうです。古い海洋プレートでは、熱応力により深さ30～50㎞程度まで幅数十メートルの亀裂が生じる可能性が指摘されています。

そのような大きな亀裂により、マントル最上部まで水（海水）が注入されるかもしれません。熱クラックは断層とは違い、熱収縮が生む引張力による開口亀裂なので、そのクラックが閉じない限り、水の浸透は可能です。さらに、一度できた亀裂の上に遠洋性堆積物が堆積すると、それはふたの役割を果たし、熱クラック内に多くの水を閉じ込めることができると考えられます。

ただし、海溝に近づくにつれてプレートの地震波構造が変化するという観測結果は、熱クラックだけでは説明できないと思われます。なぜなら、熱収縮は熱い海洋プレートが冷やされることで起きるため、熱クラックへの水の浸透は海溝よりも海嶺近くでより効率的に進むと考えられるからです。

実際には、熱クラックにより海嶺近くで海洋プレートの地殻やマントル最上部に水が入り込み、海溝で沈み込む際に形成される正断層に沿ってさらに多くの水が供給される、という2つの異なるメカニズムが働いているのかもしれません。

しかしながら、岩石よりも密度の小さい（つまり軽い）水を断層や亀裂に沿ってプレート深部まで浸透させ、閉じ込めることは容易ではありません。そこで重要となるのが「含水鉱物」です。

鉱物の中の水——地球内部で水が存在する方法

これまで、海洋プレートに「水（海水）」が浸透するという話をしてきましたが、みなさんはどのような水を想像しましたか？　きっと液体の水（H_2O）だと思います。地球の内部ではそのような水は「自由水」や「間隙水」などとよばれますが、鉱物中に「結晶水」として存在する水もあります。地球内部の水を考える場合、重要なのはむしろ結晶水です。

たいていの鉱物の結晶構造の中には、水分子が入り込めるほど大きな空間はありません。そのため、水分子は水素イオン（H^+）と水酸化物イオン（OH^-）に分解され、鉱物結晶中に取り込まれます。この結晶中に取り込まれた水酸化物イオンが結晶水の正体です。結晶水をふくむ鉱物を**含水鉱物**といいます。

含水鉱物はその化学式の中にOH基を含有します。普通角閃石（$Ca_2(Mg, Fe)_4Al(AlSi_7O_{22})(OH)_2$）、蛇紋石（$Mg_3Si_2O_5(OH)_4$）、白雲母（$KAl_2AlSi_3O_{10}(OH)_2$）などがおもな含水鉱物です（いずれも代表的な化学式です）。含水鉱物には分子としての水（H_2O）は入りませんが、OH基として水をふくむことができるのです。含水鉱物がどの程度水を保持できるかは、OH基の数で決まります。蛇紋石は水を多く取り込める含水鉱物のひとつで、重量比にして最大13％程度まで水を保持できます。沈み込み帯でみられる主要な含水鉱物には、角閃石、蛇紋石、雲母類のほかに、滑石（タルク）、緑泥石（クロライト）、ローソン石などがあります。

一方、化学式にOH基が入らない**無水鉱物**もあります。地殻の岩石に多くふくまれる石英（SiO_2）や、上部マントルのかんらん岩を構成するカンラン石（Mg_2SiO_4）や斜方輝石（$MgSiO_3$）などが代表的な無水鉱物です。

かつて、これら無水鉱物に水を保持する役割はない、と考えられていました。しかし最近では、無水鉱物でも、上部マントルの条件下ではごく少量（数十から数百ppmオーダー：ppmはparts per millionの頭文字で、100万分の1を表す）の水をH基としてふくむことがわかってきました。たとえばカンラン石では、本来Mgがあるべき場所に欠陥があり、代わりにH基が2つ入り込むことで電荷的に中性を保ち、安定に存在している場合があるのです。このようなごく少量の水をふくむ無水鉱物を**名目上無水鉱物**（nominally anhydrous mineral）とよびます。OH基をもたない無水鉱物のほとんどが名目上無水鉱物であり、「ある程度の水」をふくむことがわかっています。

マントルの鉱物と水の反応 ——含水鉱物はいかに生成されるか？

上部マントルを構成するかんらん岩の主要鉱物であるカンラン石が水と反応すると、含水鉱物である蛇紋石とブルース石が生じます。この反応を単純化すると**図5・4**のように表せます。つまり、3モルの水分子（H_2O）がOH基として蛇紋石とブルース石に分配されるのです。このように名目上無水鉱物であるカンラン石に水が付加されると、含水鉱物が生成されます。

蛇紋石は重量比で13％もの水を保持できるため、海洋プレートへの水の供給に大きな役割を果たしています。蛇紋石を主要鉱物とする岩石に蛇紋岩があります。上部マントルを構成するかんらん岩に水が付加されると、蛇紋岩になります（**蛇紋岩化**という）。蛇紋岩はその表面の模様がヘビの皮のように見えることから、こう名づけられました。蛇紋岩化の度合いが低い場合にはカンラン石や輝石が残りますが、蛇紋岩化率が高くなると、ほとんど蛇紋石からなる蛇紋岩となり

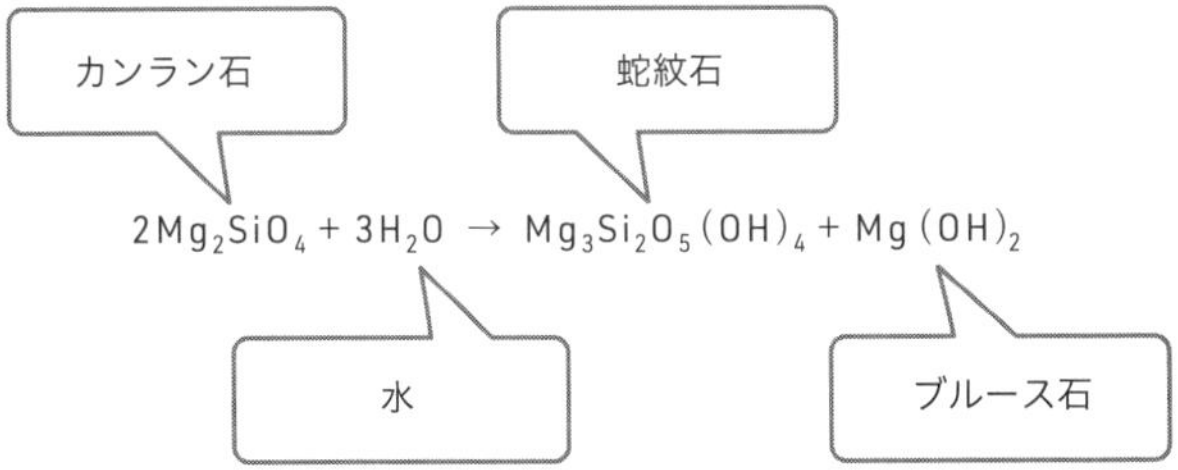

$$2Mg_2SiO_4 + 3H_2O \rightarrow Mg_3Si_2O_5(OH)_4 + Mg(OH)_2$$

図5・4 | 蛇紋石の生成

名目上無水鉱物であるカンラン石と水が反応し、含水鉱物である蛇紋石とブルース石が生成される。含水鉱物中では水はOH基として存在する。

ます。

岩手県北上山地の最高峰である早池《はやち》峰《ね》山はかんらん岩と蛇紋岩でできており、蛇紋岩帯特有の植生がみられることで有名です。その蛇紋岩は「岩手県の岩石」に認定されています(コラム③参照)。

海洋マントルへの水の供給
——蛇紋岩化はどこまで進む?

蛇紋岩を形成する「かんらん岩-水相互作用」については、実験や理論、数値計算による研究が進んでいます。実験によれば、400℃以下の温度で蛇紋岩化率が一番高くなるのは250~300℃の範囲です。これは、太平洋プレートのような古いプレートのマントル最上部の温度とほぼ一致します。もし海溝海側で形成される正断層に沿ってマントル最上部まで水が供給されると、断層面で効率的に蛇紋岩化が起きるでしょう。蛇紋石は650℃程度まで安定なので、より深いところまで水が浸透すれば、その部分も蛇紋岩化するはずです。

実際に、地震学的な観測事実や過去の沈み込み帯の痕跡（オフィオライト：海洋地殻から上部マントルまでの連続した層序がみられる岩体）の調査結果は、海洋プレートのマントル最上部（深さ10〜15㎞）が蛇紋岩化していることを示しています。

後ほど紹介しますが、海洋プレートが沈み込む前に蛇紋岩化する（できる）深さは、沈み込んだプレート内でみられる地震活動の解釈と関わります。プレート深部（表面から20〜30㎞以深）が蛇紋岩化している可能性については、第7章で改めて触れることにしましょう。

含水鉱物の分解——地球内部で「水」を生成するプロセス

含水鉱物中につくられるＯＨ基の水素と酸素の間の化学結合は弱く、原子間距離が大きいため、含水鉱物は一般に密度が小さくなります。たとえば、水と反応する前のかんらん岩の密度は３３００kg／㎥ほどですが、蛇紋岩化すると約２６００kg／㎥になります。密度が小さい含水鉱物は高圧では不安定になり、水素と酸素の化学結合が弱いため高温でも不安定です。そのため、沈み込むプレートにふくまれる含水鉱物は、沈み込みにともなう温度・圧力の上昇により脱水分解して、周囲に水（H_2O）を放出します。

含水鉱物がＯＨ基を保持できる（安定に存在できる）温度・圧力範囲は、鉱物の種類によって異なります。蛇紋石にはクリソタイル、リザダイト、アンチゴライトという3種類の結晶配置があります。低温で安定なクリソタイルやリザダイトは、温度が300℃を超えると不安定になり、高温で安定なアンチゴライトに変化します。アンチゴライトは600〜650℃を超えると脱水分解します。脱水反応により生成された水は岩石中の鉱物と鉱物のすき間（結晶粒界）などに存在すると考えられます。

ほとんどの含水鉱物は高圧で分解してしまいますが、密度が大きく、高圧でも安定な含水鉱物もいくつか見つかっています。そのような含水鉱物は、圧力に応じて水素と酸素の化学結合の様式が変化し、高圧下でも安定して存在できるようになるのです。しかし、高圧で安定な含水鉱物も、温度が1000℃を超えるとほとんどが不安定になり分解します。したがって、高温のマントルで安定な含水鉱物は存在しないと考えられます。

一方、古く冷たい海洋プレートのマントルに形成された含水鉱物は、深くまで安定して存在できるため、マントル遷移層へ水を運ぶという重要な役割を果たすと考えられています。さらに、下部マントルでも、約1000℃まで安定な含水鉱物が見つかっています。沈み込んだ冷たい海洋プレート内に形成された含水鉱物は、高圧で安定な含水鉱物に逐次相転移しながら、マントル最下部まで水を持ち込む可能性が指摘されています。その一方で、沈み込むプレートがマントル遷移層へ運ぶ全地球的な水の総量はさほど多くない、という研究結果もあります。沈み込むプレート内に含水鉱物として蓄えられている水の挙動は、地球規模の水循環を理解するうえで、重要な研究対象です。

コラム③

県の石

日本地質学会は2016年に全国47都道府県の「県の石」を選定しました。その県で特徴的に産出する、あるいはその県で発見された岩石・鉱物・化石がそれぞれ選ばれています。たとえば、栃木県の岩石は「大谷石（凝灰岩）」、ひすい（翡翠）で有名な糸魚川市がある新潟県の岩石は「ひすい輝石岩」です。岡山県の鉱物は人形峠で産出される「ウラン鉱」、長野県の化石は野尻湖で見つかった「ナウマンゾウ」です。

みなさんが住んでいる都道府県の石を調べてみてください。日本は国土の面積こそ小さいものの複雑な地質構造をもち、多様な岩石・鉱物・化石が産出することがわかると思います。

ちなみに、日本鉱物科学会は2016年に日本の石（国石）を選定しました。一般募集などで選んだ22種類の石を段階的に絞り込み、最終候補には、佐渡金山で有名な自然金、花崗岩、輝安鉱、水晶などが残りました。石の美しさや知名度などから、最終的にひすいが日本の石として選ばれました。

「新潟県糸魚川市をはじめ兵庫県養父市、鳥取県若桜町、岡山県新見市、長崎県長崎市など日本各地において野外で観察できるとともに、法律により保護されているところもありま す。ひすいの名は一般の人にも広く知られており、まさしく日本のシンボルであり、国石としてふさわしい石と認められます。」（日本鉱物科学会）との説明が添えられています。

Chapter
06

プレート収束境界で何が起こっているか？

本章ではいよいよ、プレート収束境界で起こる現象について考察を進めます。プレート収束境界は巨大地震を起こす断層そのものです。また近年の研究により、人が感じないような小さな、あるいはゆっくりとした変動を起こしていることが明らかになってきました。現在、プレート境界で起こる幅広い現象の統一的な理解に向けた研究が進められています。日本列島周辺で観測されている現象を取り上げながら、最新の理解を紹介していきます。

プレート収束境界の性質

沈み込む海洋プレートとその上盤のプレートとの間の面がプレート収束境界で、そこで起こる地震を**プレート境界地震**（プレート間地震）といいます。プレート境界には発散境界、横ずれ境界もふくまれますが、以降とくに断りのない限り、プレート収束境界のことを単に「プレート境界」とよぶことにします。

沈み込む海洋プレートと上盤のプレート（ほとんどの場合は大陸プレート）の間にはどのような力が働くでしょうか？　もし両者の間に摩擦（ひっかかり）がなければ、海洋プレートは上盤のプレートの下に何の抵抗もなくずるずると沈み込んでいきます。その場合には、プレートどうしが互いに影響し合わないので、プレート境界では地震が発生しません。プレート境界が「ずるずる」とすべっている領域を**安定すべり域**（地震を起こさない領域）といいます。

一方、沈み込む海洋プレートと上盤のプレートとの間に部分的な摩擦があり、プレートどうしが一部固着していると、海洋プレートの沈み込みは一時的に妨げられます。しかし、その間も海洋プレート全体の沈み込みは続いており、固着していない領域は一定の速度でずるずると沈み込み続けます。そのため、プレートの**固着域**では周囲にくらべ沈み込みが遅れます。沈み込みが周囲より遅れることを「**すべり欠損**（すべり遅れ）がある」といい、固着域では大きなすべり欠損が発生します。このすべり欠損がプレート境界に**ひずみ**を蓄積させるのです。

海洋プレートは全体としては一定速度で沈み込んでいるので、固着域ではひずみが徐々に蓄積されます。そのひずみがプレート境界での摩擦が支えうるひずみの限界を超えると、固着域はいっきにずれ動きます。プレート境界地震の発生です。このとき、沈み込むプレートは収束方向に、上盤プレートはそれとは逆の方向に動きます（逆断層すべりです）。プレート境界に固着域が多く分布する領域は、蓄積されたひずみを地震によって解消する**地震性すべり域**（地震を起こす領域）となります。このように、プレート境界は安定すべり域と地震性すべり域に大別されるのです。

プレート境界の巨大地震

断層破壊（地震）は固着域内の一点から始まります。この破壊の開始点が**震源**です。大地震発生後の報道でよく図示される、震源を地表に投影した点は**震央**といいます。震源で生じた断層破壊は断層面内を徐々に伝播し、拡大していきますが、破壊はやがて止まります。断層破壊が開始してから止まるまでが一回の地震です。一回の地震にかかる時間は1秒以下から100秒程度と、地震の規模によりさまざまです。

断層運動により破壊した範囲を**震源域**といいます。震源域の広がり（断層の大きさ）は地震の

表6・1 | 地震の規模と断層サイズやすべり量の関係

地震の規模（M）	すべり量	断層の長さ	断層の面積
9	10 m	300 km	100,000 km² ≒ 東北地方＋関東地方
8	3 m	100 km	10,000 km² ≒ 岐阜県
7	1 m	30 km	1,000 km² ≒ 東京23区の1.6倍
6	30 cm	10 km	100 km² ≒ 猪苗代湖
5	10 cm	3 km	10 km² ≒ 東京都千代田区
4	3 cm	1 km	1 km² ≒ 大阪城公園
3	1 cm	300 m	0.1 km² ≒ 東京ドーム2つ分
2	3 mm	100 m	10,000 m² ≒ 学校のグラウンド
1	1 mm	30 m	1,000 m² ≒ 学校の体育館

注：倍〜半分のばらつきはある。

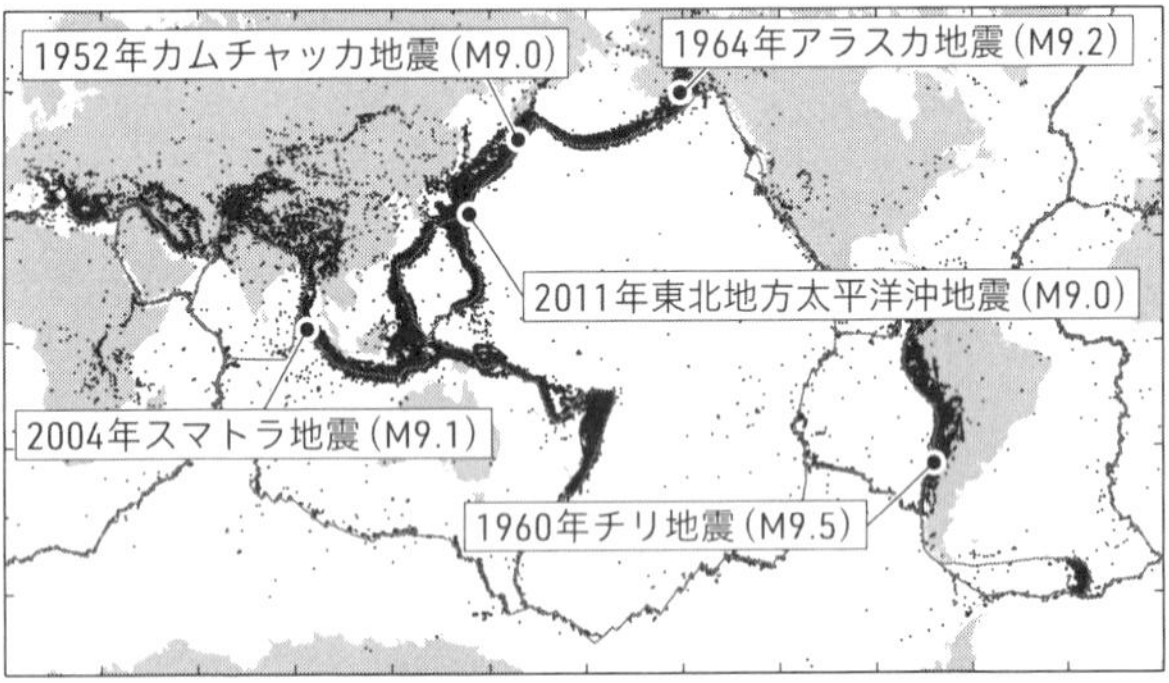

図6・1 | 世界の巨大地震

観測史上最大の地震は1960年チリ地震で、これに1964年アラスカ地震、2004年スマトラ地震、2011年東北地方太平洋沖地震が続く。いずれもプレート境界地震である。

規模によって異なり、おおよそ**表6・1**のような関係があります。地震の規模が大きいほど、広い範囲がすべり、かつ断層でのすべり量が大きくなります。

これまでに観測された最大の地震は1960年のチリ地震（M9・5）で、この地震にともなう津波は日本の三陸地方にも甚大な被害をもたらしました。次いで、1964年アラスカ地震（M9・2）、2004年スマトラ地震（M9・1）、2011年東北地方太平洋沖地震（M9・0）です（**図6・1**）。これらはすべてプレート境界地震です。2011年東北地方太平洋沖地震では、福島県沖から岩手県沖のプレート境界の南北500㎞、東西200㎞の範囲が破壊されました。プレート境界は地球上で最も大きな地震を起こす場所なのです。

ひっかかりの正体 ——アスペリティとは?

プレート境界の状態を表すことばに**アスペリティ**（asperity）があります。これはもともと物体表面の粗さ（でこぼこ具合）を意味する英単語です。地震学では「断層の突起部分」や「断層強度の大きい領域」など、さまざまな意味で使われてきました。最近、地震調査研究推進本部はアスペリティを「プレート境界や活断層などの断層面上で、通常は強く固着していて、ある時に急激にずれて（すべって）地震波を出す領域のうち、周囲に比べて特にすべり量が大きい領域」と定義しました。固着域は沈み込むプレートが上盤プレートとかみ合っている領域を指しますが、その中でもとくに地震時に大きくすべる領域がアスペリティです。

プレート境界にはさまざまなサイズのアスペリティが存在し、その単独破壊や連動破壊により、いろいろな規模の地震が発生すると考えられています。小さなアスペリティだけが破壊された場合は小さな地震で終わりますが、アスペリティが次々に破壊されると大きな地震に成長します。

プレート境界地震の大きさを決めるのは、プレート境界に蓄積されるひずみの大きさと、破壊されるアスペリティの組み合わせです。ひずみの大きさは断層でのすべり量、アスペリティの組み合わせは震源域の空間的な広がりを特徴づけるパラメータです。

ただし、アスペリティの正体はまだよくわかっていません。プレート境界の凹凸（たとえば沈み込む海山）や水の分布などによる説明がいくつか提案されています。

なお、プレート境界地震が発生するのは、温度３５０℃程度までとされています。それより温度が高くなると、プレート境界が十分に固着できず、ずるずるとすべってしまうと考えられています。プレート境界地震が起こる深さの下限は、北海道や東北地方下では60㎞程度、西南日本では30㎞程度です。

断層(プレート境界)を動かすには

地震は断層運動で生じます。では、断層が動く条件は何でしょうか?

2つの岩盤が互いに接しているとき、それらの間(断層)では相対運動を妨げる摩擦力が働きます。摩擦力の強さは接触面の面積によらず、荷重(垂直抗力)と摩擦係数の積で決まります。地球内部の断層面にかかる荷重は一般に、そこでの静岩圧に等しくなります。**静岩圧**とは岩石の自重によって生じる圧力で、深い場所ほど大きくなります。つまり、地球内部では深いところにある断層ほど大きな摩擦力が働き、動きにくいということです。

静岩圧により強く押さえつけられている断層を動かすためには、摩擦力に打ち勝つ大きなせん断応力(断層をすべらせる力)が必要です。誰も乗っていないソリを引くのは簡単ですが、人が乗っているソリを引いて動かすのに強い力を要することは、経験的にご存じでしょう(**図6・2**)。断層運動も同じです。強く押さえつけられている断層を動かすのは簡単ではないのです。

通常は動くのが難しい断層ですが、水の力を借りると動きやすくなることがわかっています。断層に沿って水が分布している場合、その断層にかかる荷重は小さくなります。すき間に入り込んだ水が断層面を浮かせ、岩盤どうしの接触力が弱くなるというイメージです。そのため、水がない条件と比べて小さなせん断応力で断層を動かせるようになるのです。つまり、「水の存在は

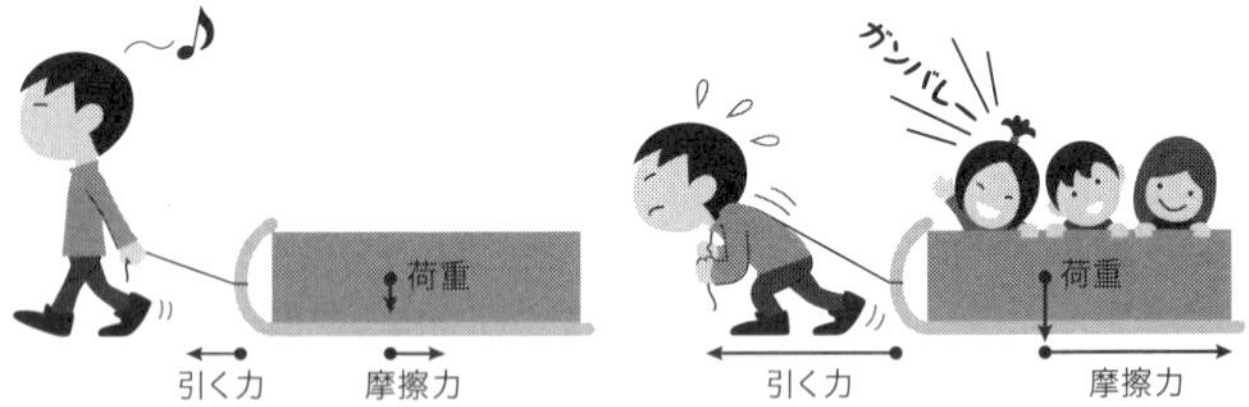

図6・2 摩擦力に打ち勝つせん断応力

「引く力」と「せん断応力」は定義が異なるが、いずれも断層をすべらせる働きをするため、ここでは同じ意味で用いている。

断層の強度を低下させる」といえます。水による断層強度低下が、沈み込み帯における地震の発生に本質的な役割を果たします。

なお、地球内部の水は、その深さの圧力（静岩圧）と同程度の圧力をもちます。圧力が十分に高く、岩石と共存できる水を**高間隙圧水**（高間隙圧流体）といい、その圧力を**間隙水圧**（間隙流体圧）といいます。

日本周辺のプレート境界地震

日本列島下には太平洋プレートとフィリピン海プレートが年間数センチの速さで沈み込んでいるため、プレート境界の固着域では、100年間で数メートルものすべり欠損が生じます。このすべり欠損を解消するために、プレート境界では数多くの大地震が発生します。**図6・3**には、日本周辺で発生した規模の大きなプレート境界地震の震源域を示しました。ここでは、太平洋沿岸で発生するプレート境界地震を地域ごとに概観して

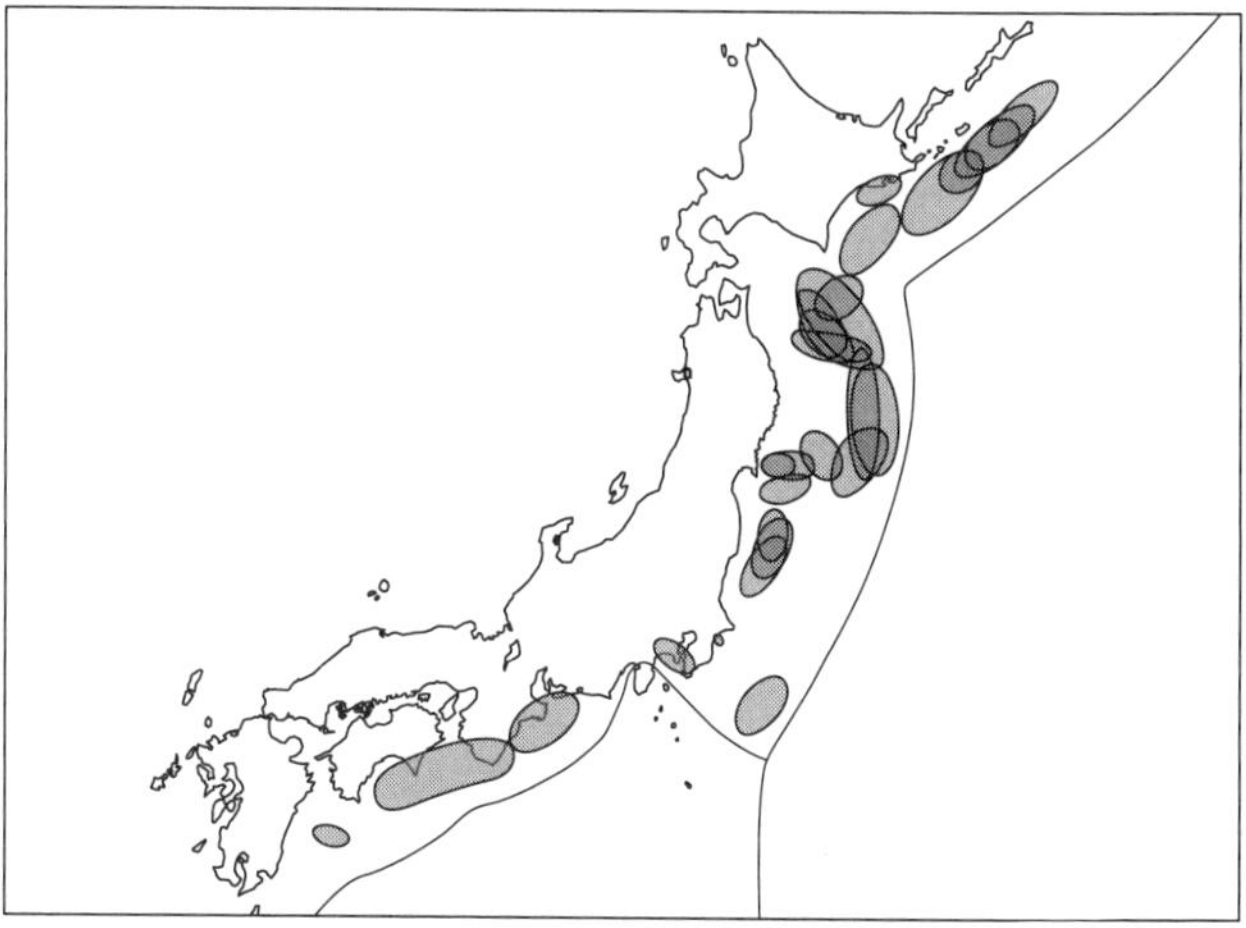

図6・3 | おもなプレート境界地震の震源域

1885～2007年。地震調査研究推進本部「日本の地震活動　第2版」にもとづく。

いきましょう。

(1) 北海道

北海道の太平洋沿岸におけるＭ７～８のプレート境界地震は、おもに３つの領域で発生しています。西から十勝沖、根室沖、色丹《しこたん》島沖および択捉《えとろふ》島沖です。たとえば、十勝沖では１８４２年、１９５２年、２００３年、根室沖では１８９４年と１９７３年にそれぞれＭ８クラスの大地震が発生しました。色丹島沖および択捉島沖では西側で１８９３年と１９６９年に、東側で１９１８年と１９６３年にＭ８クラスの大地震が起こりました。さらに、十勝沖、根室沖ではひと回り小さいＭ７クラスの地震が１０５年間に６回も発生しています。

１８００年代半ば以前については文書の記録は残っていません。しかし、津波堆積物の調査により、海岸から1～４㎞も内陸まで浸水する大きな津波をともなう地震が、17世紀に発生していたことがわかりました。

２０１７年12月に発表された地震調査研究推進本部の長期評価では、北海道東部に巨大な津波をもたらす超巨大地震について、今後30年以内の発生確率を7～40％と推定しています。津波堆積物の調査によれば、過去1万年間に北海道の太平洋沿岸を幾度となく大津波が襲ったことがわかっています。２０１１年東北地方太平洋沖地震のような巨大地震が北海道の太平洋沿岸でも発生する可能性があります。

(2) 東北地方

東北地方の沖合ではおもに宮城県沖、青森県沖で比較的大きなプレート境界地震が発生してきました。宮城県沖では１９７８年宮城県沖地震（M７・４）、２００５年宮城県沖地震（M７・２）、青森県沖では１９６８年十勝沖地震（M７・９）、１９９４年三陸はるか沖地震（M７・６）などが有名です。また、福島県沖では１９３８年に福島県東方沖地震（M７・５、塩屋崎沖地震ともよばれる）が発生しています。

一方で、岩手県沖では過去１００年間、M６を超える地震は発生していません。とても不思議です。岩手県沖と宮城県沖のプレート境界では何かが違うのでしょう。その違いを丹念に調べることで、プレート境界の固着の空間変化(アスペリティの分布)の原因に迫れるかもしれません。

宮城県沖では1793年以降、1978年の宮城県沖地震までの間にM7・4程度の地震が6回発生しました。その平均間隔は37年であることから、2000年の段階で、宮城県沖で30年以内にM7・5前後の地震が発生する確率は90%とされていました(地震調査委員会)。実際に、2005年8月にM7・2の地震が宮城県沖で発生しました。しかし、地震の翌日に開催された地震調査委員会では、「今回の地震は宮城県沖地震の想定震源域の一部が破壊したものの、地震の規模が小さいこと、及び余震分布や地震波から推定された破壊領域が想定震源域全体に及んでいないことから、地震調査委員会が想定している宮城県沖地震ではないと考えられる」と評価されました。2005年の宮城県沖地震で壊れ残ったとされる領域がいつ壊れるか注目されていましたが、壊れ残りの領域は2011年東北地方太平洋沖地震により破壊されました。

(3) 関東地方

関東地方下にはフィリピン海プレート、太平洋プレートの2つの海洋プレートが沈み込んでいます。そのため、地震を起こす可能性のあるプレート境界は2つあります。すなわち、フィリピン海プレートと上盤（大陸）プレート、フィリピン海プレートと太平洋プレートの境界です。これらを区別するため、必要に応じてそれぞれ「フィリピン海プレート上部境界」と「太平洋プレート上部境界」とよぶことにします。

１９２３年9月1日に発生した大正関東地震（Ｍ７・９）はフィリピン海プレート上部境界の地震でした。その震源域は、神奈川県西部から三浦半島を通って房総半島にいたる、東西約１３０km、南北約70kmにもおよぶ範囲に広がっていました。この地震では火災による被害が大きかったことが知られていますが、津波の被害も出ています。静岡県熱海で12ｍ、千葉県館山で９ｍもの津波が来襲し、多くの方が犠牲になりました（関東地震の詳細は第10章で改めて触れることにします）。

１９２３年大正関東地震の前には、１７０３年に元禄関東地震（Ｍ８・１）が発生しました。フィリピン海プレート上部境界で発生した地震で、震源域は神奈川県西部から房総半島の東の沖合にまで達し、大正関東地震を超える規模の津波が発生したことがわかっています。

太平洋プレート上部境界で発生する地震については、茨城県で１９３８年、２００８年にＭ７・０の地震が発生していますが、陸域下での地震は最大でもＭ６クラスです。またプレート境界が深い（50～１００km程度）ため、これまでのところ大きな被害をもたらした地震は知られていません。

一方、房総半島のはるか沖合では、1677年延宝房総沖地震(M8程度)、1909年房総沖地震(M7・5)、1953年房総沖地震(M7・4)などが発生しています。1677年の地震では、津波により多くの被害が生じたという記録が残っています。

(4) 九州地方～沖縄

伊豆半島以西から四国西部にかけての太平洋沿岸では、過去幾度となくM8を超える巨大地震が発生し、地震動による家屋の倒壊や山崩れ、津波による浸水などにより、多くの被害がもたらされてきました。西南日本のプレート境界地震の発生履歴については後ほど触れます。ここでは四国西部から九州の太平洋沿岸の地震に注目しましょう。

四国の足摺岬と九州の間の日向灘では、1961年にM7・0、1968年にM7・5(日向灘地震)、1984年にM7・1の地震が発生しています。それ以前にも、1662年にM7・5程度の地震、1769年にM7・8程度の地震が発生したという記録があります。この地域では、M7・0～7・5程度のプレート境界地震が繰り返し発生しているようです。ただし、M8を超える巨大地震の発生は記録に残っていません。

九州南部から沖縄にかけての琉球海溝でもプレート境界地震が発生し、家屋や崖の倒壊などで大きな被害が生じています。大きな津波をともなった地震としては、1771年八重山地震(M

7・4)、1791年の沖縄本島南方沖の地震（M8・2）などがあります。とくに、八重山地震は**津波地震**として知られており、最大30mほどの津波が八重山列島と宮古島を襲い、壊滅的な被害をもたらしました。犠牲者の数は1万人以上といわれています。1938年に発生した宮古島北西沖の地震（M7・2）では、宮古島で約1・5mの津波が観測されました。

古文書からひもとく巨大地震

若く温かいフィリピン海プレートが沈み込む西南日本では、過去何度もM8クラスの巨大地震（いわゆる海溝型地震）が発生してきました。西日本は奈良時代から日本の文化の中心であったため、古くから地震の記録が残っています。日本書紀などの古文書、神社仏閣の日記などを読み解くことで、過去の地震による被害のようすが明らかになってきました（**図6・4**）。繰り返されてきた海溝型地震の文字記録が1500年もの長きにわたり残っているのは、世界でも南海トラフだけです。

フィリピン海プレート上の地震は、震源域の地理的な広がりから4つに分類されます。相模トラフで起こる**関東地震**、駿河湾・遠州灘を震源域とする**東海地震**、愛知・三重・和歌山県の沖合を震源域とする**東南海地震**、紀伊半島から四国の沖合で起こる**南海地震**です。ここでは、過去に起こった巨大地震をみていきましょう。

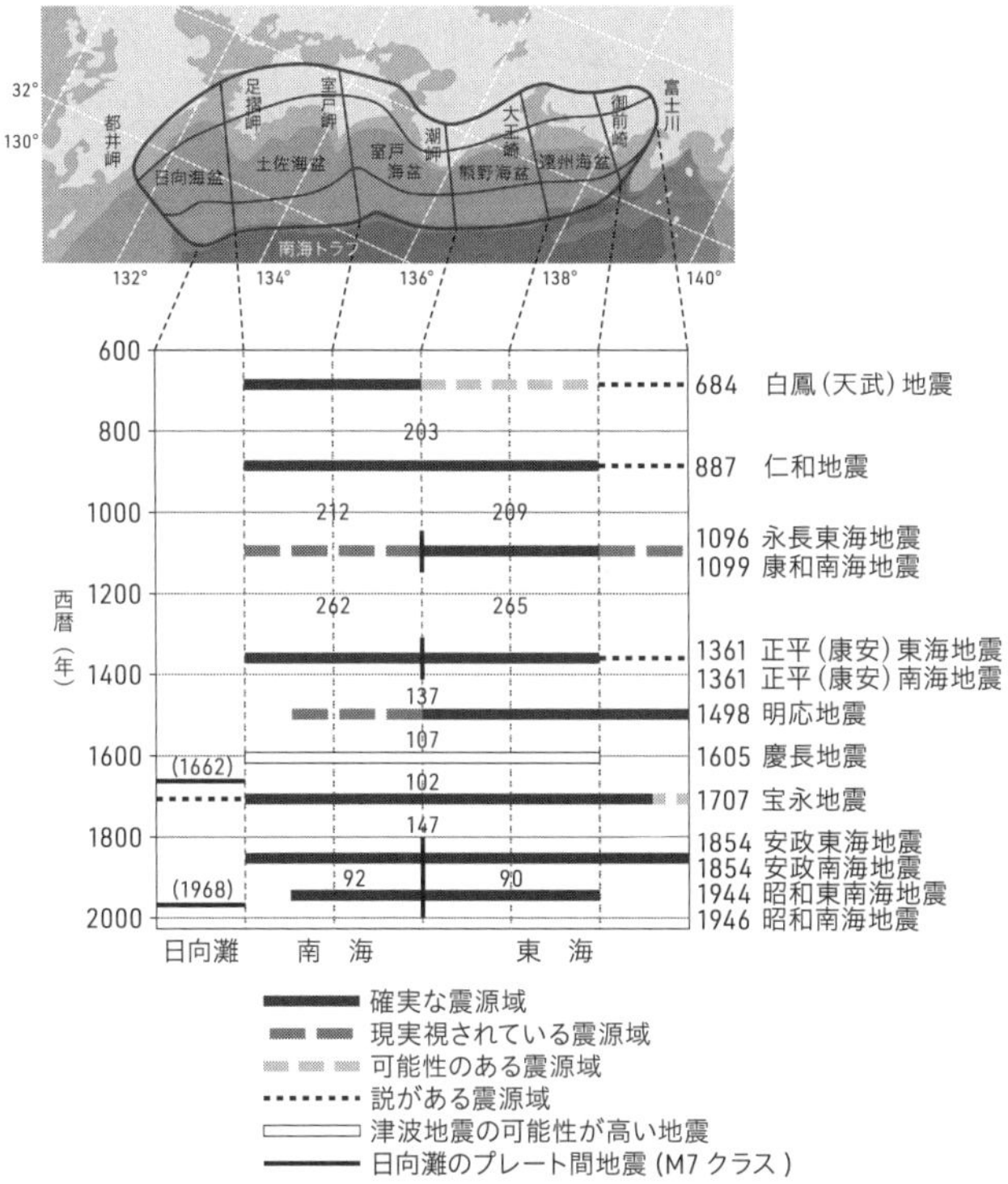

| 図6・4 | 南海トラフで繰り返されてきたプレート境界地震

南海地域における地震と東海地域における地震が同時に発生した場合と、数年以内の時間差をもって発生した場合とがある。なお、過去に南海トラフで発生した大地震には多様性があるため、最近では南海・東南海領域と区別せずに、南海トラフ全体をひとつの領域として考えることもある。地震調査研究推進本部「南海トラフで発生する地震」にもとづく。

(1) 奈良時代〜戦国時代

南海トラフの巨大地震の発生は奈良時代まで遡ることができます。南海トラフで起きた地震の最も古い記録は、日本書紀に記されている、684年(飛鳥時代後期、天武天皇の時代)の白鳳地震です。土佐(高知県)に津波が押し寄せ、山崩れや液状化が起こり、神社仏閣の多くが倒壊しました。紀伊半島の西側から四国の沖合が震源域で、地震の規模はM8・3〜8・4程度でした。最近おこなわれた遺跡の発掘などにより、東海地方から四国の沖合までの広い範囲を震源域とする地震だった可能性も指摘されています。

その後も、京都の多くの家屋を倒壊させ、大阪湾に大きな津波が押し寄せたとされる887年の仁和地震、伊勢湾や駿河湾に津波の被害をもたらした1096年永長東海地震、その2年半後に発生した1099年康和南海地震など、大きな地震が起こりました。1361年には徳島県に大きな津波被害をもたらした正平地震が起こり、1498年明応地震では紀伊半島から房総半島にかけての広い範囲で津波の被害が記録されています。この地震による津波で浜名湖は海とつながりました。

(2) 江戸時代以降

江戸時代に入ってからも、南海トラフでは多くの被害地震が発生しました。西南日本で過去最大級の津波被害をもたらしたのは、1605年慶長地震でした。このときの津波は千葉県の犬吠埼から九州にいたる広範囲に被害をもたらしましたが、地震の揺れによる被害はほとんどなかったようです。そのため、この地震は1896年明治三陸地震と同様の津波地震であったと考えられています。

1707年に発生した宝永地震は過去最大級の南海トラフの地震で、マグニチュードは8・6と推定されています。東海、近畿、四国は震度7の大きな揺れに見舞われ、北海道を除くほとんどの地域で揺れを感じたという記録が残っています。地震により生じた津波は房総半島から種子島にかけての太平洋沿岸で観測され、瀬戸内海や大阪湾にも被害をもたらしました。太平洋沿岸に5~10mの津波が押し寄せ、高知県では最大約26mの津波が観測されました。

宝永地震の次に南海トラフで発生した巨大地震は、1854年安政東海地震(M8・4)です。駿河湾から紀伊半島南東沖が震源域で、静岡県の一部では震度7に相当する激しい揺れに見舞われました。伊豆半島から紀伊半島にかけては大きな津波も押し寄せました。このとき、伊豆下田にはロシアの軍艦ディアナ号が停泊していました。日露和親条約締結のために来日したプチャーチンの乗艦です。不運にも津波に襲われたディアナ号は大破し、のちに沈没してしまいました。安政東海地震の32時間後には安政南海地震（M８・４）が発生し、紀伊半島から九州東部にかけて大きな津波被害を出しています。

その後、１９４４年に紀伊半島南東沖の熊野灘を震源とする昭和東南海地震（M７・９）が発生しました。地震の揺れと津波による被害は静岡、愛知、三重県を中心に発生し、１２００人を超える方が犠牲になりました。この地震が発生したのは戦時下であったため、中央気象台による被害調査が不十分で、被害の全容解明は戦後の調査を待たなければなりませんでした。

１９４６年に発生した昭和南海地震（M８・０）では、２年前の昭和東南海地震の震源域の西側（紀伊半島沖合から四国西部）が破壊されました。和歌山、徳島、高知県で揺れや津波による被害が大きく、とくに高知県の犠牲者数は全体（約１３００人）の半数以上を占めています。

このように、南海トラフでは１００～３００年間隔で巨大な海溝型地震が発生し、地震の揺れおよび津波により太平洋沿岸の地域に甚大な被害をもたらしてきました。とくに紀伊半島の東側を震源域とする東海地震とその西側を震源域とする南海地震は、あるときは同期して、あるときは東海地震が先行して発生しています。事例が少ないため、必ず東海地震が先行して発生するとは言い切れませんが、東海地震と南海地震は同時、または短い間隔で連続して発生する可能性が高いと考えられています。

繰り返されるよく似た地震

１９８０年代初め、アメリカ・カリフォルニアのサンアンドレアス断層に沿って、似た特徴をもつ地震波形が繰り返し観測されることがわかってきました。そのような地震は**相似地震**とよばれています。地震波形は、震源断層の動きと震源から観測点までの伝播経路の情報をふくみます。つまり、観測される波形が似ているということは、震源位置がほぼ同じで、地震の起こり方も同じであることを意味します。そこで、サンアンドレアス断層では同じアスペリティが何度も繰り返し破壊されている、と解釈されました。

１９９０年代終わりになり、岩手県釜石市の沖合のプレート境界でも、ほぼ同じ波形が観測される地震が繰り返し起こっていることが発見されました。１９５７〜１９９５年の間に波形のよく似た地震が８回起こっていたのです。地震の平均間隔が５・３５±０・５３年ときわめて規則的で、地震の規模もほぼ一定であるという特徴があります。これらの地震で得られた地震波形は、すべてそっくりでした（**図６・５**）。相似地震は波形の類似性からくる用語ですが、地震発生の繰り返し性に重きを置き、**繰り返し地震**とよぶ場合もあります。

１９９５年の次の地震は99％の確率で２００１年中に発生するであろう、と１９９９年の時点で予測されていました。実際に、２００１年11月13日に予測どおりの規模の地震が予測どおりの

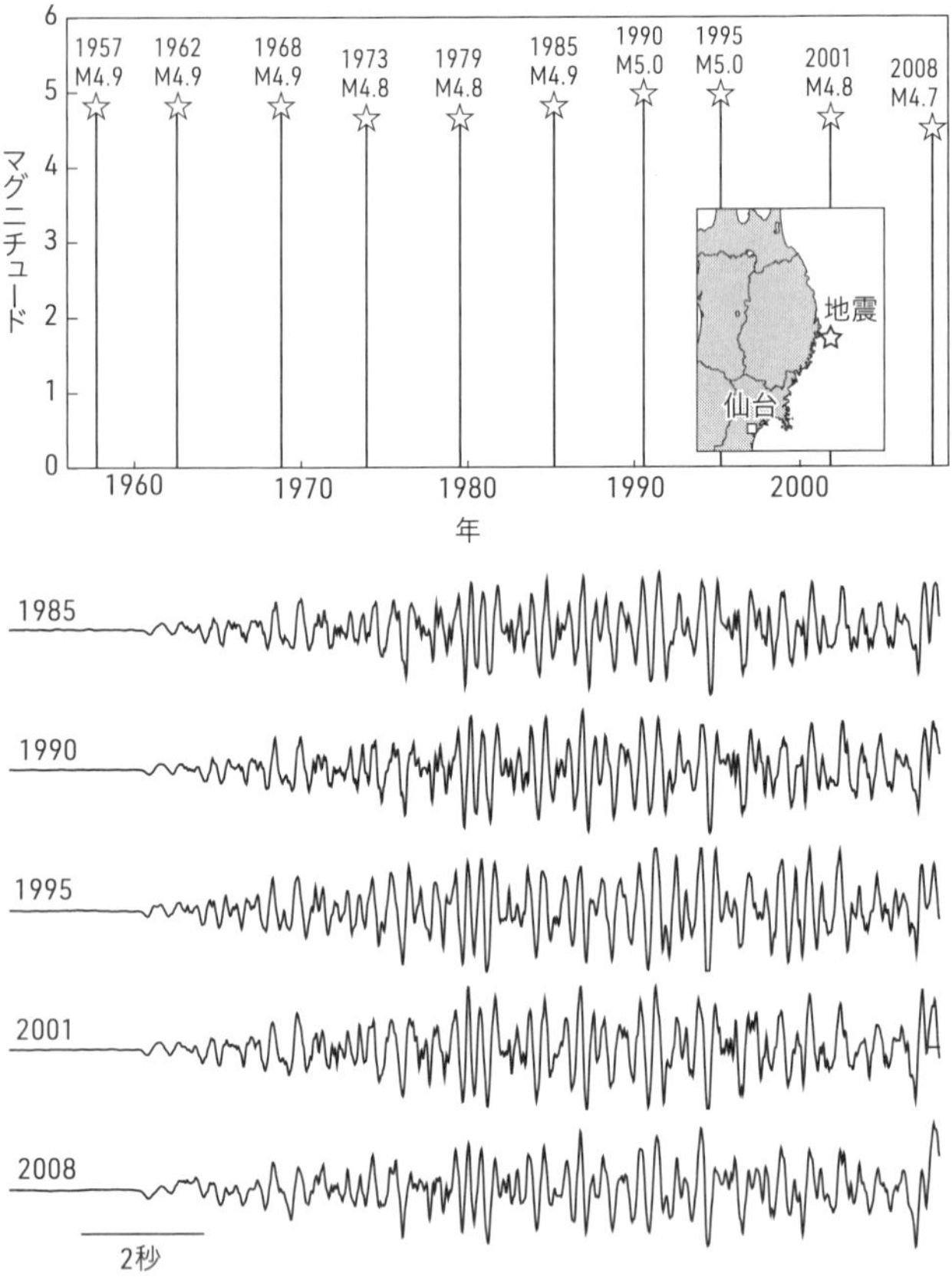

図**6・5** **釜石市沖合のプレート境界で起きた地震の波形**

1957～1995年の間に波形のよく似た地震が8回繰り返された。それらは時間的にほぼ等間隔に発生し、規模（マグニチュード）もほぼ一定だった。この繰り返し性をもとに次の地震が予測され、実際に2001年に予測どおりの地震が発生した。その後、2008年にも発生した。2011年東北地方太平洋地震が発生すると、その発生間隔が短くなった。図は東北大学内田直希氏提供。

場所で発生しました。

このような特徴的な地震活動は、プレート境界の安定すべり域に囲まれた孤立した小さなアスペリティの繰り返し破壊による、と解釈されました。周囲と強い相互作用をもつアスペリティでは、地震のたびに破壊されるアスペリティの組み合わせが変わるため、さまざまな規模の地震が不規則に発生します。しかし、周囲から隔離された単独のアスペリティが繰り返し破壊されると、同じ波形が観測されるでしょう。太平洋プレートの収束速度は年間約8cmなので、5年間で蓄積されるすべり欠損は約40cmです。実際に、これらの地震におけるプレート境界のすべり量はいずれも40cm程度でした。これらの結果は、プレート境界で蓄積されたひずみ(すべり欠損)が繰り返し地震によって定期的に解消されていることを示しています。

2001年の地震の発生予測は、過去の発生間隔から統計的になされました。地震がほぼ一定間隔で繰り返している場合、その予測は難しくはありません。釜石沖の繰り返し地震がもたらした大きな成果は、安定すべり域に囲まれ、周囲と相互作用のないアスペリティはほぼ周期的に破壊を繰り返すということを、観測から示した点にあります。沈み込みプレート境界での相似地震の発見は、プレート境界でのすべり特性の理解にきわめて重要な進展をもたらしました。

プレート境界地震のあとの不思議な変動

これまで紹介してきたプレート境界地震は、地震波が観測される「ふつうの地震」でした。しかし、「地震的なすべり（ふつうの地震）」と「安定すべり」のすき間を埋める現象が起こっていることがわかってきました。**スロースリップ**とよばれる新しいタイプのすべり様式です。以降ではスロースリップについて触れてみたいと思います。

１９９２年に、青森県の太平洋沿岸（三陸はるか沖）でＭ６・９のプレート境界地震が発生しました。地震の規模は特別大きくはありませんでしたが、この地震の発生後に不思議な現象が観測されました。地面の伸び縮みを測る伸縮計のデータにふくまれる地球潮汐や大気圧の変動などの効果を丁寧に除去すると、地

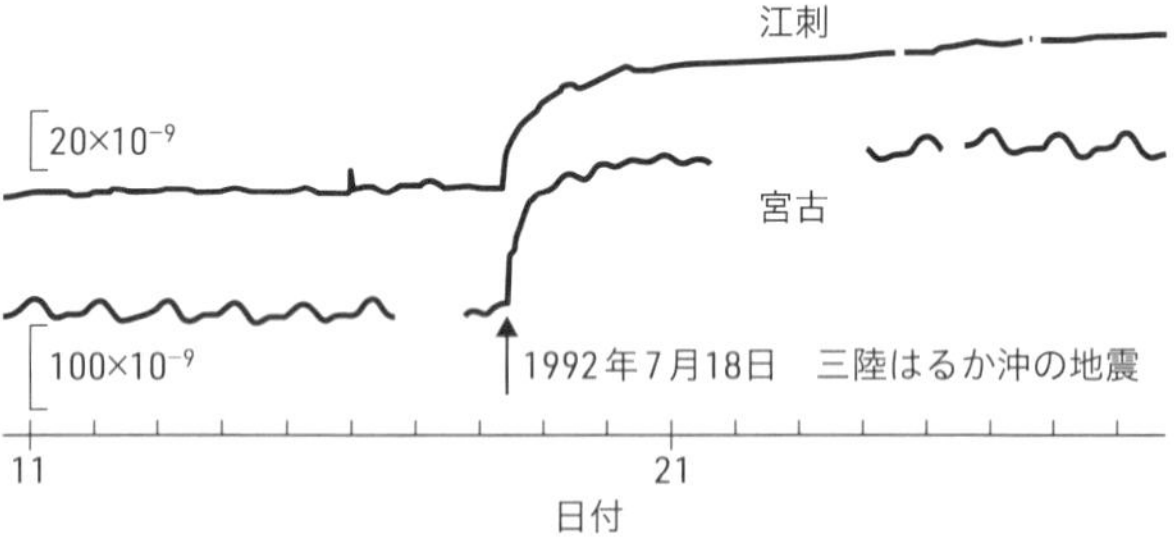

図6・6　プレート境界地震後のゆっくりしたひずみ変化

1992年三陸はるか沖でM6.9のプレート境界地震が発生したあと、数日かけてゆっくりと変動するようすが記録された。江刺、宮古は観測点の場所。図中の数値は、観測されたひずみのスケール。「10×10^{-9}」は、100km先が1mm変化するだけのきわめて小さなひずみ変化である。Kawasaki *et al.* (1995) にもとづく。

震後に数日間続くゆっくりとしたひずみ変化が現れたのです（**図6・6**）。このゆっくりとした変動は**余効すべり**とよばれています。「余効」とは「地震のあとの」という意味です。

この変動は、三陸はるか沖のプレート境界が地震のあとにゆっくりとすべったことが原因です。驚くべきことに、余効すべりの規模（大きさ）は地震の規模よりも10倍以上大きいこともわかりました。このことは、プレート境界では、地震で放出されるよりも大きなエネルギーがゆっくりと（数日間かけて）解消されていたことを示しています。過去の記録を精査すると、1989年に発生した三陸はるか沖の地震（M7・1）でも同じような余効すべりが見つかりました。それまでは考えられなかった、プレート境界の新しいすべり様式の発見でした。

人が感じないゆっくりすべり――スロースリップ

プレート境界地震に続いて発生する余効すべりは、あくまでも主役の地震に引き続いて起こる「脇役」と考えられていました。しかし、1990年代後半になると、地震が発生していないにもかかわらずプレート境界がゆっくりとすべる現象、**スロースリップ**が相次いで観測されました。

1997年に、四国西部と九州東部の地殻変動観測点（GEONET：GNSS Earth Observation Network System。国土地理院が運用）で、地表が約1年かけて数センチほど普段とは逆方向に移動する不思議な現象が観測されました。その原因は、四国と九州の間にある豊後水道におけるフィリピン海プレート上でのスロースリップでした。地震をともなわないスロースリップの発見です。このときのプレート境界のすべり量は約20㎝であり、その規模はM6・8の地震に匹敵します。M6・8の地震は、震源域直上では震度5強を超える揺れを起こすほど大きなものです。

豊後水道では2003年、2010年、2015年にも、ほぼ同規模のスロースリップが発生しました。さらに、傾斜計や験潮所の記録を精査したところ、1980年、1985〜1986年、1991年頃にもスロースリップが発生していたことがわかりました。つまり、豊後水道ではスロースリップが約6年周期で繰り返され、1年程度かけてプレート境界がゆっくりとすべっているのです。西南日本に沈み込むフィリピン海プレートの収束速度は年間3㎝です。豊後水道では、約6年周期で発生するスロースリップにより、その間に蓄えられた約20㎝のすべり欠損が解消されていると考えられます。

地表の動きが数センチ程度という小さなスロースリップをとらえるうえで、日本列島に配置された約1300点の地殻変動観測点が大きな役割を果たしました。現在までに、房総半島や浜名湖周辺、紀伊水道、四国中部、豊後水道などで繰り返し発生するスロースリップが相次いで観測されています（**図6・7**）。いずれもフィリピン海プレート上部境界で発生していますが、継続時間は場所によって異なります。たとえば、紀伊水道のスロースリップは1〜2年かけてゆっく

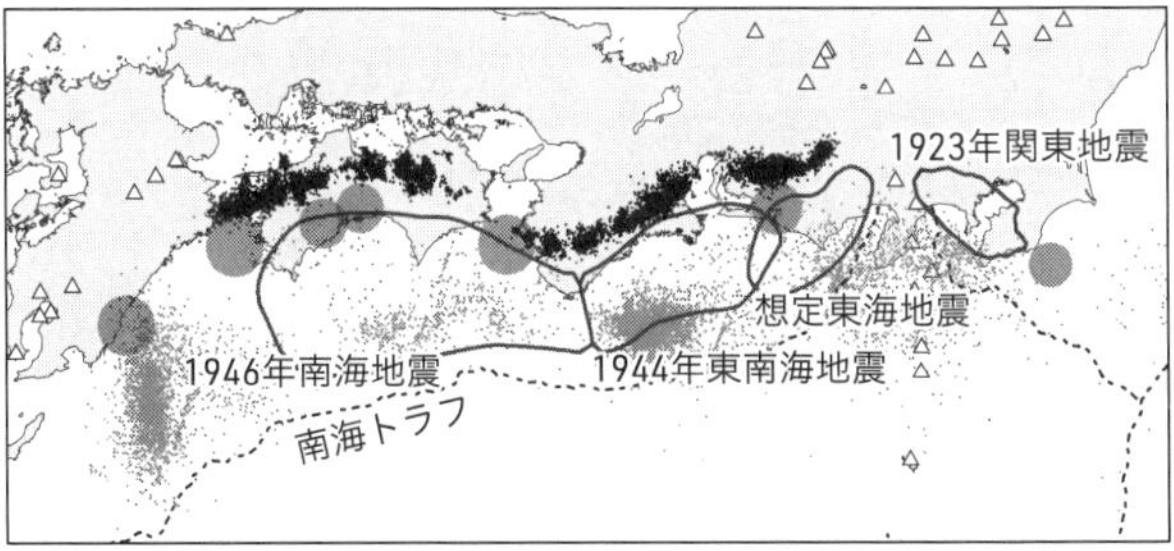

図6・7 | フィリピン海プレートの上部境界で発生するスロースリップと低周波地震

房総半島沖、浜名湖周辺、紀伊水道、豊後水道などでスロースリップ（灰色丸）が観測された。黒点は低周波地震、灰色点は超低周波地震の震央、三角は活火山。

りとすべりますが、房総半島のスロースリップは10〜30日程度と比較的早くすべりが収束します。一方で、浜名湖のスロースリップは4〜5年もの長期にわたりすべりが進行します。このようなすべりの継続時間の違いは、プレート境界の摩擦特性の違いによると考えられています。

これらのスロースリップは、その発生間隔とすべり継続時間が長いために**長期的スロースリップ**とよばれています。長期的スロースリップの発見は、私たちのプレート境界の見方を覆しました。従来、プレート境界は「地震を起こす」か「常にずるずるすべる」かのどちらかと考えられていましたが、「時々ゆっくりすべる」こともあることがわかったのです。

これら一連の発見は、地面の伸び縮みやその動きを測る傾斜計やGNSSなどの「測地学的な観測」の成果でした。第2章で、地震波の周波数の幅は3桁程度であまり広くないと説明しましたが、測地学的手法を用いると、観測できる周波数の幅はいっきに数桁も広がります。「目の種類」が増えると、いろいろなことがみえてくるのです。

スロー地震の発見

長期的スロースリップが発見されてから少し経った2000年頃、ふつうの地震とは少し異なる、ゆっくりと振動する「変な地震」が西南日本の太平洋沿岸で発生していることがわかりました。ふつうの地震は周期0・1〜1秒程度の揺れが卓越しますが、この地震は周期0・5〜数秒でゆっくりと振動するのです。ふつうの地震（深さ約10㎞）よりも深いところ（深さ約30㎞）で発生することから、**深部低周波地震**と名づけられました。

深部低周波地震の発見とほぼ同じ頃、西南日本の太平洋沿岸に設置された高感度地震観測網(Hi-net)※1において、地震記録の中に数分から数時間続く微弱な揺れが混じっていることが発見されました。観測された揺れは振幅が小さいため、ひとつの観測点で得られた波形だけでは、人間活動や波浪現象に起因するノイズ（雑微動）と区別がつきません。しかし、近接する複数の観測点でも同じような揺れが同時に観測されました。これは、この微弱な揺れの原因が観測点周辺のノイズではなく、地球内部からの信号であることを意味します。稠密な観測網のメリットを生かした重要な発見でした。この微弱な揺れは**微動**と名づけられました。隣り合う観測点での波形の到着時刻差から微動の発生位置を決めてみると、東海地方から豊後水道にいたる地域の深さ30〜40㎞で帯状に発生していることがわかりました。

発見当初、深部低周波地震と微動の関係はわかりませんでしたが、現在では、両者は同じ物理現象であることが判明しています。小さな深部低周波地震が続けて発生すると、微動として認識されるのです。

西南日本で発見された深部低周波地震(微動)の分布は、1944年昭和東南海地震、1946年昭和南海地震の震源域の深部に多いという特徴があります(図6・7)。発見された当初は、この不思議な地震がプレート境界の地震なのか、それとも上盤側のプレート内の地震なのかで大きな議論となりました。のちの研究により、深部低周波地震(微動)は沈み込むプレートの境界で起こる地震であることがわかりました。

さらに、Hi-netに併設された傾斜計のデータを丹念に調べてみると、深部低周波地震の発生域付近でより周期の長い地震も発生していることがわかりました。低周波地震よりも長い10〜100秒周期の振動が卓越する**超低周波地震**です。この超低周波地震はその後、南海トラフ付近の浅い領域でも発生していることが明らかになりました(図6・7)。

深部低周波地震や微動、超低周波地震のように、ふつうの地震よりもゆっくりと振動する地震を**スロー地震**と総称します。

スロー地震をともなうスロースリップ

2003年に、アメリカ・カナダ国境付近のカスカディア沈み込み帯において、微動をともなうスロースリップが約14ヵ月周期で同時に発生していることが報告されました。

その後、西南日本においても継続時間が数日から1週間程度のスロースリップが約3〜6ヵ月周期で発生していること、そのスロースリップと同期して微動活動が活発化することが明らかになりました。微動活動と同期したスロースリップは、発生間隔が短いことから**短期的スロースリップ**と名づけられました。

短期的スロースリップの発生域は、帯状に分布する深部低周波地震（微動）の発生域とほぼ重なります。短期的スロースリップはプレート境界で起きるゆっくりとした断層すべりで、そのすべりは数日程度継続します。スロースリップは時間とともにすべる場所が移動することが多く、その移動速度は10㎞／日程度と見積もられました。

短期的スロースリップにより、近接する小さな固着域が相次いで破壊されると、微弱な揺れが長く続く微動として観測され、孤立した固着域が破壊されると低周波地震として観測されると考えられています。

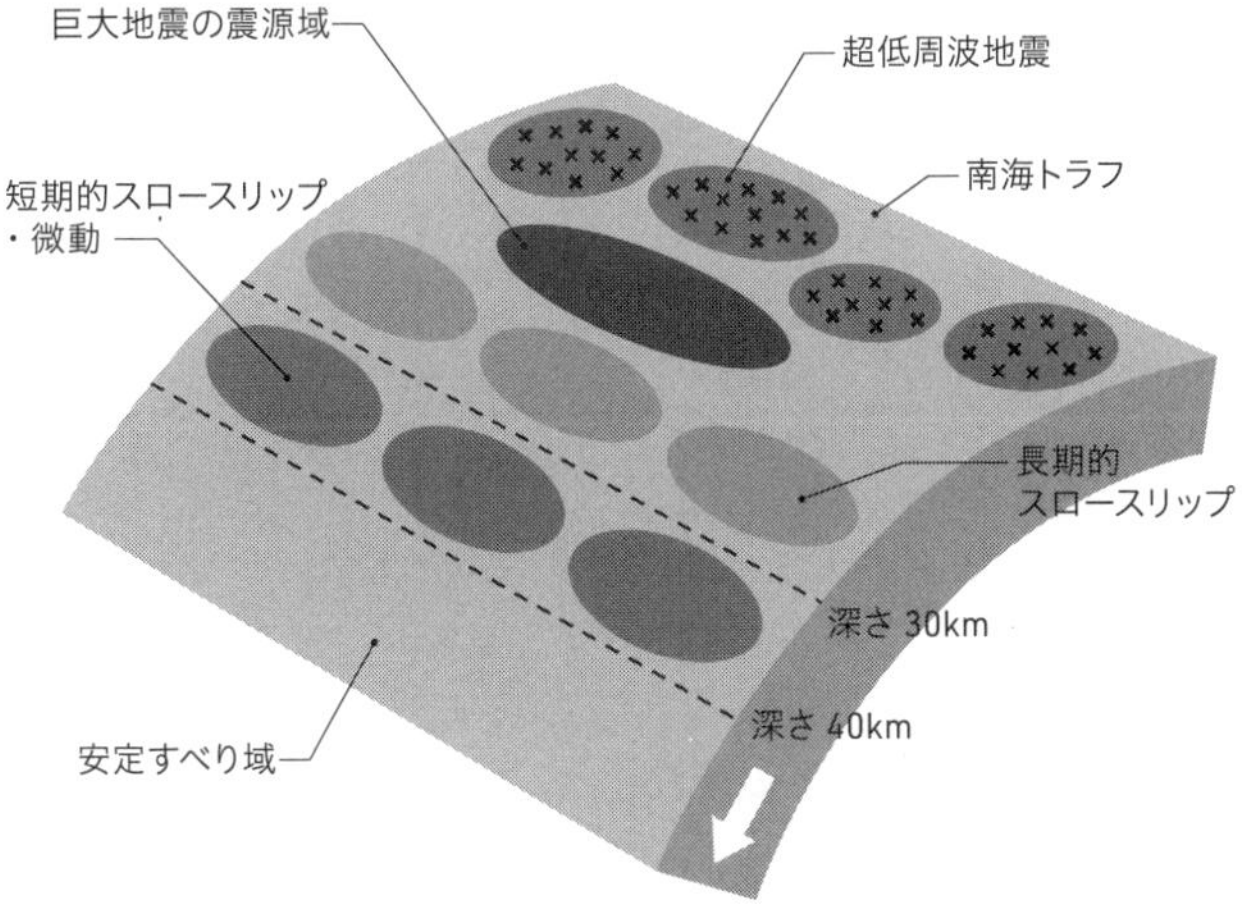

| 図6・8 | 西南日本のプレート境界での多様なすべり現象

Obara & Kato (2016) にもとづく。

西南日本はスロー地震の見本市

これまで紹介してきたように、西南日本では異なる継続時間をもつ複数のすべり現象が見つかりました(図6・8)。地震でいっきにすべるか、普段からずるずると安定的にすべっているかのどちらかと考えられてきたプレート境界には、じつに多様なすべり現象が潜んでいたのです。

スロー地震は、年齢が若く比較的温かい海洋プレートが沈み込むカナダやメキシコ、コスタリカの太平洋沿岸で相次いで発見されました。その後、やや古いプレートが沈み込むニュージーランドでも微動や短期的・長期的スロースリップが発見されました。さらに、2011年東北地方太平洋沖地震の直前に微動やスロースリップが発生していたこともわかりました。古いプレートでの観測例は多くありませんが、スロー地震は若いプレートだけで発生しているわけではなさそうです。

現在までに、西南日本で観測されている超低周波地震、長期的スロースリップ、微動をともなう短期的スロースリップのすべてが観測された沈み込み帯は、ほかにはありません。沈み込み帯ごとにプレート境界のすべり特性が異なるのかもしれません。あるいは、西南日本以外の沈み込み帯では、現象をとらえるのに十分な精度の観測体制が整っていないため、発見されていない可能性もあります。

スロー地震はなぜ起こる？

東海地方から豊後水道にかけて広がる帯状の領域（深さ約30㎞）で発生する、深部低周波地震（微動）には、「誘発」という大きな特徴があります。この現象には地球潮汐が関係しています。

みなさんも大潮や小潮といった周期的な海洋変動はご存じでしょう。地球と太陽、月の引力の変動により生じる海水面の変動（海洋潮汐）です。じつは、同じメカニズムで、海水面だけではなく固体地球（陸地）も毎日20㎝程度上下しています（固体潮汐）。これらの効果をあわせた現象を**地球潮汐**といいます。地球潮汐による固体地球内部の変形のため、プレート境界を押さえつける力は一日のなかでわずかに変化します。この地球潮汐によるプレート境界を押さえつける力の変化と微動の活動度を比較したところ、押さえつける力が小さくなる時間帯に微動が多く発生していることがわかりました。

さらに、遠方で発生した地震による表面波が通過する際にも、微動が誘発されることがわかりました。表面波の通過によってもプレート境界を押さえつける力が変化するのです。プレート境界を押さえつける力がわずかに変化するだけで微動活動が活発化するということは、そこのプレート境界はちょっとしたきっかけですべる(強度がとても弱い)と考えられます。

プレート境界の強度を小さくする原因の有力な候補は「水」です。プレート内に形成された含水鉱物の脱水分解反応によって周囲に放出された水がプレート境界に入り込むことで、すべりやすくなると考えられています。

しかしながら、プレート境界がゆっくりすべる理由は説明できていません。最近、スメクタイトとよばれる粘土鉱物があると、プレート境界でスロー地震が起こる可能性が指摘されました。スメクタイトがすべてのスロー地震の原因かはわかりませんが、プレートをゆっくりとすべらせる有力な候補と考えられています。スロー地震の研究はまだ始まったばかりです。今後の研究の進展により、その発生メカニズムが解き明かされていくでしょう。

東北地方太平洋沖地震の前にもゆっくりすべり？

2011年3月11日に発生した東北地方太平洋沖地震後に回収された海底地震計や海底地殻変動のデータを丹念に調べると、2011年2月初めからプレート境界がゆっくりとすべり始めたことを示すシグナルが見つかりました。スロースリップ域の近くでは微動活動も観測されました。これは、東北日本においてスロースリップと微動が同期して観測された、初めての事例です。さらに、プレート境界の地震活動が2月中旬から増え始め、2月末にかけて震源が一日あたり2〜5㎞の速さで南に移動しました。これらの観測事実は、スロースリップによるすべりの伝播が東北地方太平洋沖地震の震源域で発生していたことを示しています。

その後3月9日に、スロースリップの発生域よりも少し深いところでM7・3の地震が発生しました。この地震による余効すべりがさらに南に伝播し、その先で2日後に東北地方太平洋沖地震が発生したと考えられています。

2014年にメキシコで発生したM7・3の地震でも、本震の前にスロースリップの発生が確認されたとの報告もあります。まだまだ観測事例を積み上げていく必要がありますが、スロースリップがプレート境界地震の発生と密接に関係していることは間違いなさそうです。

※1　1995年兵庫県南部地震（M7・3）の発生を契機に整備された地震観測網です。防災科学技術研究所が運用しています。約800箇所の観測点が20km程度の間隔で設置されており、収録された波形データは気象庁や大学などにリアルタイムで伝送されています。地表でのノイズを避けるために、多くの観測点では、地下100〜300ｍの深さに地震計が埋設されています。もっとも深い観測井戸は岩槻観測点（さいたま市）で、その深さは3510ｍです。

コラム
4

宝永地震と宝永噴火

宝永地震の49日後に富士山が大噴火しました。宝永の噴火です。宝永の噴火は平安時代の貞観《じょうがん》の噴火（864~866年）と並ぶ富士山の大噴火のひとつとされていますが、噴火様式はそれまでとはまったく異なるものでした。

貞観の噴火は山頂から約10㎞離れた北西側の斜面で起こり、噴出した玄武岩質マグマは北西山麓を広く覆い尽くし、広大な「せの海」という湖の大半を埋没させました。せの海の埋没しなかった部分が現在の富士五湖の2つ、西湖と精進湖《しょうじ》です。また、流れ出た溶岩の上に形成された森林地帯が青木ヶ原樹海となっています。

一方で、宝永の噴火は大量な軽石・火山灰を放出する大規模な爆発的噴火で、江戸にまで降灰をもたらしました。南東斜面にある宝永火口は、この噴火により形成されたものです。富士山の噴火史の中でも特異な噴火でした。富士山のような玄武岩質火山で爆発的噴火が発生した事例は、多くありません。宝永噴火と宝永地震の間になんらかの関係があるのか、今のところよくわかっていません。

Chapter
07

沈み込むプレート内で何が起こっているか？

沈み込み帯ではプレート境界だけではなく、沈み込むプレート（スラブ）の内部でも地震が発生します。スラブ内では大地震は頻繁には起こりませんし、ほとんどの地震では津波も発生しません。そのためあまり注目を集めませんが、日本列島周辺では過去に大きな被害をもたらしたこともあります。本章では、スラブ内部で発生する地震をみていきましょう。その発生にも水が関わっていることが明らかになります。

世界のスラブ内地震

図7・1に、世界の地震の深さごとの発生数を示します。ヒマラヤなどの一部の衝突帯では大陸プレート内部で深い地震が発生しますが、深さ100㎞を超える地震はほぼ**スラブ内地震**です。スラブ内地震の数は深さ300㎞までは単調に減少し、それ以深ではほぼ一定になり、深さ500〜600㎞で再び数が増えるという特徴があります。

深さ300㎞を境に地震活動が変化するため、深さ70〜300㎞で発生する地震を「やや深発地震」、深さ300㎞以深で発生する地震を「深発地震」とよぶことがあります。本書では「スラブ内地震」をおもに用い、必要に応じて「やや深発地震」、「深発地震」という表現を補足的に用います。また、慣例に従い、やや深発地震と深発地震の両方をふくむスラブ内地震の面的な分布を指す用語として、「深発地震面」を用います。

日本列島南方のマリアナ諸島から出発して時計回りに、世界の沈み込み帯の地震活動（和達－ベニオフ面、第1章参照）をみていきましょう（**図7・2**）。地震活動の鉛直分布はスラブの形状を反映しています。つまり、地震活動をみることで、その地域でスラブがどのような形状・角度で沈み込んでいるかわかるのです。

(1) 北西太平洋

北西太平洋のマリアナ〜伊豆・小笠原〜東北日本〜千島〜カムチャッカには、約1億5000万〜1億2000万年前に形成された古い太平洋プレートが沈み込んでいます。沈み込むプレートは同じですが、地震の分布は「マリアナ〜伊豆・小笠原」と「東北日本〜千島〜カムチャッカ」で大きく異なります。

マリアナ〜伊豆・小笠原では太平洋スラブの角度が急で、100km以深ではその角度はほぼ鉛直です。また、マリアナではスラブがマントル遷移層をほぼ鉛直に突き抜けているのに対し、

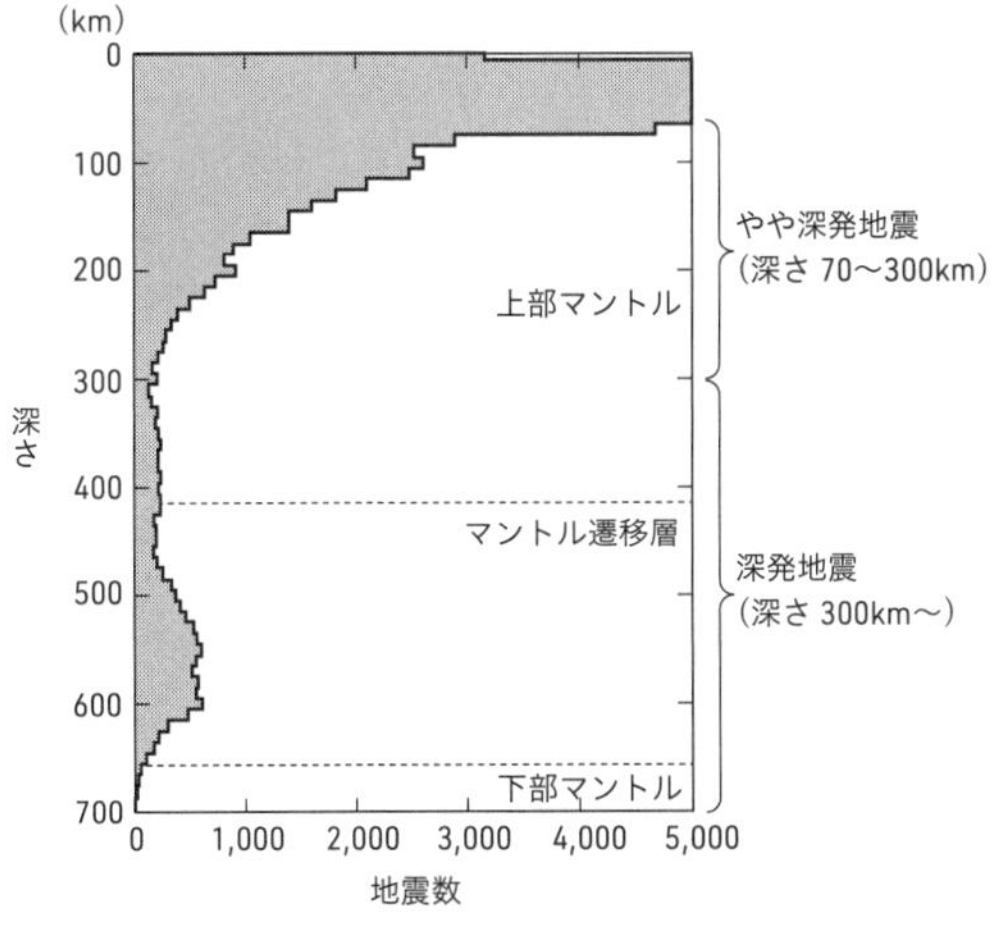

| 図7・1 | 深さごとの地震の発生数

100kmを超える深さで発生する地震はほとんどスラブ内地震である。深さとともに地震数は減少し、300km以深ではほぼ一定となるが、深さ500〜600kmではまた増える。

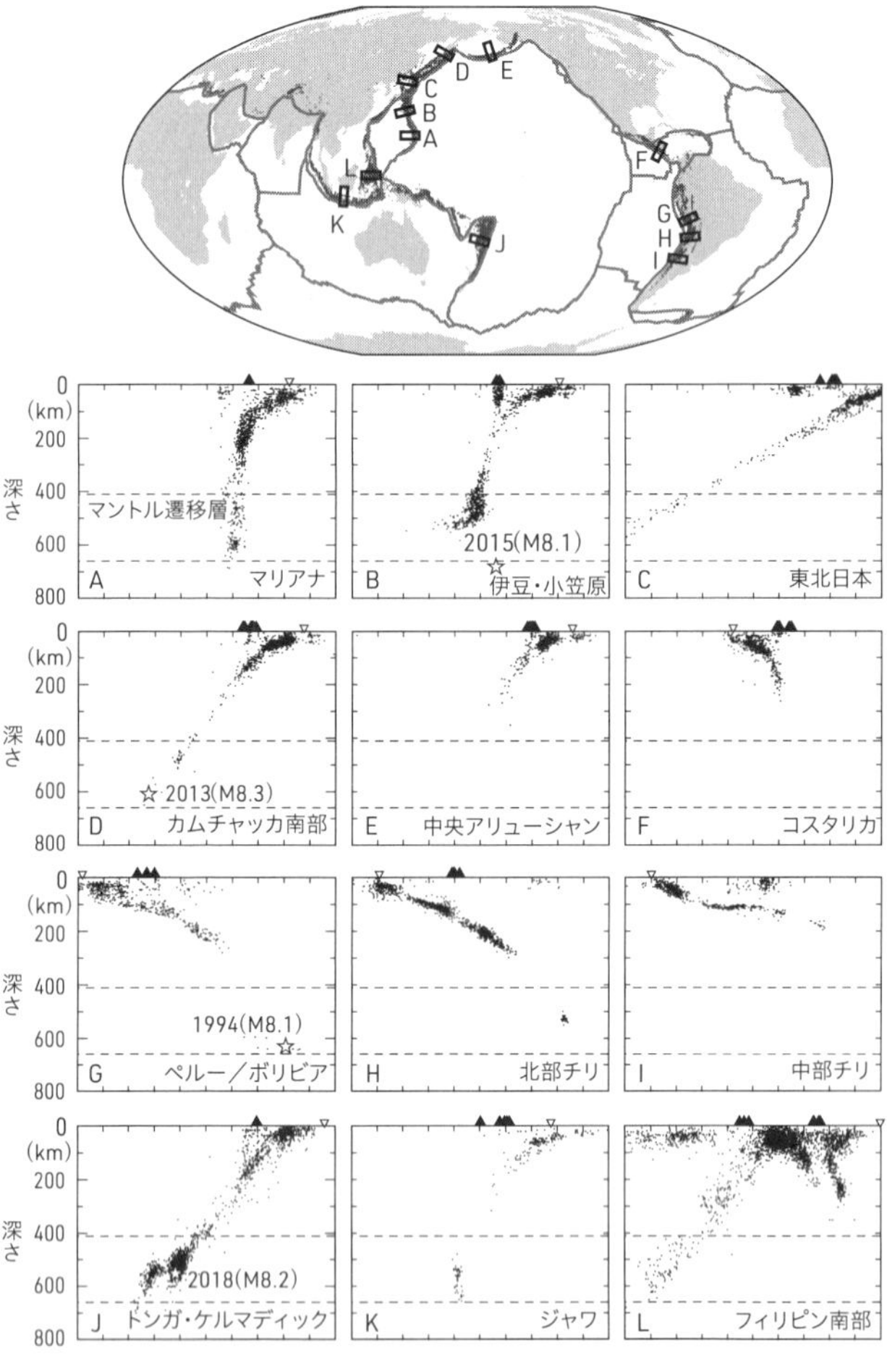

図7・2　世界の沈み込み帯の地震

深さ100kmを超える地震の鉛直分布はスラブ形状を反映している。沈み込み帯ごとに沈み込み角度が異なることがわかる。

その北側の伊豆・小笠原ではスラブがマントル遷移層で水平に横たわるようすがみられます。長靴を連想させる地震分布です。2015年5月の小笠原諸島の地震(M8・1)は、長靴のかかとよりも少し深いところで起こりました。

一方、東北日本とカムチャッカでは、地震活動は30〜45度の傾斜で深さ600kmまで連続的に分布しています。2013年に発生したオホーツク海下の地震(M8・3)は、スラブ内地震の分布域の下端付近(深さ約600km)で発生しました。

(2) 東太平洋

コスタリカでは西からココスプレートが沈み込んでいて、地震活動は深さ200kmまで確認できます。ナスカプレートが沈み込むボリビアや北部チリでは、スラブの傾斜角は約30度で、地震活動は深さ300km程度までみられます。しかし、それ以深では地震はほとんど発生せず、深さ500〜600kmで再び孤立した地震活動がみられる、という興味深い特徴があります。ボリビアでは、1994年に深発地震(M8・1)が深さ約630kmで発生しました。

中部チリでは、深さ約100kmでスラブがほぼ水平になるようすがみてとれます。北部チリの断面とは水平距離で200km程度しか離れていませんが、スラブの形状が大きく異なるのです。さらに、スラブがほぼ水平になっている中部チリでは、地表に火山(図7・2の黒三角)が形成されていません。これは、火山活動とプレートの沈み込みが密接に関係することを示しています。火山とプレートの関係は第8章で触れることにします。

(3) 南太平洋

ニュージーランドの北方に位置するトンガ・ケルマディックでは、太平洋スラブが約45度の傾斜で600㎞以深まで沈み込んでいることがわかります。また、マントル遷移層で発生する地震の数が多く、世界の沈み込み帯で発生する深さ400㎞以深の地震の約半分が、この地域で発生しています。2018年8月には、深さ約560㎞でM8・2の地震が発生しました。

世界のスラブ内地震は、場所によりその発生深度や傾斜がさまざまです。沈み込んだプレートが複雑な形状をしていることに、驚いた方もいるのではないでしょうか。地学の教科書でよく紹介されている東北地方の地震の断面図（西に約30度で傾斜する地震分布）は、沈み込み帯の典型的な描像とはいえないことがわかります。

このように地震の分布を眺めるだけでも、スラブの形状が手に取るようにわかります。後に示すように、スラブ内地震の発生モデルはいくつか提案されていますが、一般的に、古いスラブほど深いところまで地震が発生する、という特徴があります。

沈み込み帯ごとに異なるスラブの形状

ボリビアや北部チリでは、地震活動は深さ300㎞までは連続的にみられますが、その下ではいったん地震が起こらなくなり、深さ500〜600㎞で再び発生しています（図7・2G、H）。地震が発生していない深さ（300〜500㎞の間）では、スラブはどのようになっているのでしょうか？　ある研究者は、スラブがちぎれてしまっていて存在しないと主張し、またある研究者は、スラブは連続的に存在するがなんらかの理由で地震が起こらない、と考えました。

この疑問を解決に導いたのは、第2章で紹介した地震波トモグラフィです。地震波トモグラフィにより南米下の三次元構造を高精度でイメージングしたところ、地震が起こらない深さ範囲にも、スラブと解釈できる連続的な地震波高速度異常が見つかったのです。スラブは確かに存在するが、なんらかの理由で深さ300〜500㎞の範囲では地震が発生しないことを意味します。

地震が発生するスラブを**地震性スラブ**、地震が発生しないスラブを**非地震性スラブ**とよび、区別することがあります。同じスラブであっても、地震活動という観点ではまったく異なる振る舞いをすることがあるのです。

現在までに、地震活動と地震波トモグラフィの結果の比較から、世界中のスラブの形状が明らかにされています。沈み込み開始から時間が十分に経過していない西南日本などを除くほとんど

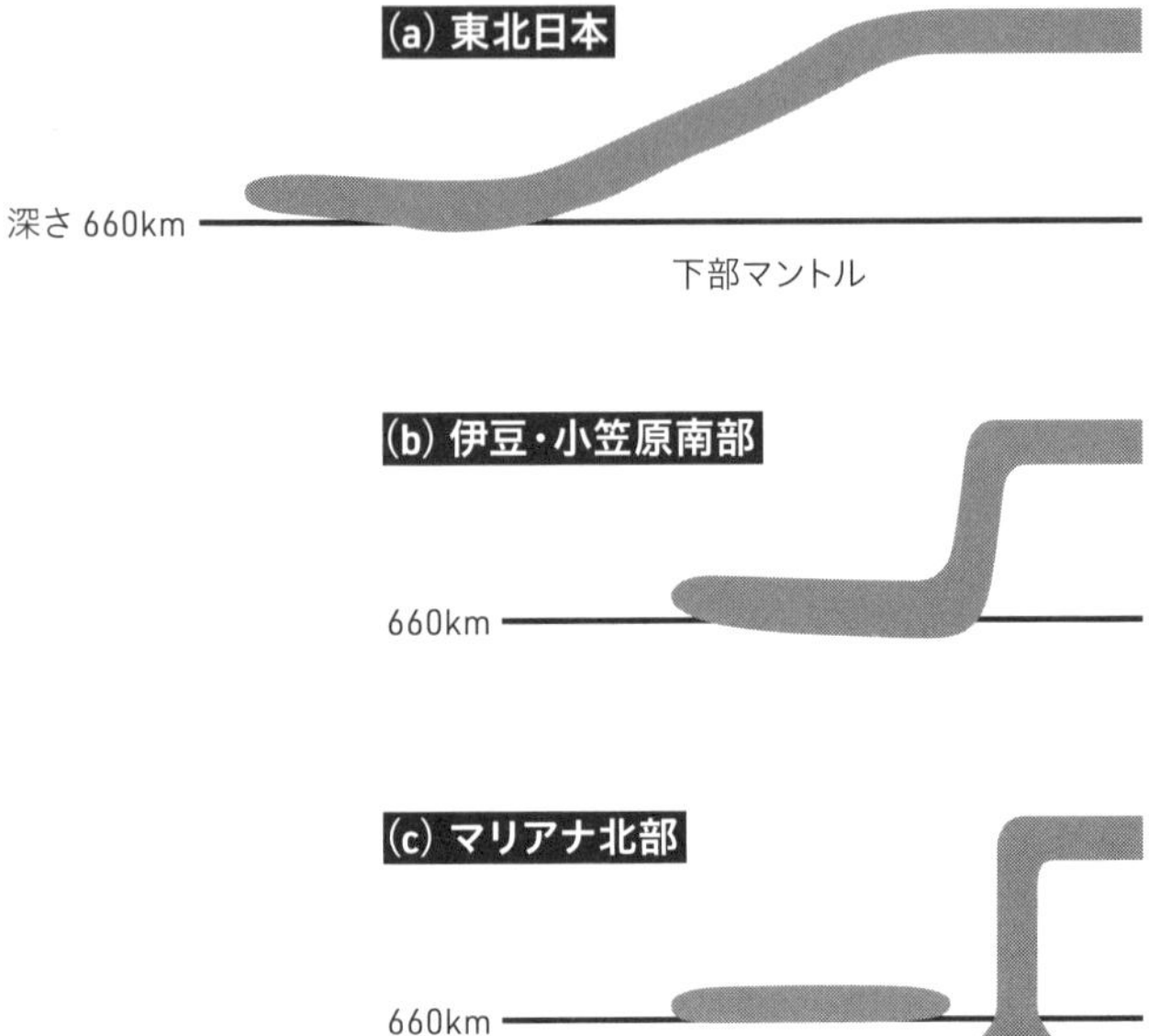

図7・3 日本列島周辺の太平洋スラブ形状の違い

(a) 東北日本、(b) 伊豆・小笠原南部、(c) マリアナ北部。いずれも太平洋スラブが沈み込んでいるが、形状は大きく異なる。(a)、(b) では連続的にマントル遷移層に到達し、横たわっている。(c) では、スラブが下部マントルまで突き抜けており、ちぎれてマントル遷移層に横たわっているスラブも見られる。Fukao & Obayashi (2013) にもとづく。

の沈み込み帯では、スラブがマントル遷移層（深さ410〜660㎞）まで到達していることがわかっています。しかし、マントル遷移層でのスラブの振る舞いは沈み込み帯により異なります。

スラブがマントル遷移層に横たわっている沈み込み帯（伊豆・小笠原、東北日本、千島、カムチャッカなど）や、下部マントルまで突き抜けている沈み込み帯（マリアナ、トンガなど）があるのです。とくに、東北日本、伊豆・小笠原、マリアナには同じ太平洋プレートが沈み込んでいますが、その形状は大きく異なります（**図7・3**）。このようなスラブの形状の違いは、マントル遷移層での相転移速度、プレート沈み込みの過去の履歴（海溝の移動や収束方向の変化、背弧拡大の有無など）、スラブ自体の粘性などに起因すると考えられています。

日本周辺のスラブ内地震分布

図7・4に示すのは、日本列島周辺で発生する地震の分布です。太平洋プレートが沈み込む北海道、東北地方では深さ300㎞まで地震が発生しており、地震は30〜40度で陸側に向かって傾斜して分布しています。これらの地域においてはスラブ内地震が二重の面状に分布しており、面と面の間では地震活動が低調であるという特徴があります。このような地震の分布を**二重深発地震面**といいます。

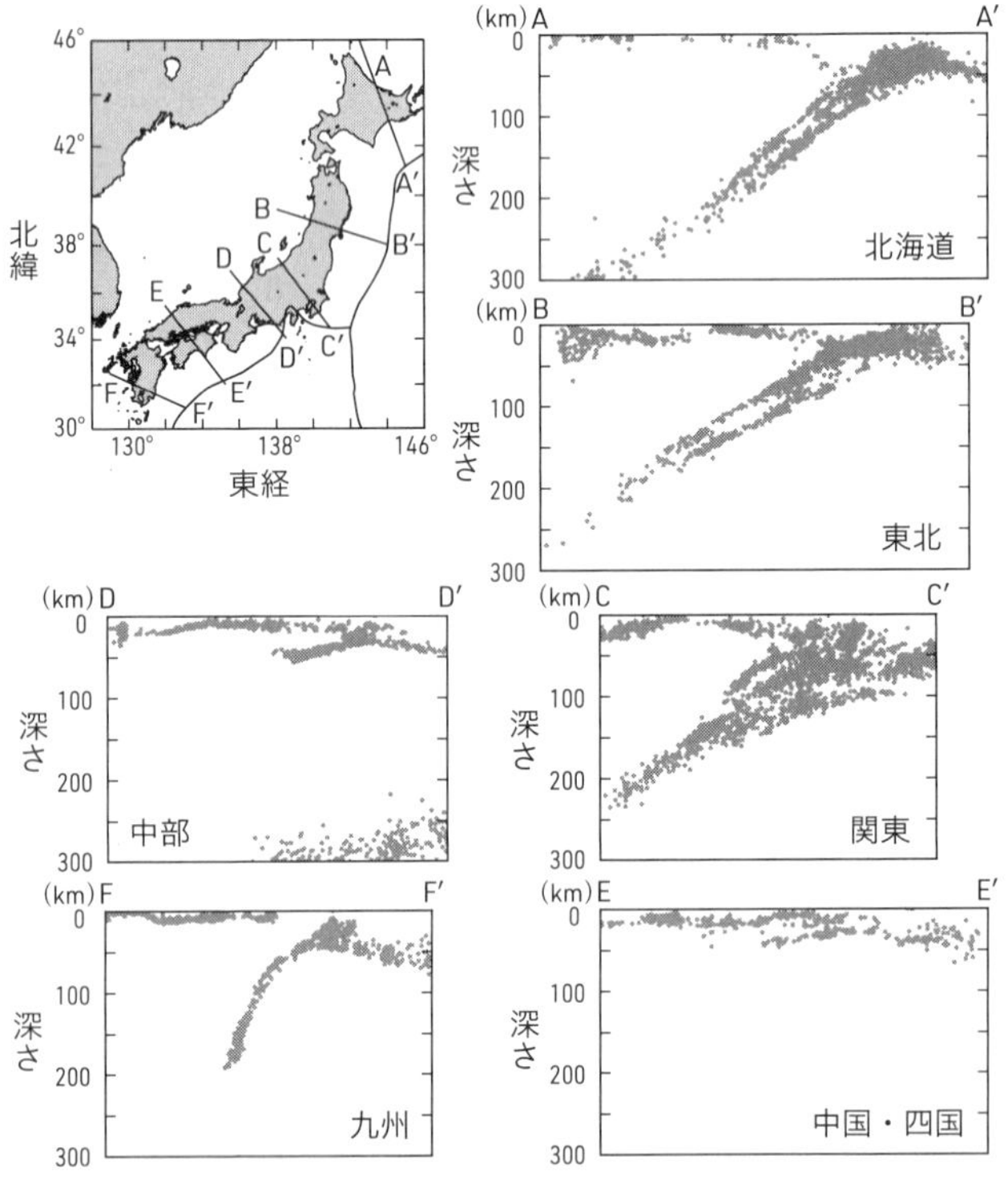

図7・4 **日本列島周辺の地震の鉛直分布**

北海道や東北地方下の太平洋スラブ内では二重深発地震面が確認できる。太平洋スラブとフィリピン海スラブが沈み込んでいる関東地方では深さ方向に厚みのある地震分布となっており、スラブ内地震が活発であることがわかる。中部地方下に見られる深さ200km以深の地震は太平洋スラブ内の地震である。フィリピン海スラブ内で発生する地震は地域変化が大きい。

関東から西南日本に目を向けると、東北日本とは異なった震源分布が見られます。関東地方では、太平洋プレートの上にフィリピン海プレートが沈み込んでいるため、深さ方向に厚みのある複雑な分布となっています。中部地方や中国・四国地方では、スラブ内地震の深さは約60㎞以浅に限られ、東北地方や北海道でみられる深い地震は起こっていません。また地震面の傾斜角は10〜15度と緩くなっています。中部地方では、太平洋スラブ内の地震が深さ200㎞以深にみられます。九州では、深さ200㎞程度までスラブ内地震が発生し、深さ50㎞以深ではその分布の角度は60〜70度と急になっています。図には示していませんが、南西諸島でも深さ100㎞を超える地震活動が確認できます。フィリピン海スラブ内で発生する地震は、太平洋スラブ内の地震よりも地域変化が大きいことがわかります。

第4章で紹介したように、フィリピン海プレートの海洋底の年代は西南日本と九州以南では大きく異なります。西南日本の沖合のフィリピン海プレートは、海洋底の拡大軸である四国海盆で一番新しく(約1500万年前)、そこから東西に離れるにつれて古くなっています。一方、九州・パラオ海嶺の西側には四国海盆の拡大以前から存在していた古いフィリピン海プレートがあり、その年代は3000万年前より古いことがわかっています。西南日本の60㎞以浅の地震活動は新しいフィリピン海プレート、九州以南の100㎞を超える深さで起こる地震活動は古いフィリピン海プレートの沈み込みと関係しているのです。

東北地方の二重深発地震面

図7・5は東北地方中央部の東西鉛直断面です。二重深発地震面が明瞭に表れています。東北地方の二重深発地震面での地震の起こり方には、次の2つの特徴があります。

特徴① 二重深発地震面が明瞭に見られるのは深さ60～180㎞の範囲である。
特徴② 上面ではプレート傾斜方向に圧縮力、下面ではプレート傾斜方向に引張力が働いており、上面と下面でその力の向きが逆である。

いずれも二重深発地震面の成因を理解するための重要な情報です。

なお、二重深発地震の発生位置について間違った記載がなされた文献も見受けられるので、ここでスラブの構造を思い出しながら確認しておきましょう。

沈み込んだ海洋プレート（スラブ）の最上部には厚さ約7㎞の地殻（スラブ地殻）があり、その下はマントル（スラブマントル）です。プレートの厚さはプレート年代でほぼ決まり、東北地方に沈み込む太平洋プレートの厚さは約90㎞と推定されています。二重深発地震面の下面はスラブ表面とほぼ平行に分布しており、スラブ表面からの距離は約40㎞です（上面と下面の間隔は約

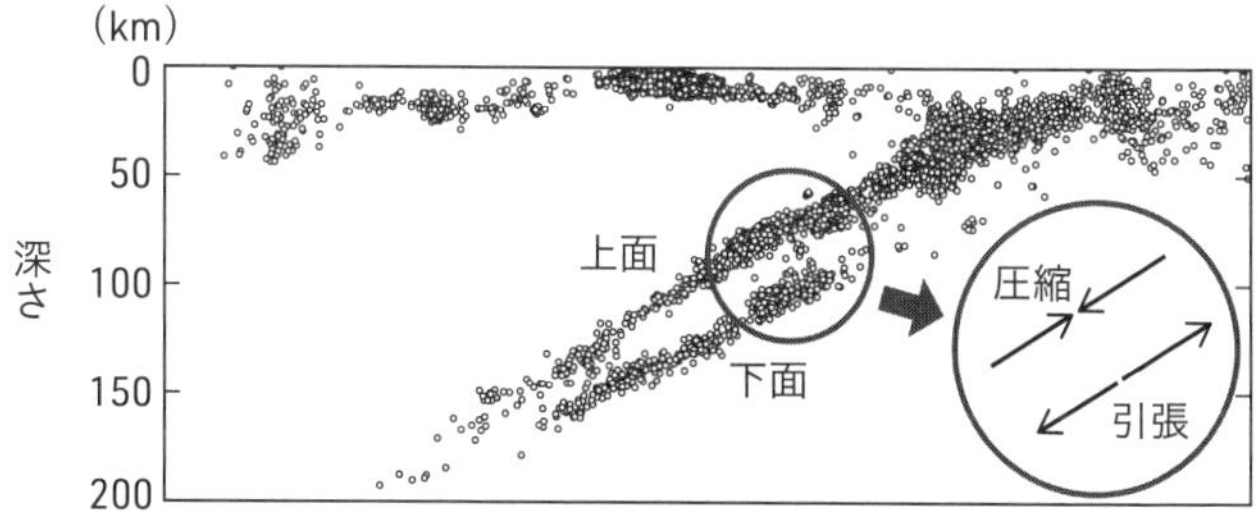

｜図7・5｜東北地方中央部の地震の鉛直分布（東西断面）

2002～2010年に発生した地震の分布。スラブ内の二重深発地震面が明瞭に表れている。上面は圧縮場、下面は引張場で地震が発生している。

30㎞）。下面の地震は太平洋プレートの中央より少し浅い側に位置し、プレートの底はそれよりも50㎞も深いところにあります。

このことは、太平洋プレートの下半分では地震がいっさい発生していないことを意味します。プレート深部は温度が高いために、塑性変形が卓越すると考えられます（変形様式については第9章参照）。東北地方における二重深発地震面の下面の地震がプレートの底付近で発生しているように描かれた誤った図も見受けられますので、注意してください。

二重深発地震面は世界標準？

東北地方で二重深発地震面が発見されて以降、世界の沈み込み帯で「二重深発地震面探し」がおこなわれ、二重深発地震面が明瞭な沈み込み帯とそうでない沈み込み帯があることがわかりました。しかし、明瞭でない沈み込み帯で二重深発地震面が本当に存在しないのか、それとも地震の深さの決定精度が悪いために本来は二重に存在する地震面を分離できていないのか、わかりませんでした。

2000年代後半になり、深さが高い精度で把握できている震源の分布を精査してみると、世界中のほとんどの沈み込み帯で上面および下面に対応する地震活動のピークが認められること、上面と下面の間隔はスラブの形成年代に比例することが明らかになりました。東北地方では約30㎞の間隔がある上面と下面の地震活動ですが、若いプレートが沈み込む領域ではその間隔は10㎞程度と狭くなっているのです。上面と下面の距離はスラブの温度構造の違いを反映していると考えられています。

二重深発地震面の応力場 ——プレートのベンディング・アンベンディング

スラブ内地震の応力場の研究も進みました。第5章で、沈み込みにともない海洋プレートが変形することを紹介しました。沈み込むプレートの上への凸の変形を**ベンディング**(屈曲)といいます(図5・3)。海溝付近ではプレート内の浅い側に正断層地震を起こす引張場、深い側に逆断層地震を起こす圧縮場が形成されます。板を上に凸に曲げると上面では引張、下面では圧縮の力が働くことからも、ペアの応力場が形成されることは理解できるでしょう。

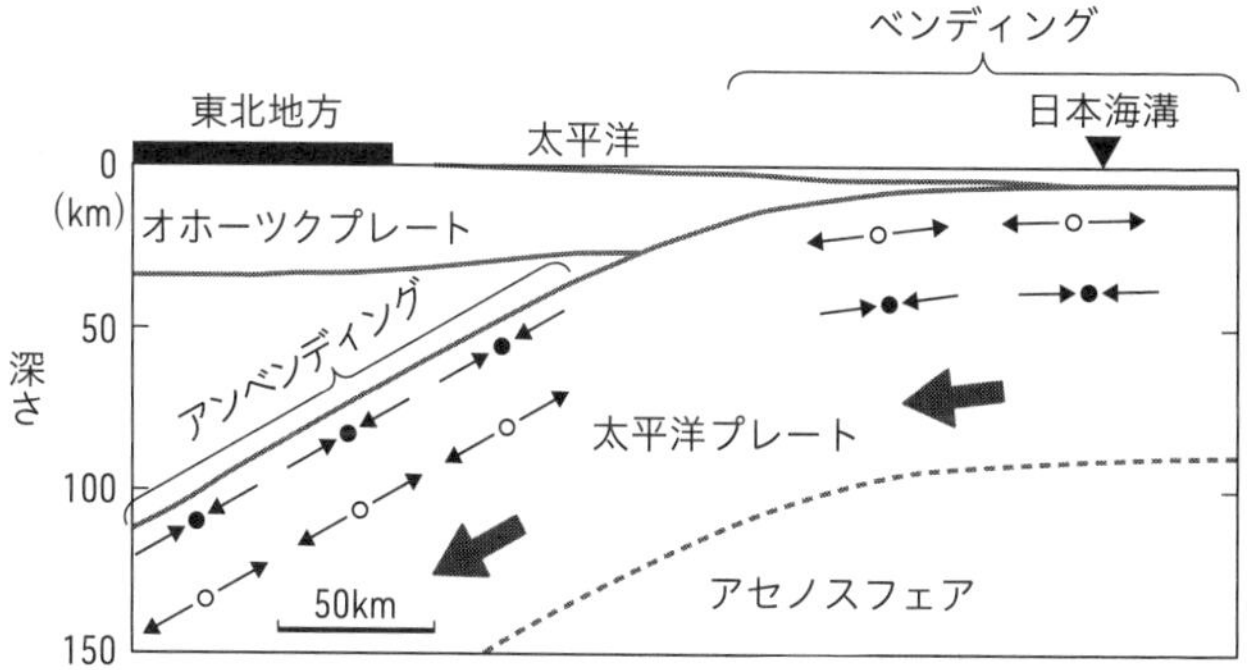

| 図7・6 | **ベンディングとアンベンディング**

矢印は力のかかり方を表す。黒丸は逆断層、白丸は正断層地震。Gamage *et al.* (2009) の図にもとづく。

ベンディングを受けたプレートが沈み込むにつれて、上への凸の変形を元に戻そうとする力が働きます。これを**アンベンディング**(曲げ戻し)といいます(**図7・6**)。プレートのアンベンディングにより、北海道や東北地方の下ではプレート表面付近で圧縮力、表面から離れると引張力が生じます(ベンディングによる力と逆の組み合わせです)。上面が圧縮場で下面が引張場という東北地方の二重深発地震面でみられるペアの応力場は、プレートのアンベンディングの効果によって説明できそうです。

プレートのベンディングとアンベンディングは、東北日本をはじめとする多くの沈み込み帯で観測されるスラブ内の応力場を説明できる、魅力的なモデルです。しかし、二重深発地震面の応力分布には多様性があることもわかってきました。北部チリ、ニュージーランドなどの二重深発地震面では、上面が引張場で下面が圧縮場という、東北日本とは逆の応力場が観測されたのです。さらに、中部チリの二重深発地震面では上面、下面とも引張場になっています。このような応力場の多様性は、スラブのアンベンディングだけでは説明できません。

図7・2で見たように、スラブの形状は沈み込み帯ごとに大きく変化します。スラブ内の応力分布は、ベンディング・アンベンディングに加え、スラブの形状やスラブの変形履歴、スラブの到達深度、マントル遷移層や下部マントルとの相互作用など、多くの要因の複合的な影響を受けると考えられます。

断層強度の低下 ——スラブ内地震のパラドックスは解消できる?

断層面が強く押さえつけられていると断層が動きにくい、と前章で述べました。スラブ内地震が起こる深部では、浅い地震に比べて周囲の岩石が断層を押さえつける力は大きくなっています。そのような条件で活発な地震が起こるのは不思議です。このことは昔から**スラブ内地震のパラドックス**とよばれ、大きな謎とされてきました。では、どのような条件が満たされれば、スラブ内地震が起こるのでしょうか?

スラブは一枚の板として近似できるので、スラブの変形によって生じる力は連続的であり、狭い空間スケールで大きく変化することはないと考えられます。したがって、スラブ内地震のおもな発生原因がスラブの変形による力であれば、地震は空間的にほぼ均一に分布するはずです。しかし観測からは、スラブ内地震の分布は空間的に不均質であることがわかっています。この地震の分布を説明する考えのひとつが「断層強度の空間変化」です。

地震は断層破壊です。変形によりスラブ内に生じるせん断応力（断層をずらそうとする力）が断層の破壊強度を超えれば、その断層ですべり（地震）が発生します。もしスラブ内に生じるせん断応力が空間的にほぼ一様であっても、破壊強度の小さな断層が存在すれば、その断層でのみ選択的に地震が起きるでしょう。この考えにもとづくと、「地震の分布は弱い断層の分布に対応する」ことになります。

これまでの研究成果を総合的に考えると、スラブ内の断層の破壊強度を低下させる原因は高い確率で「水」です。断層面に高間隙圧水が存在すると、断層の強度が著しく低下し、小さなせん断応力で断層をすべらせることが可能になります。スラブ内では、水によって地震が発生している、と考えられるのです。

含水鉱物と相境界

スラブ内地震の原因が水である場合、当然ではありますが、スラブ内に水が存在する必要があります。残念ながら、スラブ（または沈み込む前の海洋プレート）に水が入っていくところを直接とらえた観測はありません。しかし、第5章で紹介した「海洋プレートの地殻内のP波速度は海溝に近づくにつれて低下する」「海溝海側で多数の正断層が形成される」などの観測事実は、海溝に近づくにつれて海洋地殻やマントル最上部に水が浸透し、含水鉱物が形成されていることを示唆します。

プレートの沈み込みにともない高温・高圧にさらされた含水鉱物は不安定になり、脱水分解します。たとえばアンチゴライト（高温型蛇紋石）の場合には、温度600～650℃で脱水分解し、カンラン石と水が生成されます。含水鉱物の脱水反応により生成された水は、スラブ内の既存の断層面（弱面）などに高間隙圧水として局在化すると考えられています。

スラブ内地震への水の関わりを検証するためには、スラブ内に形成される含水鉱物の種類と、それらが安定に存在できる温度・深さ（圧力）範囲を知ることが必要です。これまでに、含水鉱物が脱水分解する温度と圧力を調べる室内実験や、鉱物の熱力学データを用いた数値計算などにより、おもな含水鉱物の安定領域が調べられてきました。

ひとつまたは複数の含水鉱物からなる系の安定領域を示した図を**相図**とよびます。**図7・7a**は含水化したスラブ地殻の相図です。図7・7aの細線で囲まれた領域は、ある含水鉱物（または含水鉱物をふくむ岩石）が安定して存在できる温度・深さ範囲を表します。ある鉱物が別の鉱物に相転移する境界が相境界です。

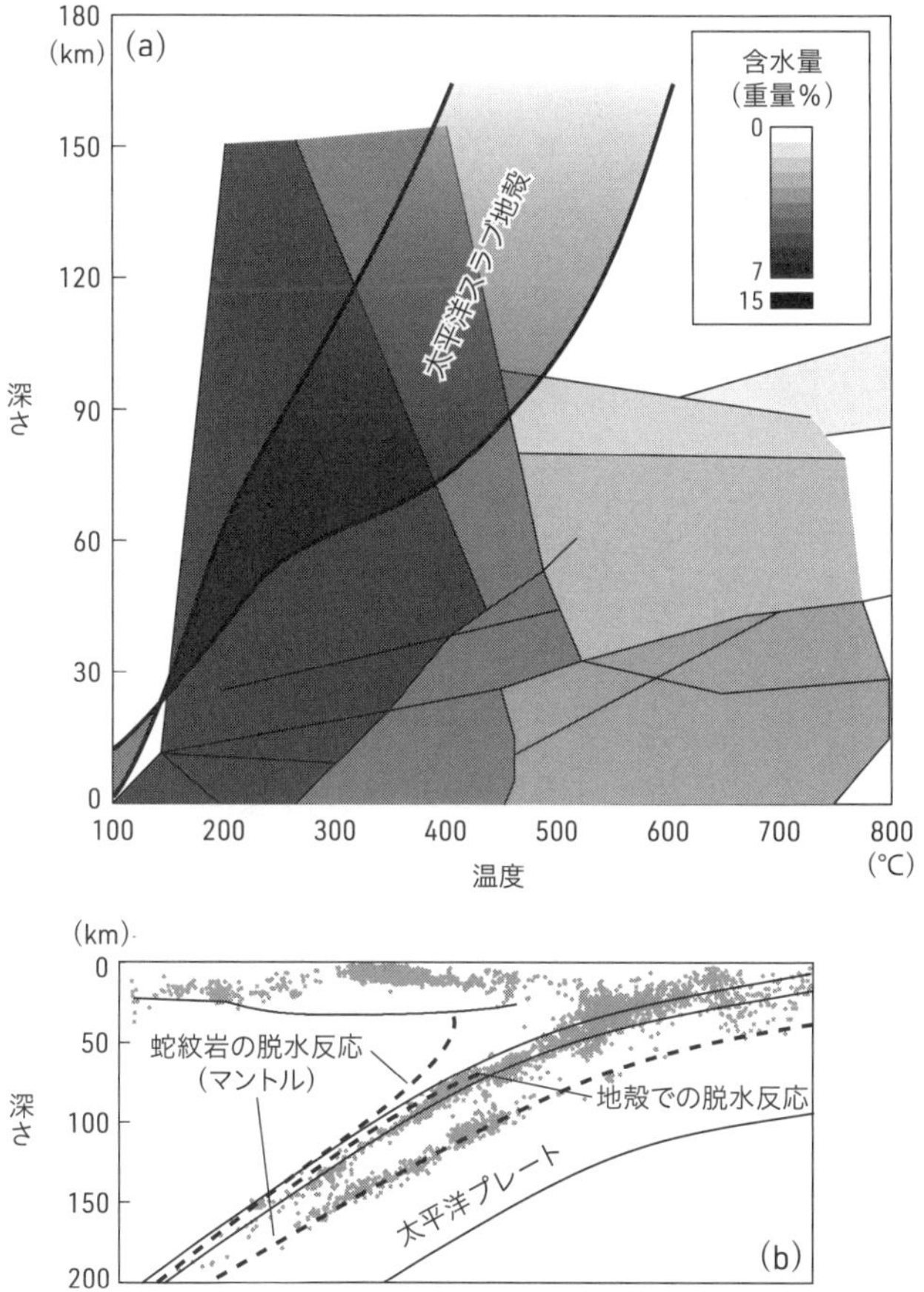

| 図7・7 | 含水鉱物の脱水とスラブ内地震

(a) 含水化したスラブ地殻の相図。細線は含水鉱物の相境界。影は東北日本下の太平洋スラブの地殻が経験する温度・深さの履歴。幅があるのはスラブ表面とモホ面で温度差があるため。(b) 太平洋スラブ内の地震分布と含水鉱物の脱水反応。東北地方中央部の東西鉛直断面図に含水鉱物の脱水反応場所を重ねてある。

図7・7aには東北地方下の太平洋スラブで予測される、沈み込みにともなう温度・圧力(深さ)の上昇履歴を重ねてあります。多くの水をふくむことができる低温で安定な含水鉱物は、スラブが深さ70〜120kmまで沈み込むと、含水量の少ない別の含水鉱物に相転移します。さらに深さ90〜150kmを超えると、ほとんど水をふくまない鉱物に相転移してしまいます。つまり、含水化したスラブ地殻の沈み込みにともなう相転移により、含水鉱物が保持できなくなった水(高間隙圧水)が相境界付近で周囲に放出されるのです。なお、相転移の深さが幅をもつのは、スラブ表面とモホ面で200℃ほどの温度差があるためです(高温のマントルと接しているスラブ表面の温度が高い)。

スラブのマントルではどうでしょうか? マントルのかんらん岩が水と反応して形成される含水鉱物は蛇紋岩です(第5章参照)。スラブの沈み込みの数値シミュレーションからは、蛇紋岩が脱水分解する600〜650℃の等温線は、太平洋スラブの表面から30〜40kmほど深い位置にあることがわかります。つまり、そのような場所で蛇紋岩の脱水反応が起こり、周囲に水を放出すると期待されます。

次に、含水鉱物の脱水反応の深さとスラブ内地震の分布を比較してみましょう。スラブ地殻やスラブマントルで起こる含水鉱物の脱水反応位置と実際の震源位置は一致するでしょうか?

脱水脆性化説——相境界と地震分布は一致する？

図7・7bは、東北日本を横切る地震活動の鉛直断面図に、含水化したスラブ地殻と蛇紋岩化したスラブマントルで起こる脱水反応の位置を重ねたものです。おもにスラブ地殻で発生する二重深発地震面上面の地震は地殻の含水鉱物、マントルで発生する下面の地震は蛇紋岩の脱水位置にほぼ一致します。このような対応関係は、西南日本、台湾、北部チリ、米国西海岸のカスカディア、東部アリューシャンなど、世界の主要な沈み込み帯でも確認できます。

含水鉱物の脱水分解反応により生じた高間隙圧水が断層面に入り込むことで断層強度が低下し、小さなせん断応力で地震が発生するというモデルを支持する結果です。このようなモデルを**脱水脆性化説**《ぜいせいか》といいます。

「脱水脆性化」という用語はもともと、含水鉱物が脱水する「瞬間」に脆性化（地震）が起こる現象を指していました。しかし、含水鉱物の種類によって、脱水反応の瞬間に脆性化が起こるものと起こらないものがあることもわかってきました。そのため最近では、脱水反応の瞬間だけに注目するのではなく、脱水反応によって生じた水がスラブ内を移動して、その先にある断層の強度を低下させ、破壊を促進する現象もふくめて「脱水脆性化」とよぶことが多くなりました。本書でも「脱水脆性化」を、「含水鉱物の脱水反応によって生じた水が断層の強度を低下させ、破壊を促進する」という意味（広義の用法）で用いることにします。

スラブ内の地震波速度と地震分布

スラブ内地震は、含水鉱物が脱水分解する相境界付近で多く発生していることがわかりました。スラブ内地震に水が関与していることを支持する観測データはほかにもあります。

含水鉱物は無水鉱物に比べて地震波速度が遅いことが知られています。そのため、含水鉱物が分布している領域では地震波が遅く、脱水反応により水がなくなった（少なくなった）領域では地震波が速く伝わると予想されます。つまり、地震波速度の分布から「水が存在する可能性のある領域」を知ることができるのです。

実際に、地震波トモグラフィにより、東北地方の太平洋スラブの三次元地震波速度分布が求められています。その結果、スラブ地殻の地震波速度は深さ80〜100kmでは、含水鉱物をふくむスラブ地殻で期待される地震波速度よりも10％以上遅く、それ以深では顕著な低速度域は認められないことがわかりました。つまり、深さ80〜100kmでは、含水鉱物に加えて脱水反応で生じた過剰な高間隙圧水がスラブ地殻の中に存在すると考えられます。

この80〜100kmという深さは、二重深発地震面上面の地震活動がとくに活発な領域（深さ70〜100km）と一致します（図7・7b）。地震が活発な深さと地震波低速度域の深さの一致は、スラブ地殻の地震が脱水脆性化で発生していることを支持する重要な観測結果です。深さ100㎞を超えると地震活動が少なくなるのは、それ以深ではスラブ地殻に過剰な水があまり存在しないためと考えられます。

二重深発地震面下面については、それより下では地震が起こらないため、地震波速度を精度よく求めることが難しいという問題がありました。それでも、地震波トモグラフィ手法の改良と良質な地震データの蓄積により、2000年代後半には、二重深発地震面下面に沿って局所的にP波速度が低下していることがわかってきました。さらに、1993年釧路沖地震（M7・5）や2003年宮城県沖地震（M7・1）、東北地方太平洋地震の余震のひとつである2011年宮城県沖地震（M7・2）などの大きなスラブ内地震の震源域では、地震波速度が周囲より遅いことも明らかになりました。二重深発地震面下面およびスラブ内大地震の震源域に沿って水が分布していると考えると、これらの観測結果を説明できます。

スラブ地殻とスラブマントルにおける含水鉱物の相図、地震活動、地震波速度の比較から、スラブ内地震の発生機構として脱水脆性化説が支持されます。つまり、スラブ地殻もスラブマントルも含水化している可能性が高いということです。地殻は、海溝海側での正断層の形成や地塁・地溝構造の発達により、広域に含水化することが予想されます。一方で、二重深発地震面下面の地震が発生するマントル、すなわちプレート表面から最大で40㎞も離れた深さまで広く含水化するかどうかは、議論があります。

海洋プレートのマントルを含水化させるいくつかの方法

脱水脆性化説の前提となるマントルの含水化メカニズムを検討してみましょう。これまでに、

モデル① 海溝海側での正断層地震による海水の浸透
モデル② トランスフォーム断層に沿う海水の浸透
モデル③ 熱応力による海水の浸透
モデル④ マントルプルームによるプレート下面からの水の供給
モデル⑤ プチスポット火山と関係したプレート下面からの水の供給

などが提唱されています。これらのモデルを簡単にみていきましょう。

モデル①：これは第5章でも触れました。海溝海側での海洋プレートの折れ曲がり（ベンディング）によって生じる、引張力により形成される正断層に沿った水の浸透です。1933年昭和三陸地震のようなM8を超えるアウターライズ大地震では、断層は深さ40～50㎞程度まで達しま

す。その断層面に沿って二重深発地震面下面の深さまで水を供給することは、原理的には可能です。

しかし、水の通過により、断層に沿って鉱物が沈殿することが予想されます。鉱物の沈殿により浸透経路が閉鎖されると、それ以上の水は供給されなくなります。また、地震により断層面にすき間ができるわけではないので、たとえ深さ40～50㎞まで達する正断層が形成されたとしても、その深さまで水を浸透させるのは難しい、という指摘もあります。

モデル②：多くのトランスフォーム断層では、深さ15㎞程度まで地震が発生しています。トランスフォーム断層は、地質学的長い時間にわたり活動するため、海水が浸透していっても鉱物の沈殿が起こりにくく、長期間にわたって水の供給路になる可能性があります。

実際にいくつかの研究により、トランスフォーム断層に沿ってマントル最上部が蛇紋岩化していることが指摘されています。しかしながら、トランスフォーム断層に沿ってどのくらいの深さまで水が浸透するかはわかっていません。

モデル③：第5章でも触れましたが、海洋プレートの冷却にともなう熱収縮により大きな引張力が生じ、亀裂（熱クラック）が形成されます。古く冷たいプレートでは、深さ30～50㎞程度まで幅数十メートルの亀裂が生じる可能性があります。もし、このメカニズムでマントルの含水化が起こるのであれば、多くの沈み込み帯で二重深発地震面がみられるという特徴を説明できます。

プレート表面から深部へ海水が浸透するこれら3つのモデルには、ある程度の説得力がありますが、説明できない観測事実が残ります。それは地震波速度の分布です。

前項で、二重深発地震面下面に沿って局所的にP波の伝播速度が低下することを紹介しました。もし、プレート表面から水が供給されたのであれば、上面と下面の間でも断層や亀裂に沿って蛇紋岩化が進み、そこでもP波速度が遅くなっていることが期待されます。しかし、観測からは、上面と下面の間のP波速度は遅くない（むしろ速い）ことがわかっているのです。地震波トモグラフィの空間分解能は10～20㎞なので、幅の小さな蛇紋岩化した断層や亀裂を検知できていない可能性はあります。しかし、そのような局在化した小さな断層や亀裂だけでは、スラブマントルを広範囲に含水化させることは難しいでしょう。

そこで、プレート表面からではなく、プレートの下面（底）から水を供給するモデルが考えられました。

モデル④：海嶺で形成されたプレートが海洋底を移動する間に高温のプルームの上を通過すると、プルーム最上部のマグマがプレートに底づけされます（図5・1）。底づけされたマグマの一部はプレート内に貫入しますが、プレート運動によりプルームから離れると、貫入したマグマは冷えて固化します。このとき、マグマにふくまれるいくばくかの水が放出され、それらはプレート内を上昇します。蛇紋岩が安定に存在できる温度600～650℃を下回ると、上昇してきた水によりマントルのかんらん岩が蛇紋岩化するでしょう。温度600～650℃の等温線はプレートの厚さのほぼ中央に位置し、その深さは二重深発地震面下面の深さとほぼ一致します。

また、プルームによって供給される水の量は少なく、マントル中央部（下面付近）における蛇紋岩化ですべて消費されてしまうと考えれば、下面より浅部（上面と下面の間）でP波速度が遅くない（蛇紋岩化していない）という観測事実をうまく説明できるかもしれません。

モデル⑤：このモデルは、海溝海側の海洋底で見つかる直径数キロ、比高数百メートルの小さな火山（プチスポット）の成因と関係します。プチスポットは、海溝海側での曲げ変形によりプレートに亀裂が入り、その亀裂を伝ってプレート直下のアセノスフェアからマグマが上昇することで形成される、と考えられています。プチスポットは決して多く見つかっているわけではありませんが、マグマが海底面まで到達せず噴火にいたらなかった「噴火未遂」はたくさんあったことでしょう。プレート内でマグマが固化すると、周囲に水を吐き出します。その水はモデル④と同様に、プレートの厚さの中央付近に蛇紋岩を形成すると考えられます。

このように、プレートの表面から30～40㎞の深さに水を供給するメカニズムは複数提案されていますが、どのモデルにも一長一短があります。ただし、いずれのモデルもほかのモデルと両立可能です。複合的な要因により、沈み込む前のプレートではマントルの蛇紋岩化が起こっているのかもしれません。

断層がとける？——熱的不安定モデル

ここでは、スラブ内地震を説明するほかのモデルもみてみましょう。有力なモデルのひとつに**熱的不安定モデル**があります。

スラブ内で熱の発生をともなう局所的な変形が起きたとしましょう。熱の拡散が熱の発生に比べて十分に遅い場合、変形で発生した熱は岩石中に保持されます。すると、その熱により変形がさらに促進されるという、変形と熱の発生の正のフィードバックが起こります。その結果、最終的にそこにある鉱物がとけ、急激なすべり（地震）を生じると考えられています。このメカニズムが効率的に働くには、既存の断層面（弱面）などの狭い部分に変形が集中することが必要です。

室内実験や数値シミュレーションによって、熱的不安定が効率的に起こる温度範囲は600～800℃とされています。これは、スラブマントル（二重深発地震面下面）で地震が発生する温度範囲をふくみます。さらに、地表付近で観察できる断層露頭には、岩石がとけたときに生じるガラス質の断層破砕帯(シュードタキライト)が存在し、地震時に断層が融解することを強く示唆しています。最近、深さ約50㎞にあったと考えられるマントルかんらん岩の中からもシュードタキライトが発見され、800℃程度のスラブマントル内部でもこのような現象が起こることが報告されました。

しかし、スラブ地殻(二重深発地震面上面)の温度は300~500℃であり、熱的不安定が効率的に起こる深さよりも低温です。その意味で、上面と下面の地震がそれぞれ異なるメカニズム(上面が脱水脆性化で下面が熱的不安定)で発生しているという考えには、疑問も呈されています。また、頻度こそ少ないものの上面と下面の間(温度600℃以下)でも地震が発生しています。

スラブ内地震の発生メカニズムは、しばしば「脱水脆性化」対「熱的不安定」という図式で語られます。しかし、脱水脆性化は含水鉱物の室内実験や震源の位置と含水鉱物の相境界の関係から、熱的不安定は震源断層の平均的な物理パラメータや露頭での断層観察から提案されたモデルであり、互いに相反するわけではありません。私は、どちらも重要な役割を果たしているのではないか、と考えています。具体的には、脱水脆性化が断層破壊の開始(地震の発生)をコントロールし、断層破壊の進展(地震の成長)には熱的不安定によるすべりも寄与しているというアイデアです。異なる2つの物理プロセスがスラブ内地震の発生原因なのかもしれません。

古い断層面の再利用

日本列島周辺で発生した規模の大きなスラブ内地震に注目してみましょう。大きなスラブ内地震を起こした断層面は、地震のたびに新しく形成されたのでしょうか？

１９９３年釧路沖地震（M７・５）の断層面はほぼ水平で、二重深発地震面の下面から上面に向かって破壊が進展したことがわかっています。北海道東部に沈み込むスラブの傾斜角は40〜45度であり、この地震の断層面とスラブ表面がなす角度は45〜50度でした。また、２００３年５月（M７・１）および２０１１年４月の宮城県沖地震（M７・２）の断層面とスラブ表面のなす角度は、それぞれ45度と60度ほどでした。ほかのM７を超える多くのスラブ内地震でも、断層面とスラブ表面のなす角度が40〜60度であることがわかっています（**図７・８**）。

大きなスラブ内地震の断層面とスラブ表面のなす角度（40〜60度程度）は、プレートが沈み込む前に発生するM７を超えるアウターライズ地震の断層面や、アウターライズで多数見つかっている小規模な正断層の傾斜角とほぼ一致します。これらの観測結果は、プレートが沈み込む前にアウターライズで形成された正断層に沿って、スラブ内地震が発生していることを示唆します。

アウターライズで形成された断層面は、スラブのほかの部分よりも弱い面（弱面）となっているはずです。まったく何もないところに新しい断層をつくるよりは、すでにある断層を「再利

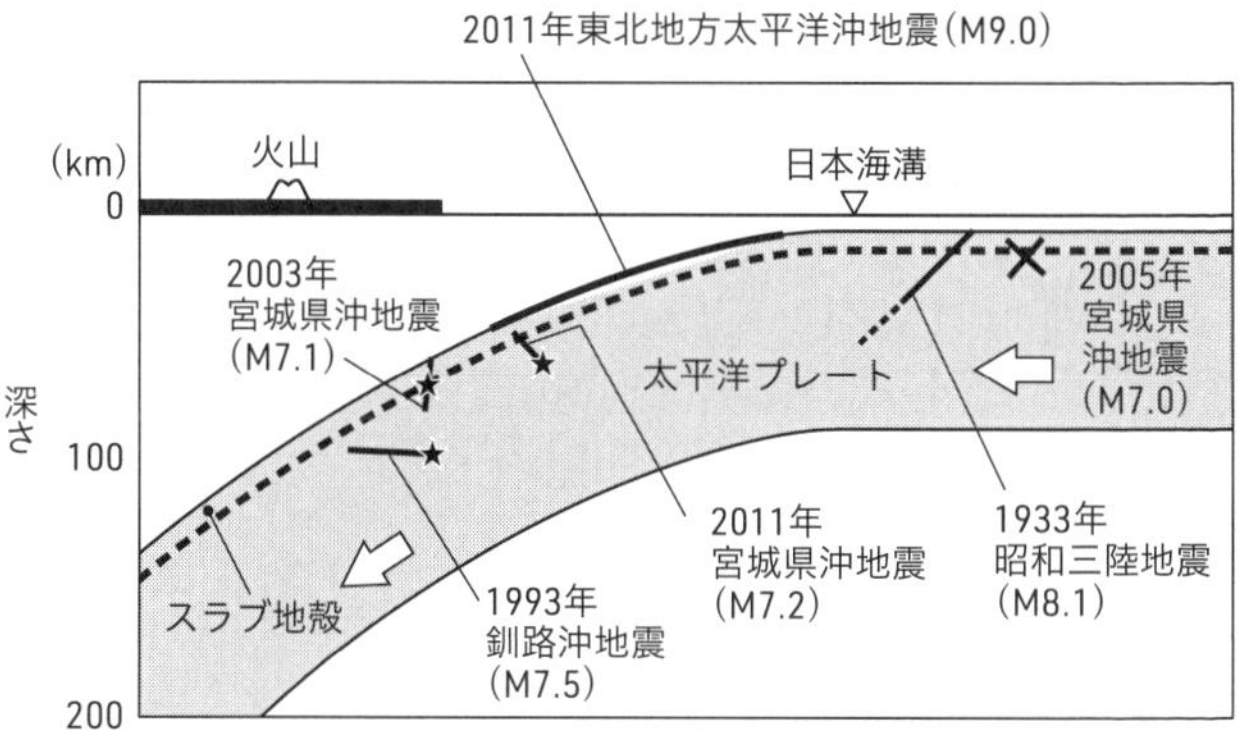

| 図7・8 | アウターライズ地震とスラブ内地震の断層面

プレートが沈み込む前に形成された正断層の傾斜角(40〜60度)は、スラブ内で発生する大地震の断層面の傾斜とスラブ表面のなす角とほぼ一致する。星印は破壊の開始点(震源)。線は震源域を表す。東北地方と北海道で発生したおもな地震を示してある。

用」するほうが、ずっと小さなエネルギーで地震を起こす(断層をすべらせる)ことができるのでしょう。大きなスラブ内地震は既存の弱面の再活動によって発生している、というのが現在の有力な考えです。

マントル遷移層と相転移

これまでは、日本列島下のスラブ内地震を例に、おもに深さ200kmまでの地震分布の特徴やその発生メカニズムを考えてきました。図7・1をみると、深さ500〜600kmでスラブ内地震が再び活発になることがわかります。この深さで活発化するスラブ内地震の原因は、オリビン(カンラン石)の相転移による断層形成であるとするモデルが提案されています。

マントル遷移層におけるオリビンから変形スピネル相（ウォズレアイト）への相転移は、温度が低いほど低い圧力で起きるので、スラブでは温度が低い中心部ほど浅いところで相転移が起こります（**図7・9a**左）。しかしスラブの年齢が古く、沈み込み速度が大きい場合、低温のスラブ中心部では、オリビンから変形スピネル相への相転移速度は低下します。その結果、スラブ中心部には、410㎞を超えても安定に存在するオリビン領域（準安定オリビン層）がくさび状に発達するのです（図7・9a右）。

オリビンから変形スピネル相、スピネル相（リングウッダイト）への相転移はいっきに起こるのではなく、最初は小さなレンズ状のスピネル相（スピネルレンズ）が形成され、このスピネルレンズを拡張するように相転移が進むと考えられています（図7・9b）。スピネル相への相転移が速い場合には、レンズの両端部分に応力が集中し、相転移がさらに促進されます。その場合、最終的にスピネルレンズがひとつの大きなレンズを形成し、レンズをふくむ領域が急激な破壊（地震）にいたる可能性があります。このようにして地震が発生するという考えを**相転移断層モデル**といいます。

相転移断層モデルにはいくつかの問題もあります。大きな問題は断層の幅です。相転移断層モデルによれば、オリビンからスピネル相への相転移が完了した領域（準安定オリビン層の外側）

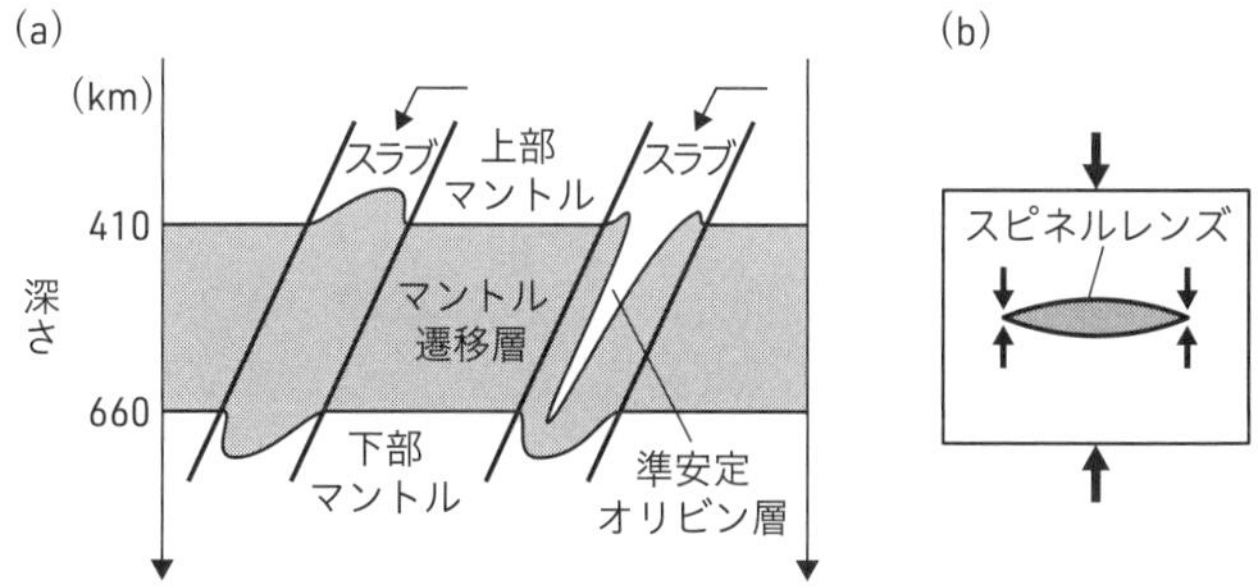

| 図7・9 | オリビンの相転移とスピネルレンズ

(a) スラブの温度から予測される相転移領域(左)。ただし、スラブ中心部は低温なので、オリビンの相転移が遅れることが期待される(右)。(b) スピネルレンズの成長。

では地震は発生しません。スラブの温度構造モデルによると、深さ500~600kmで形成される準安定オリビン層の幅は10~20km程度です。つまり深発地震の断層の幅はそれ以下であるはずです。ところが、いくつかの深発地震の断層幅は40~50kmにもおよぶことがわかっています。

マントル遷移層ではカンラン石の相転移が起こるので、それを地震の発生と結びつけるのは自然でしょう。しかし、相転移断層モデルでは、マントル遷移層より浅部での地震の発生を説明することができません。つまり、深さ約410kmまでは脱水脆性化か熱的不安定、それ以深では相転移断層モデルで地震が発生している、と考えなければならないのです。スラブ内地震は深さにより異なるメカニズムで発生していることになります。その可能性を否定することはできませんが、私は、スラブ内地震を発生させる基本的な物理過程は深さによらず同じではないか、と考えています。

深発地震も水が起こす？

マントル遷移層を構成する鉱物であるウォズレアイトやリングウッダイトは、上部マントルを構成するカンラン石に比べて多くの水を（結晶水として）取り込むことができます。したがって、マントル遷移層まで水（含水鉱物）を持ち込むことができれば、そこは水の貯蔵庫となります。ここで問題になるのは、マントル遷移層まで水を持ち込めるかどうかです。

温かいスラブのマントルでは、深さ100㎞へ沈み込むまでにほぼすべての含水鉱物（蛇紋岩）が分解されてしまい、深くまで水を運ぶことができません。一方、東北地方に沈み込む太平洋スラブのような古く冷たいスラブでは、一部の含水鉱物が水を保持したままマントル遷移層まで運ばれる可能性が指摘されています。

これまでのところ、スラブによってマントル遷移層まで運ばれる含水鉱物の量を見積もることはできていません。ただし、ダイヤモンドに取り込まれ地表まで上昇してきた小さなリングウッダイトの結晶を分析したところ、最大で1％もの水をふくんでいることがわかりました。リングウッダイトが安定な深さ範囲（深さ520〜660㎞）は、マントル遷移層で発生するスラブ内地震の頻度のピークとほぼ一致します（図7・1）。その深さには多量の水があり、脱水脆性化によって活発な地震活動が生じているのかもしれません。

また、電気伝導度の測定によってもマントル遷移層の水の量が見積もられています。それによると、古くて冷たい太平洋プレートが沈み込む西太平洋下のマントル遷移層には、0・1～0・5％程度の水があると推定されています。一方、ほかの地域のマントル遷移層にはほとんど水がない（0・1％以下）ようにみえます。

このように、マントル遷移層にはある程度の水があることを示唆する研究があります。もしマントル遷移層に水があるならば、そこでの地震の発生も脱水脆性化（と熱的不安定）によって説明できるかもしれません。

コラム⑤

異常震域

太平洋スラブ内で大きな地震が発生すると、震央から遠く離れた太平洋沿岸で大きな震度が観測されることがしばしばあります。それは、地震波の伝播経路による媒質の違いで説明できます。震源から日本海側へ到達する地震波は高温のマントルを通過するのに対して、太平洋沿岸の観測点へ到達する地震波は太平洋スラブの中を長く伝わります。マントルは太平洋スラブよりも高温で、部分融解しています。そのような領域を通過すると、地震波のエネルギーは大きく減衰し、観測点に到着する頃にはその振幅が小さくなってしまいます。一方で、太平洋スラブ内では地震波の減衰は小さく、大きな振幅のまま地震波が観測点に到着します。そのため、震央から遠い太平洋沿岸で震度が大きくなることがあるのです。

これまでも何度か紹介した、2015年5月30日に小笠原諸島西方沖の太平洋スラブ内で発生したM8・1の地震（深さ約680km）でも、明瞭な異常震域が観測されました。震央から離れた関東地方で震度4～5強、北海道や沖縄でも震度1が観測されました。東京気象台（現気象庁）が1885年に観測を開始して以降、47都道府県すべてで震度1以上の揺れが観測された初めての地震でした。

Chapter
08

火山の下で何が起こっているか?

前章では、スラブ内部で発生する地震の特徴を紹介し、そこでは水が重要な役割を果たすことを紹介しました。では、スラブ内で地震を発生させた水は、その後どこに行くのでしょうか? 一部はスラブとともに下部マントルまで運ばれますが、多くの水はスラブからその上にある浅部マントルに放出され、マグマ活動に寄与すると考えられています。水はマグマ生成だけでなく、日本列島下の地殻の変形や内陸地震の発生にも重要な役割を果たします。温泉もスラブ起源水の恵みのひとつです。多くの活火山が分布する東北地方の下を眺めながら、スラブから地表までの水の働きを追っていきましょう。

日本列島の火山分布

図1・4bで示したように、沈み込み帯の火山は、海溝の走向とほぼ平行に並んでいます。1980年代までは、沈み込み帯の火山はおもに1列もしくは2列の火山列に分類され、1列目（海溝に近い火山列）の下のスラブの深さは100〜120㎞、2列目（海溝から遠い火山列）の下のスラブの深さは160〜180㎞であるとされていました。そして、この2つの火山列の海溝からの距離は、スラブから水が供給される深さの違いに対応する、と考えられました。

1990年代以降の震源決定方法の改良により、世界中のスラブ上部境界面の深さが精度よく求められるようになりました。すると、海溝に近い火山列の下のスラブの深さ範囲は70〜170㎞と、従来のデータと比べて大きな幅があることがわかりました。

図8・1は日本列島周辺の活火山の分布です。**活火山**は「概ね過去1万年以内に噴火した火山及び現在活発な噴気活動のある火山」（火山噴火予知連絡会）と定義されます。これらの分布には地域性があり、大局的にみると、東日本に多く西日本に少ないといえます。また、伊勢湾北部から中国地方中部にかけては活火山が分布しません。火山分布の地域性をさらに細かくみていきましょう。

北海道〜東北〜関東西部〜伊豆・小笠原諸島では、火山が海溝とほぼ平行に連続的に分布して

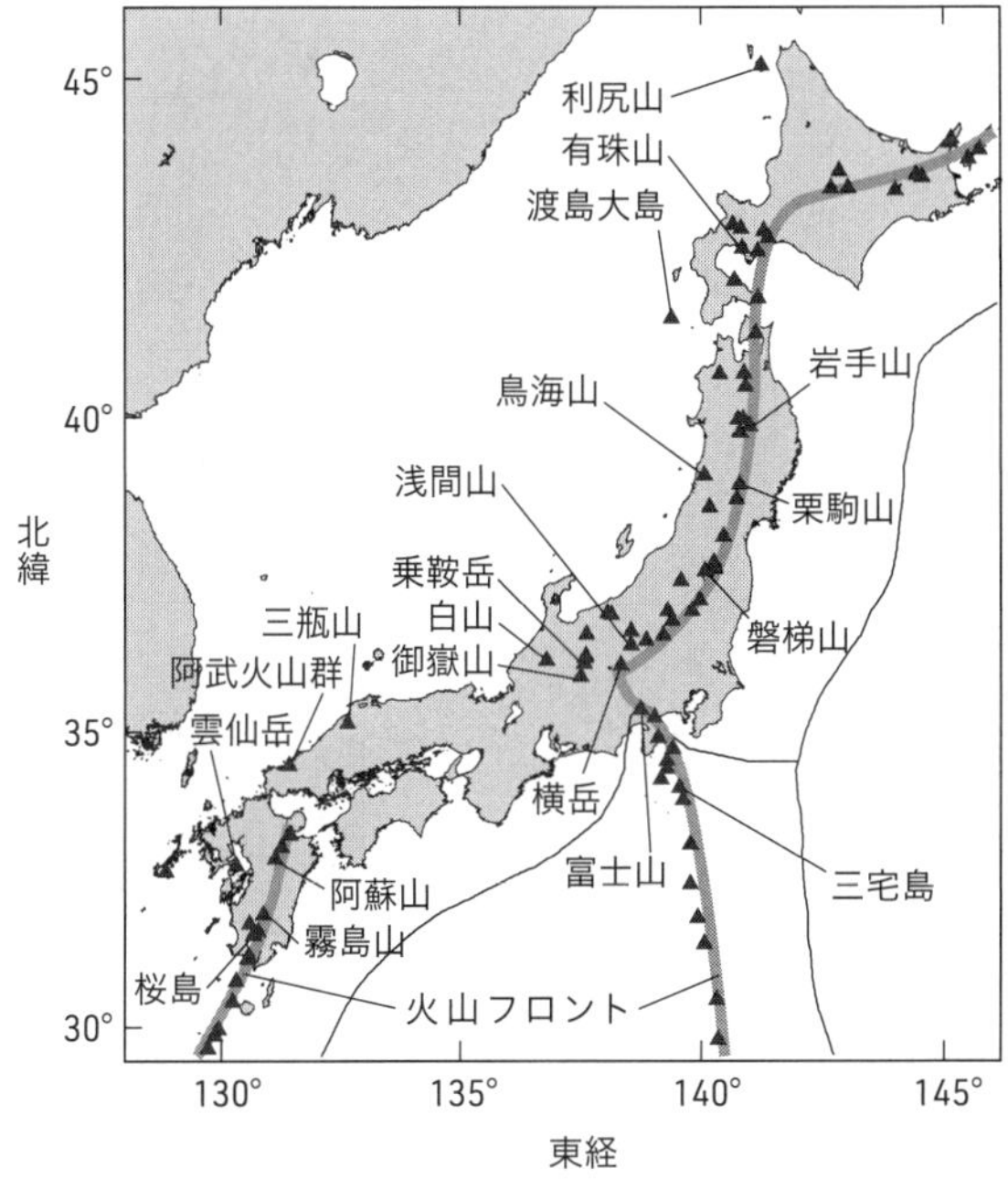

図8・1 | 日本列島の活火山分布

日本列島には111の活火山がある。おおまかにいえば、東日本に多く西日本には少ない。東日本（北海道〜東北〜関東〜伊豆・小笠原諸島）や九州〜南西諸島では、海溝とほぼ平行に連なる火山列がある。伊勢湾北部から中国地方中部までの範囲は、「火山の空白地帯」となっている。名前を示した火山は、文中で紹介するおもな火山。

います。大きな特徴は、海溝近傍には火山が分布しないことです。

多くの沈み込み帯では火山分布の前縁が明瞭であり、その前縁をつないだ線を**火山フロント**とよびます。火山の海溝側の最前線（フロント）という意味です。火山フロント沿いの火山は数が多く、山体の大きなものも多いので、活発なマグマ供給が起こっていることがわかります。また、明瞭な火山フロントが形成されるということは、それよりも海溝側（前弧側）では地下でマグマが生成されないか、地表までマグマが供給されないことを意味します。この火山フロントの形成が何に規定されているかを明らかにすることは、火山形成の理解における大きな課題でした。

一方で、背弧側（火山フロントに対して海溝とは反対側の領域）では火山の数は多くありません。利尻山や渡島《おしま》大島、鳥海山などの大きな火山はまれな存在で、小さな火山が点在するのみです。これは、背弧側に供給されるマグマ量が火山フロントに比べて少ないことを意味します。

中部地方の火山フロントには富士山や横岳、浅間山、榛名山などの関東山地の活火山が連なり、その西には２０１４年に水蒸気噴火を起こした御嶽山のほか、乗鞍岳、焼岳などが分布しています。この２列目の火山列は北アルプスに沿って南北に延びていますが、そのさらに50㎞ほど西に白山をふくむもうひとつの火山列（３列目）が位置しています。

白山から鳥取県の三瓶《さんべ》山までの領域は、活火山がない「火山の空白地帯」です。その距離は５

00㎞にもおよびます。西日本にある活火山は、三瓶山と阿武《あぶ》火山群だけです。ただし、第四紀（約260万年前以降）に活動した火山（第四紀火山）をふくめれば、神鍋《かんなべ》火山群、扇ノ山、大山《だいせん》、大江高山や、隠岐島後（隠岐の島）もあります。それでも火山数が少ないことにはちがいありません。

九州から南西諸島には火山が多く、明瞭な火山フロントが形成されています。しかし、背弧側の大きな火山といえるのは雲仙岳だけです。また、活発な火山が多いのも九州の特徴です。1914年に大噴火し九州本土と陸続きになった桜島は、日本で最も活発な火山のひとつです。噴火回数は年ごとに差があり、2011年には1300回を超える噴火が観測されました（2000年代の年平均は150回ほどでした）。

阿蘇山はカルデラで有名な火山で、その雄大さは「火の国」熊本の象徴です。阿蘇山のカルデラ地形は外輪山（カルデラの縁）と1500m級の数個の中央火口丘からなります。外輪山は南北約25㎞、東西約18㎞におよび、世界最大級の広さ（面積約380㎢）を誇るカルデラとして知られています。阿蘇カルデラは、約25万〜9万年前に発生した4回の巨大噴火により形成されました。4回目にあたる約9万年前の巨大噴火では、噴出物の量は600㎦（富士山の山体に匹敵）に達したとされています。その噴火では、九州の大部分を火砕流が覆いつくし、一部は海を越えて山口県や四国まで到達したことがわかっています。大量に噴出された火山灰は偏西風に乗って運ばれ、遠くは北海道まで降り積もりました。

岩石がとけるということ――火山活動の源

火山活動の原因は地表へ上昇するマグマです。火山活動を引き起こすためには、地下で岩石がとけマグマが形成される必要があります。では、「岩石がとける」とは何を意味するのでしょうか？　簡単にいってしまえば、「固体だった岩石が液体になること」ですが、ここで、固体と液体の違いをおさらいしておきましょう。

物質には固体、液体、気体の3態（相）が存在します。固体とは、物質を構成する分子（原子）どうしが化学結合によって互いに強く結合し、格子状に規則正しく配列した状態です。固体に熱エネルギーを加えると、各分子が激しく振動するようになります。このとき、分子の化学結合に熱運動エネルギーよりも弱いところがあると、その部分の分子は自由に移動できるようになります。この状態が液体です。固体から液体へと相が変化する温度を**融点**といいます。さらに熱を加えると、分子の熱運動エネルギーが結合エネルギーよりも大きくなり、化学結合が断ち切られます。すると分子は広い空間を自由に運動できるようになります。気体とよばれる状態です。

つまり、物質をとかすには熱エネルギーを加え、分子間の結合よりも大きな熱運動の状態をつくる（分子の結合を断ち切る）必要があるのです。なお、高圧になるほど物質はとけにくくなります。圧力がかかればかかるほど、分子の自由な運動が妨げられることを考えれば、このことは理解できるでしょう。

固体である岩石を熱していくと、ある温度で融解して(とけて)液体になります。ただし、ある温度でいっきに岩石全体がとけてしまうわけではありません。岩石がとけ始める温度ととけきる温度には差があり、その2つの温度をそれぞれ**ソリダス**と**リキダス**といいます。岩石にはさまざまな鉱物がふくまれるので、ソリダスでは一番とけやすい鉱物(分子の化学結合に弱いところのある鉱物)がとけ始めます。ソリダスとリキダスの間の温度では、岩石は部分的にとけている状態(部分融解)です。地球内部の岩石がとける温度は構成する鉱物の組み合わせにより異なります。たとえば、深さ15㎞における花崗岩のソリダスは約700℃、深さ60~100㎞でのかんらん岩のソリダスは約1300~1500℃です(**図8・2**)。

岩石の一部がとけて生じた液相を**メルト**、メルトと固相(岩石)の混合物を**マグマ**とよびます。本書では「岩石がとけている状態」としてマグマとメルトの両方を用いることにします。慣例に従い、「メルト(マグマ)の生成」「メルト(マグマ)の上昇」「マグマだまり」などと表記します。

岩石をとかすためには何が必要でしょうか? 一番簡単なのは、圧力を保ちながら岩石の温度をソリダスよりも高い状態にすることです(図8・2の①)。氷をとかすために温めるのと同じ

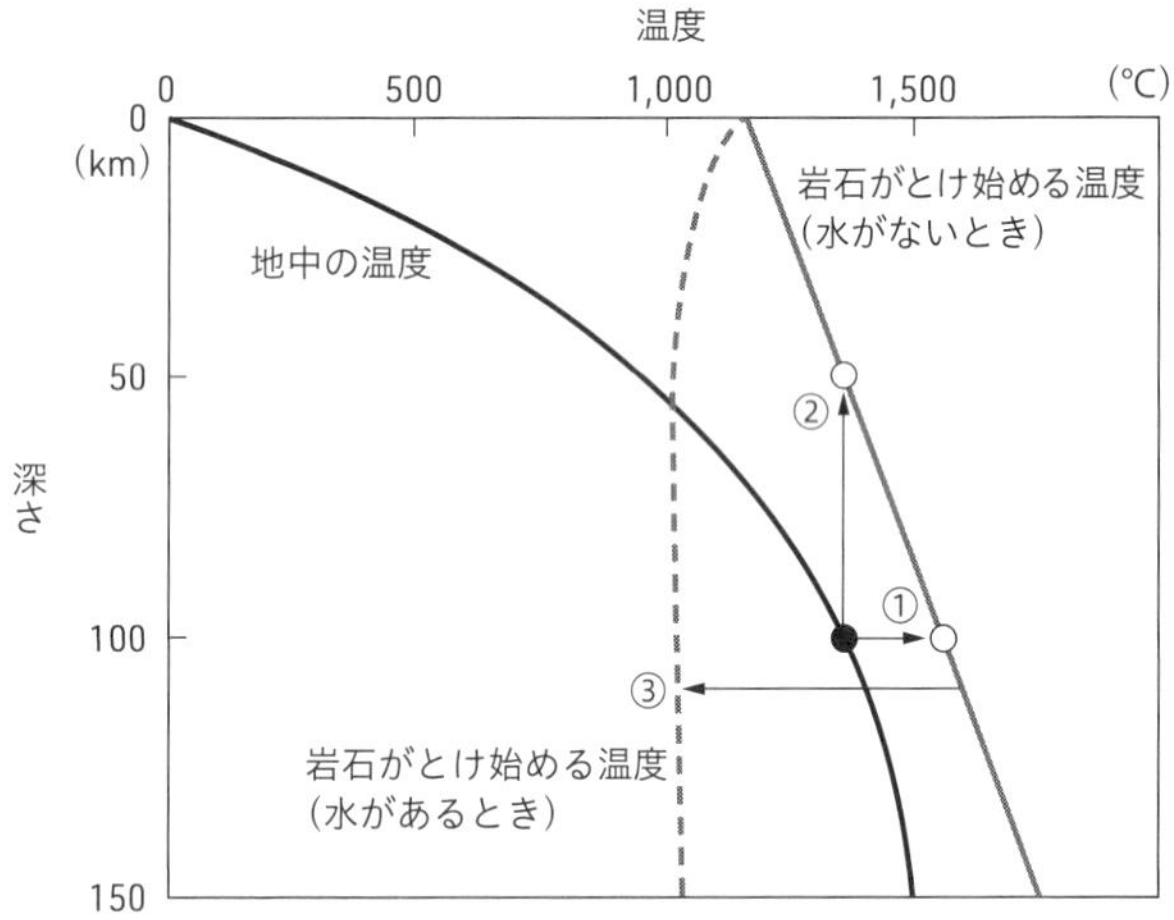

図8・2 深さによるかんらん岩のソリダスの変化

かんらん岩のソリダスは、水があると1000℃まで低下する。

発想です。

一方、ソリダスよりもやや低い温度であっても、圧力を下げることで岩石をとかすことができます。たとえば、深さ100kmにあるかんらん岩の温度がソリダスよりも少しだけ低い場合、かんらん岩が断熱的に(温度ほぼ一定のまま)上昇すると、圧力の低下により融解が始まります(図8・2②)。このような融解を**減圧融解**といいます。減圧融解は、海嶺におけるかんらん岩の融解によるマグマ発生や、プルームの上昇にともなうマグマ発生の主要なメカニズムです。

最後に、分子間の結合を断ち切る「添加剤」によりソリダスを下げるという方法があります(図8・2③)。水や二酸化炭素

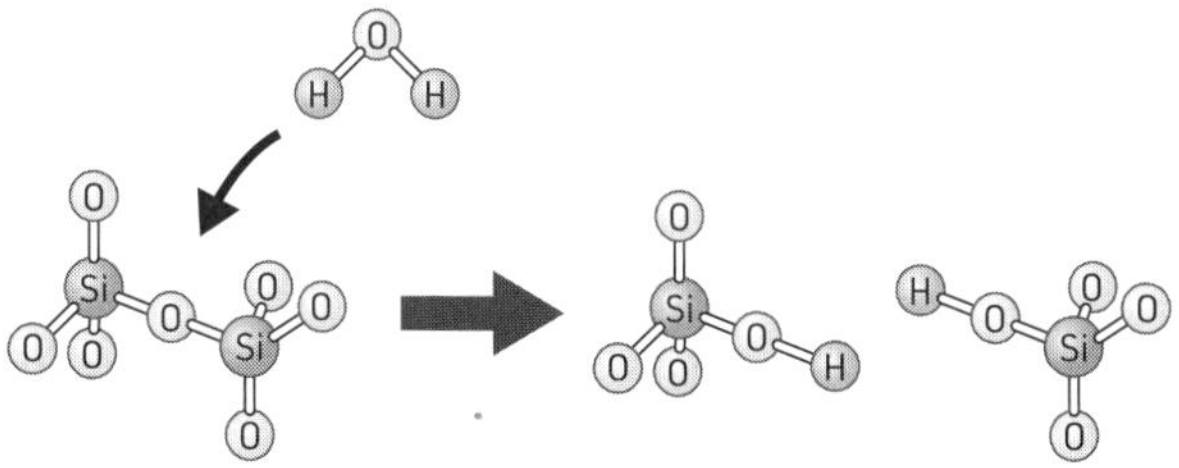

| 図8・3 | ケイ酸塩鉱物の結晶構造の模式図

が添加剤の候補です。水によるソリダスの低下（**加水融解**）を次項で詳しくみてみましょう。

化学結合を断ち切る水

岩石（物質）を融解させるためには、高温にするか圧力を下げることで、構成する分子の運動を活発にする必要があります。しかし、分子どうしの結合エネルギーを弱めることができれば、より低温（や高圧）の条件下で岩石をとかすことができます。実際に、分子どうしの結合エネルギーを弱める働きをもつ物質が知られており、水（H_2O）がその代表例です。

上部マントルを構成する鉱物であるカンラン石や輝石などのケイ酸塩鉱物を例に、水の働きを考えてみましょう（**図8・3**）。ケイ酸塩鉱物にH_2Oが付加されると、どうなるでしょうか？H_2Oは高温・高圧ではイオン解離しやすく、水素イオン（H^+）と水酸化物イオン（OH^-）に分かれます。H^+はSiと結びついている酸素（O）と結合してOH^-となります。残されたSiはOH^-と結合します。このように、ケイ酸塩鉱物にH_2Oが付加されると、SiとOの化学結合が断ち切られやすくなります。つまり、H_2Oがない場合と比べると、より低い温度で鉱物がとけるのです。

上部マントルを構成するかんらん岩が深さ100kmでとけるためには、無水条件では約1500℃もの高温を必要とします。しかし、この深さでH_2Oを最大までふくむ(「水に飽和した」ともいう)かんらん岩は約1000℃で融解します(図8・2)。水に飽和したかんらん岩で注目すべきは、そのソリダスが深さ150kmまでの深度では圧力にほとんど依存せず、約1000℃でほぼ一定であることです。無水条件と比べると、かんらん岩の融点は深さ60kmで約300℃、深さ100kmでは500℃以上も低下します。水に不飽和なかんらん岩のソリダスは、無水ソリダスと含水ソリダスの間に入ります。

なお、水の付加によってどのくらいソリダスが低下するかは、基本的に岩石を構成する鉱物の種類によって異なります。それは、鉱物の分子結合の種類や格子構造により、水の効果が異なるためです。

かんらん岩の加水融解に使われた水は、そのほとんどがメルト中に取り込まれます。水(H_2O)が付加され、SiとOの化学結合が断ち切られる際に、水の多くは水酸化物イオン(OH^-)の形で(一部は水分子〈H_2O〉の形で)メルトの中に取り込まれるのです。そのため水はメルトと親和性が高く、メルト(マグマ)は最大で数パーセントから十数パーセントの水をふくみます。じつは、メルトの中に取り込まれた水が、内陸地殻の変形や大陸の成長に大きな役割を果たすのですが、それについては次章で紹介します。

マントルウェッジの温度

上述したように、**マントルウェッジ**（沈み込むプレートと上盤プレートのモホ面に挟まれた、くさび状のマントル）のかんらん岩が融解する温度は、水がなければ約1300〜1500℃以上、水に飽和している場合には約1000℃以上です（図8・2）。では、マントルウェッジの温度はかんらん岩を融解させるのに十分なほど高温でしょうか？

直接測ることのできないマントルウェッジの温度は、スラブの沈み込みにともなうマントル対流の数値シミュレーション、地震波観測と室内実験の結果の比較、マグマとともに地表まで上昇してきたかんらん岩や火山岩の分析などから推定されています。いずれの方法にも一長一短がありますが、これまでに、

① マントルウェッジは中心ほど温度が高い
② 最高温度は1400℃程度であるが、そのような高温域の広がりは限定的である
③ 背弧側では、温度1000℃を超える範囲が比較的広い

ということがわかっています。とくに②と③は、沈み込み帯のマグマ生成メカニズムを考えるうえで重要な制約条件です。無水かんらん岩のソリダスは約1300〜1500℃ですが、水が付加されると1000℃程度まで低下します。つまり、沈み込み帯において大量のマグマが生成されるためには、継続的な水の付加が不可欠なのです。

マントルウェッジに供給される水の起源はスラブです。ここで少しだけ、スラブ内での水の挙動に話を戻してみましょう。

スラブからの水の供給

プレートの沈み込みにともなう温度・圧力の上昇により、スラブ内の含水鉱物は脱水分解します。古い太平洋プレートが沈み込む東北地方の下のスラブ地殻では、深さ70〜150km付近で活発な脱水が起こると考えられています（**図8・4**）。

地下深部は圧力が高いため、脱水反応で生じた水がスラブ内を移動するのは容易ではないはずです。しかし、プレートが沈み込む前に形成された正断層のような古傷は、周囲よりも少しだけ水を通しやすいでしょう。そのような既存の弱面（断層）に入り込んだ水は、その強度を低下させます。断層強度がそこでのせん断応力を下回るとスラブ内地震が発生するのは、先に紹介した

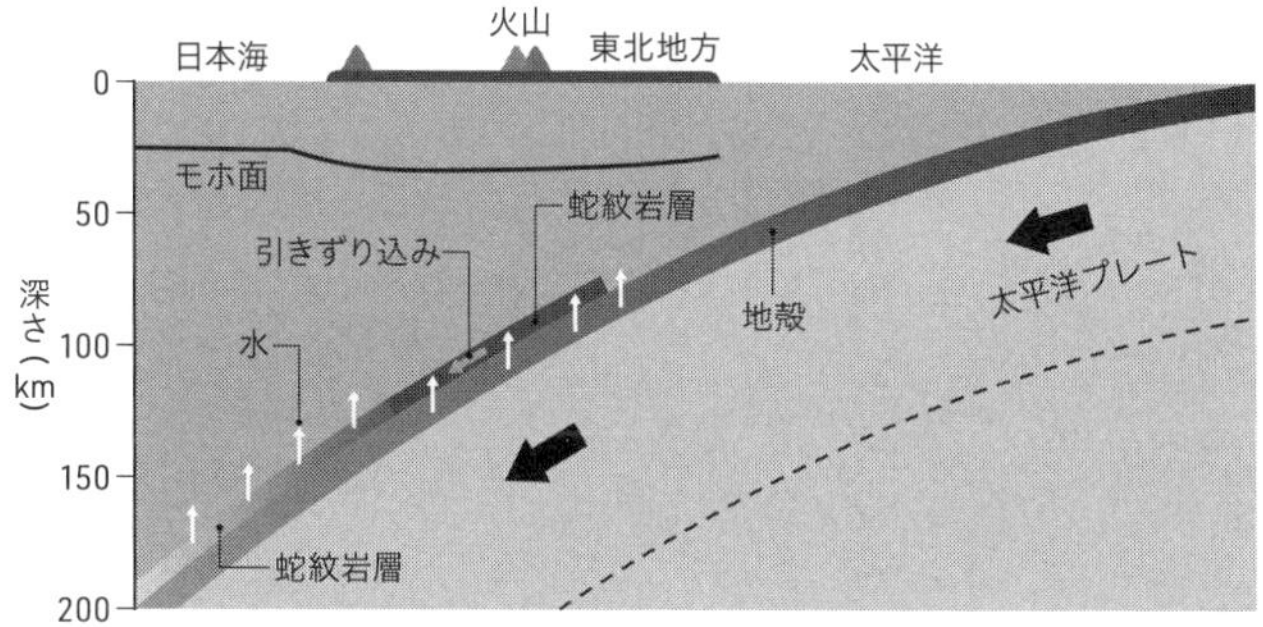

図8・4 | **東北日本下のスラブからの水の移動**

スラブ地殻から放出された水が、スラブ直上に蛇紋岩層を形成する。蛇紋岩層は温度が600〜650℃を超える深さまで引きずり込まれると脱水分解して、マントルウェッジに水を放出する。

とおりです。

スラブと上盤プレートの境界（プレート境界）は異なる岩石が接する物質境界であり、周囲の岩石よりも水を通しやすい（透水性が高い）ことがわかっています。そのため、スラブ内の既存の弱面を通りプレート境界まで上昇してきた水の多くは、プレート境界に沿ってさらに上昇していくでしょう。しかし、一部の水は浮力を受けてマントルウェッジに浸透すると考えられます。

東北地方のように冷たいスラブが沈み込む領域では、マントルウェッジ最下部（スラブと接している領域）の温度は比較的低い（400〜600℃程度）ため、スラブから水が供給されると蛇紋岩が形成されます。実際に、地震波の観測から深さ80〜130km程度の範囲で太平洋スラブの直上に薄く広がる蛇紋岩層が見出されています（図8・4）。この蛇紋岩層はスラブ起源の水を一時的にためる貯水槽の役割を果たしている、と考えられています。

蛇紋岩層はスラブとの粘性抵抗により、スラブの沈み込み方向に引きずり込まれます。しかし、マントルウェッジ内で蛇紋岩が安定に存在できる温度（600〜650℃）を超える深さ130〜180km付近まで引きずり込まれると、そこで脱水分解反応が起こり、マントルウェッジに水が再び放出されるでしょう。

スラブからマントルウェッジにいたる水の上昇経路は十分に解明されていません。しかし、多くの地震学的な観測、岩石学的な制約、地球化学的な分析から、マグマを生成するのに十分な量の水がスラブから背弧側のマントルウェッジへ供給されていることは間違いない、と考えられています。

高温のマントル上昇流

スラブの沈み込みによって生じるマントル対流はどのように分布するでしょうか？

スラブの沈み込みによってスラブ直上のマントル物質が引きずり込まれますが、空いたスペースを埋めるように、高温で流動性に富む岩石が上昇してきます（**図8・5**）。いったん背弧側からの高温の流れができあがると、その高温部分の粘性はさらに小さくなり、流れはいちだんと集中するでしょう。深部からの高温物質の流れは**マントル上昇流**とよばれます。

スラブの沈み込みにともなって生じる二次的な対流であるマントル上昇流は、マントルウェッジのほぼ中央部か、それよりややスラブ寄りに形成されると考えられています。マントル対流の数値シミュレーションによれば、マントル上昇流の速度は、スラブの収束速度よりやや遅い程度（東北地方の場合には年間数センチ）です。この上昇流による高温域の形成が、マグマ生成に重要な役割を果たすのです。

加水融解とマグマの生成

図8・5を見ると、マントルウェッジのほぼ中央部に1000℃以上の高温域が形成されています。つまり、スラブ起源の水がマントル上昇流がつくる高温域に付加されると、かんらん岩が融解（加水融解）する

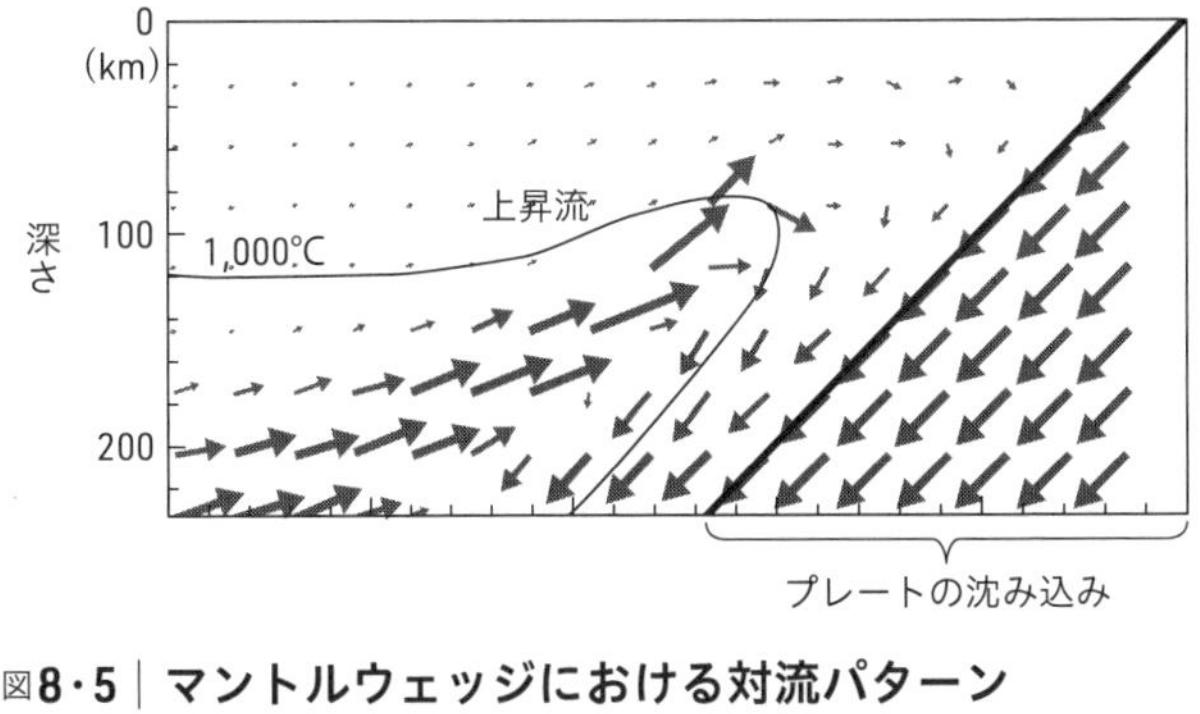

図8・5 | マントルウェッジにおける対流パターン

プレートの沈み込みにより、マントルウェッジに高温の上昇流が形成される。Eberle *et al.* (2002) にもとづく。

のです。しかし、かんらん岩がすべてとけるわけではありません。とけるのは部分的で、その融解度はおおむね数パーセントです。

カンラン石や輝石、ざくろ石をふくむかんらん岩が部分融解してできるマグマは、玄武岩質マグマです。玄武岩とは SiO_2 の量が45〜52％の範囲にある火山岩で、やや黒みがかって（灰色っぽく）見えます。海嶺やハワイのようなホットスポットで噴出するマグマのほとんどが玄武岩質マグマです。ハワイのキラウエア火山から噴出したマグマが地表をゆっくり流れるようすを、テレビなどで見たことがある読者は多いと思います。SiO_2 含有量が少なく、流動性が高いのが玄武岩質マグマの特徴です。

しかし、沈み込み帯で玄武岩質マグマを噴出する火山数は、全体の20％にも満たないことがわかっています。残りの火山では SiO_2 を52〜63％ほどふくむ安山岩質マグマや、より SiO_2 に富む流紋岩質マグマが噴出します。つまり、玄武岩質マグマはその上昇過程で、SiO_2 に富むマグマへと変化するのです。

一方で、沈み込むスラブがとけ、直接、安山岩質マグマをつくるという考えもあります。西南日本のいくつかの火山は、そのようなマグマからできているとされています。この先、東北日本を中心に話を進めるので、マントルウェッジで生成される玄武岩質マグマを「最初のマグマ（初生マグマ）」とします。

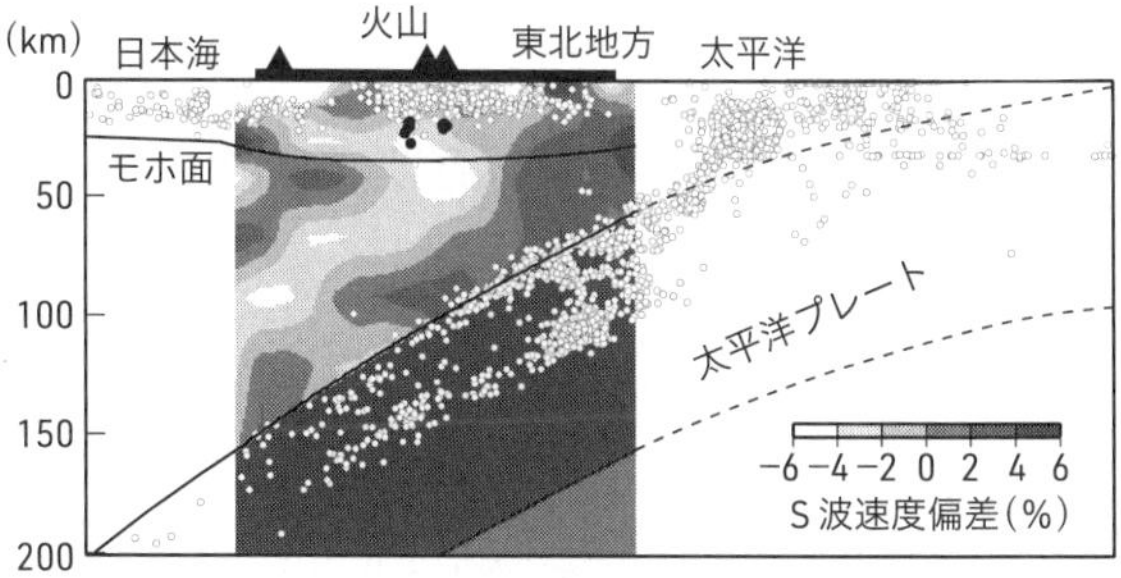

| 図8・6 | 東北地方下のS波速度分布

太平洋スラブとほぼ平行な低速度領域(白色部分)が、マントルウェッジ中央部に存在する。白丸はふつうの地震、火山下の黒丸は低周波地震を示す。Hasegawa & Nakajima (2004) にもとづく。

マグマの上昇

地震波トモグラフィにより、東北地方下のマントルウェッジではスラブにほぼ平行な地震波低速度域が明瞭に映し出されました(**図8・6**)。この低速度域は、スラブの沈み込みで形成された高温のマントル上昇流に対応し、その内部で生成されたマグマは、上昇流によってモホ面直下まで運ばれると考えられてきました(**図8・7**a)。マグマ(メルト)はマントル上昇流にのってのんびりと上昇する、という考えです。川の流れに浮かびながらゆっくりと運ばれる小舟のようなイメージでしょうか。

しかし、最近の岩石学的な研究により、マグマはおもにその浮力によって上昇する、というモデルも提案されました。玄武岩質マグマは周囲のかんらん岩よりも密度と粘性が低く、部分融解度が1%以下でも、か

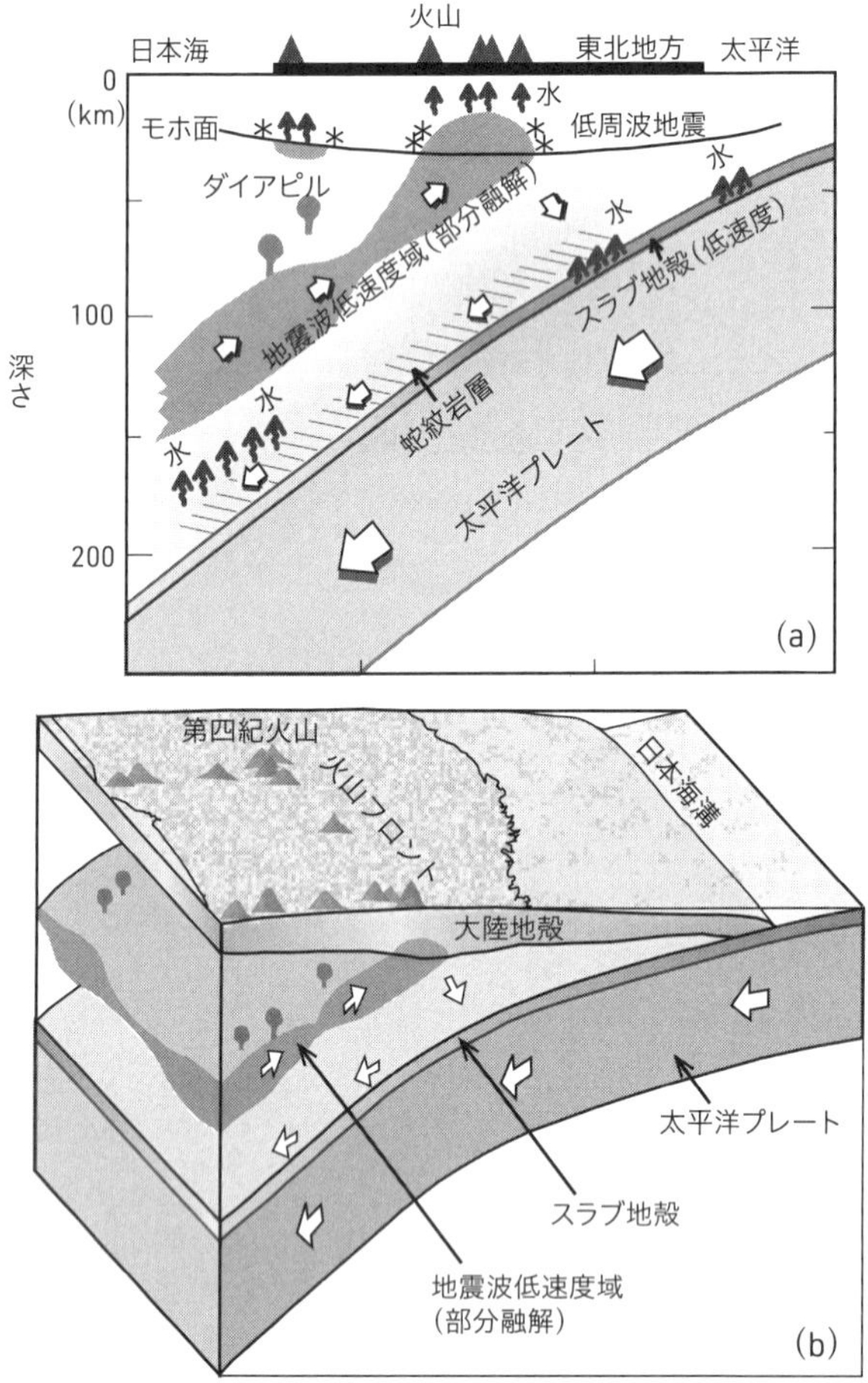

図8・7 東北地方下のマントル上昇流の模式図

(a) 2次元モデル、(b) 3次元モデル。Hasegawa & Nakajima (2004) にもとづく。

んらん岩中の鉱物粒間にメルト網をつくります。ある程度のメルトが集まると、かんらん岩に割れ目をつくって、自らの浮力で高速で上昇するという考えです。マグマが割れ目を上昇していく速さはおよそ年間数メートルから数十メートルと、かなり大きいとされています。深さ50㎞にあるマグマは、数千年から数万年後に地表に噴出することになります。

地震波トモグラフィで見出された斜めの低速度域では、周囲に比べ6％以上も地震波速度が低下しています。その速度低下が温度異常によるものだとすれば、その領域は周囲に比べ600℃以上も高温である必要があります（第2章）。しかしながら、マントル上昇流によって形成される高温異常は100〜200℃であり、それだけでは観測された速度低下を説明することができません。6％以上の速度低下を説明するためには、低速度域内に体積比で数パーセントのマグマがふくまれている必要があります。

現段階では、マグマはおもにマントル上昇流によって運ばれるのか、それとも浮力により上昇するのかはわかりません。しかし、地震波トモグラフィで見出されたスラブの傾斜にほぼ平行な斜めの地震波低速度域は、マントルウェッジでのマグマ分布域に対応することは間違いないと考えられます。

モホ面直下へのマグマの蓄積と火山フロントの形成

火山フロントの下では、マントルウェッジで生成されたマグマが直接モホ面に達しています。つまり、マグマが連続的に供給される領域の直上に火山フロントが形成されるということです。一方、そこより前弧側（東北地方の場合には東側）には部分融解域は存在しないので、火山は形成されません（図8・7a）。「火山の位置は何によって規定されているか？」という問いに対する答えは「マントルウェッジでのマグマの上昇経路の形状」といえます。

スラブの運動学的特徴（沈み込み速度や角度、海溝の位置など）が大きく変化せず、また上盤プレートで背弧拡大（第4章参照）などのイベントが起きない限りは、マグマ上昇経路も大きく変化しないと考えられます。そのため、マントルウェッジで生成されたマグマは地質学的な長い時間にわたり、ほぼ同じ場所でモホ面に到達するでしょう。長期間の安定したマグマ供給によって、火山フロントとして認識できるほど多くの火山が形成されるのです。東北日本や九州下でみられるマグマ供給系です。

西南日本の場合は、マントルウェッジに明瞭な斜めの上昇流の構造は見当たりません。噴出する火山岩の種類も異なるため、もしかすると東北日本とは異なったマグマ生成・上昇メカニズムがあるのかもしれません。

特徴的な火山分布

ここまでは、東北地方を東西に横切る鉛直断面内でのマグマの上昇をみてきました。そこでは、マントル上昇流の形状は南北方向（島弧走向方向）で変化しない、いわば金太郎飴のような構造であると仮定しました。しかしながら、東北地方の火山分布をよくみると、火山フロントに沿って連続的に分布しているわけではないことに気がつきます。

たとえば、岩手山から栗駒山まで約80㎞の火山の空白地帯があります（図8・1）。一方で、岩手・秋田の県境にある岩手山・秋田駒ヶ岳・秋田焼山、福島県にある吾妻山・安達太良山・磐梯山のように複数の活火山が狭い範囲に分布し、火山群を形成している領域もあります。このような火山分布の南北方向の変化は、何に起因するのでしょうか?

第四紀火山をふくむ東北日本の火山の分布を詳細に検討したところ、この地域の火山は10個のグループに分けられることがわかりました。それぞれのグループでは、火山が火山フロントから背弧側に向かって東西方向に細長く分布し、グループ間には30〜75㎞ほどの火山の空白域がみられます（**図8・8**）。また、東西に延びる火山分布域では、周囲に比べ地下の基盤（固い岩盤）が厚いこともわかりました。さらに、日本海の沿岸に沿って、火山グループ周辺で低重力異常も見出されました。低重力異常は、地下に軽い物質があるときに観測される特徴です。

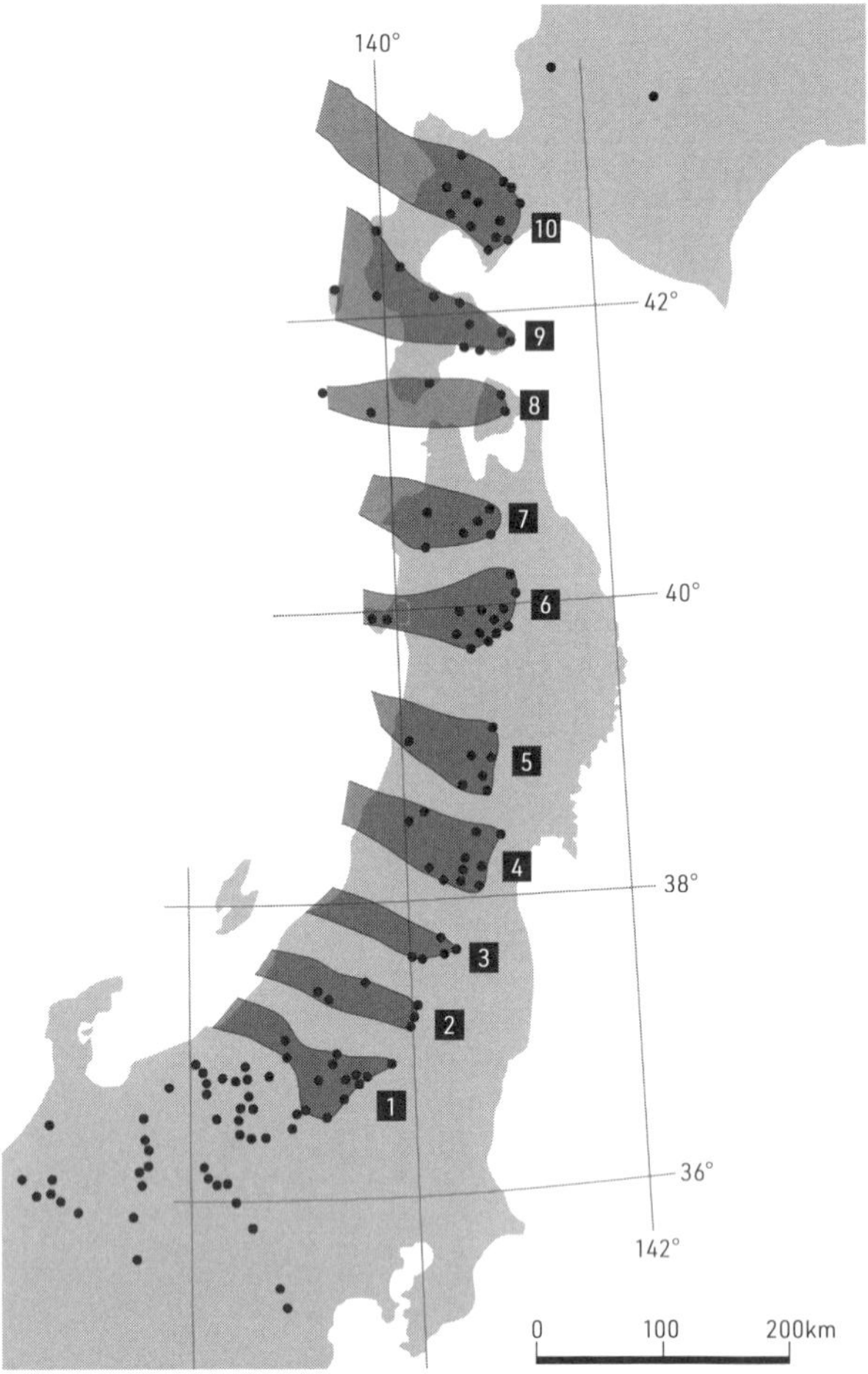

| 図8・8 | 東北日本の火山分布

第四紀火山（黒丸）をふくめて分布を検討すると、10個のグループに分けられる。各グループ内で、火山フロントから背弧側へ火山が分布している。また、各グループ間は火山の空白域となっている。Tamura *et al*. (2002) にもとづく。

背弧側に延びる火山の分布、基盤の高まり、低重力異常の原因は、マントルウェッジ内の深さ約50～100㎞の範囲に分布する、南北の幅約50㎞の高温域（部分融解域）からのマグマの分離と考えられました。その説明は次のようなものです。

マントルウェッジで生成されたマグマが火山フロント下のモホ面直下に集積するのは、先に説明したとおりです。このマグマが冷却されると、結晶分化作用（本章後述）により密度が小さくなり、地殻内への貫入を始めます。地殻内で結晶分化作用を繰り返し受け、最終的に地表まで上昇した一部のマグマは火山フロントを形成するでしょう。

一方、軽いマグマの一部は重力不安定により、背弧側のマントルウェッジ内を岩脈（ダイク）状、あるいはメルトが集積した逆しずく状の塊（ダイアピル）として上昇するかもしれません。ダイアピルによるマグマの供給量が十分でないと、地表に噴出する一部のマグマ以外は、地殻内で固化してしまうでしょう。この噴火しそこなって固化したマグマが基盤を厚くし、背弧側で山地を隆起させるのです。一方、地殻に底づけされたばかりのマグマは周囲の岩石より低密度なので、低重力異常が観測されます。

マントルウェッジに想定された高温域は**ホットフィンガー**（熱い指）とよばれています（**図8・9**）。

地下のマグマ量の変化が支配する火山の分布

東北地方下のマントルウェッジにホットフィンガーが存在するのであれば、その部分（高温域）は地震波低速度域としてイメージングされるはずです。実際に、マントルウェッジの地震波速度分布を高精度で求めると、提案されたホットフィンガーの領域で地震波速度がとくに遅くなっていることが見出されました。マントルウェッジ内のマグマ量は金太郎飴のようにどこでも同じになっているわけではなく、島弧走向方向（南北方向）に変化していることが観測から明らかになったのです。

背弧側の火山も、マントルウェッジの地震波速度が大きく低下する領域の直上に分布しています。この特徴は、火山フロントに沿う火山だけでなく、背弧側の火山の位置もマントルウェッジのマグマ量に規定されていることを示します。島弧火山の成因の理解を一歩進める、重要な観測事実です。

地震波観測結果から提案されたモデルを図8・7bに示しました。先のホットフィンガーモデルとは少々異なります。このモデルは、マグマをふくむマントル上昇流は指状ではなく連続したシート（板）状で、その厚さ（マグマ量）が南北方向に変化します。人の指ではなく、蛙のように指と指の間に水かきがあるような形状です。指にあたる領域ではマグマが多く（流れが強く)、水かきにあたる領域ではマグマは少ないがゼロではない、というモデルです。

マグマが集中する領域では、継続的にモホ面へマグマが供給されるため、その直上に複数の火山が形成されます。一方、背弧側の地殻へのおもなマグマ供給はダイアピルによるため、火山フロントのように大量のマグマが供給されるわけではありません。そのため、岩木山や鳥海山のような孤立した火山しか形成されません。このように考えると、東北地方で火山の集中域と火山の存在しない領域とが南北方向に交互に形成される原因は、マントルウェッジ内のマグマ量の変化であるといえそうです。

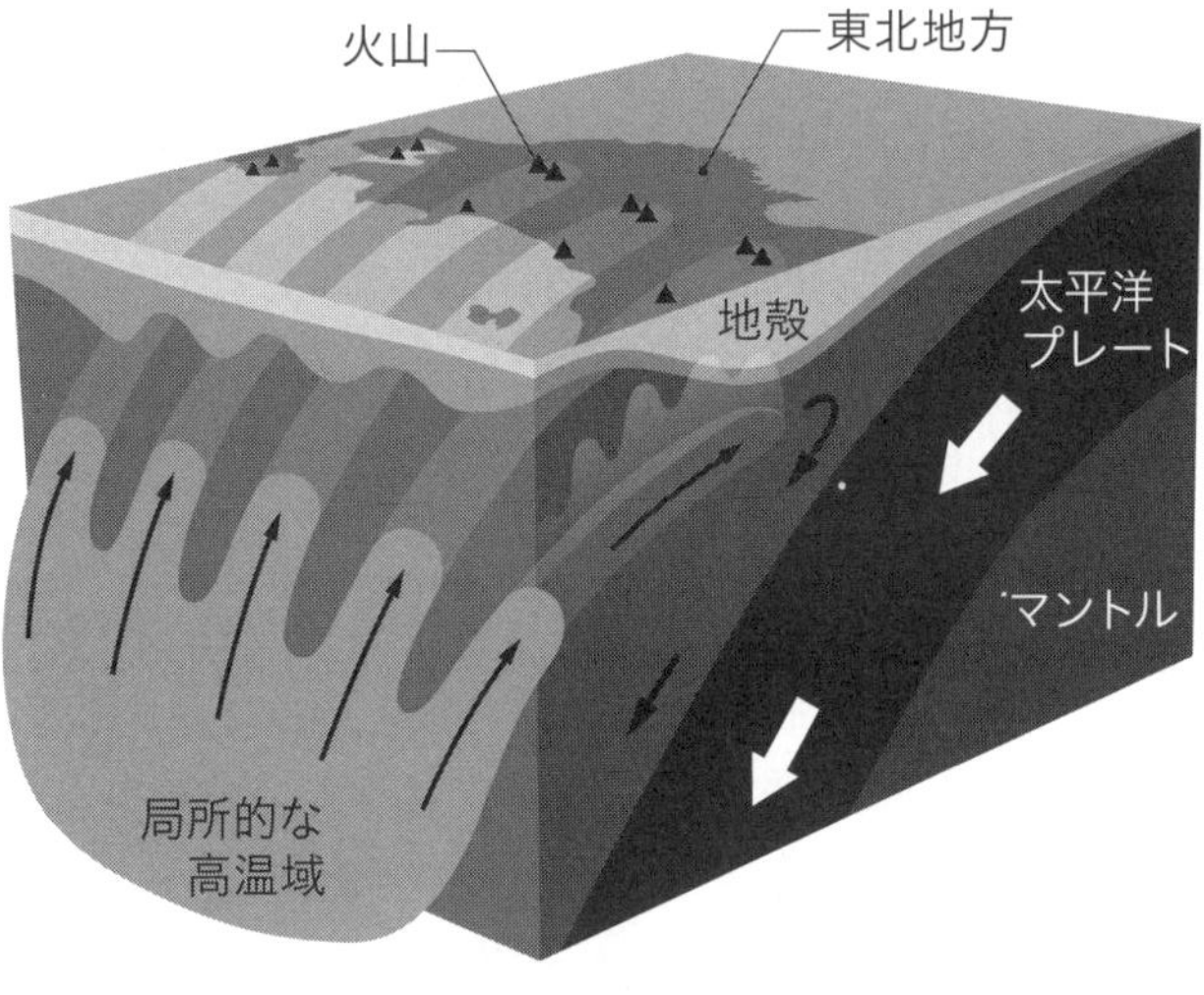

| 図8・9 | ホットフィンガーモデル

局所的な高温域から地表にマグマが供給される。田村(2003)にもとづく。

東北日本の火山フロントでは、過去150万年間の噴火活動は次第に低下していることがわかっています。はたして将来、火山の活動は活発になるのでしょうか、それとも落ち着いていくのでしょうか？　マントルウェッジのマグマ供給系の研究が進めば、将来の火山活動を予測できるようになるかもしれません。

近畿地方の火山空白域

本州でみられる一番広い活火山の空白地帯は、石川県の白山から鳥取県の三瓶山まで広がる約500㎞の範囲です。鳥取県には大山をはじめとする第四紀火山がいくつかありますが、琵琶湖から京都府北部にかけてはそのような火山も存在しません。この原因は、沈み込むフィリピン海プレートの角度の違いで説明できます。

地震波トモグラフィで得られた地下構造をみると、活火山が分布する中部地方では、フィリピン海プレートは初め低角で沈み込みますが、深さ50㎞を超えると傾斜角が急になります（**図8・10ａ**）。そのため、フィリピン海プレート直上にはマントルウェッジが広がっています。マントルウェッジには高温の部分融解域が広く分布し、モホ面直下にマグマが直接供給されています。

中部日本にみられる北アルプスの火山列や、白山火山列の下には、北へ向かって傾斜するフィリピン海プレートがあり（図4・6）、太平洋プレートが沈み込む東北地方と似たようなマグマ

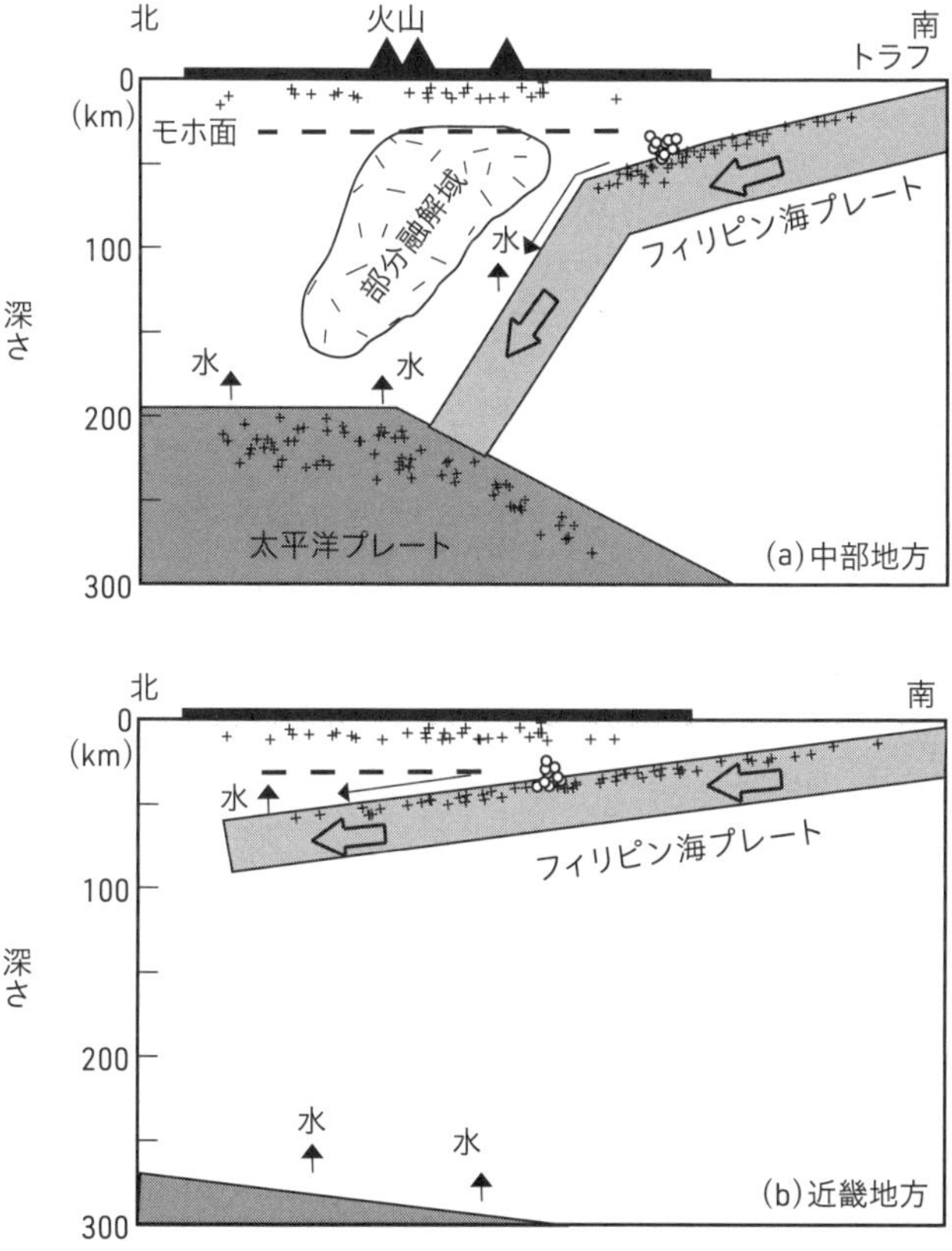

図8・10 フィリピン海プレートの沈み込み角度と火山分布

(a) 中部地方。はじめは低角で沈み込み、深さ50kmを超えると傾斜が急になる。(b) 近畿地方。沈み込みは低角で、プレート上のマントルウェッジが狭いため、中部地方とちがってマントル上昇流が形成されない。+はふつうの地震、○はフィリピン海プレート上部境界の深部低周波地震を表す。Nakajima & Hasegawa (2007) にもとづく。

供給系が存在すると推測されます。このマグマ供給系を駆動するのは、深さ50㎞以深にあるフィリピン海プレートの高角で沈み込んだ部分です。実際に中部地方の火山で噴出した火山岩の分析からは、フィリピン海プレート起源の水が見つかっており、地震学的な観測と整合的です。

一方、地表に火山が分布しない琵琶湖付近では、フィリピン海プレートの等深線が北に大きく湾曲して尾根状になっています（図4・6）。図8・10bの断面図からわかるように、スラブはきわめて低角で、その浅部にマントルウェッジはほとんど存在しません。このような狭いマントルウェッジでは、高温の上昇流は形成されないと考えられます。スラブから水が供給されたとしても、1000℃以上の高温域が存在しなければ、マグマは生成されません。近畿地方で火山が形成されない理由は、このように説明できると考えられています。

結晶分化作用と浮力の獲得

数パーセントのマグマをふくむかんらん岩の密度は、下部地殻の岩石の密度よりも大きいので、かんらん岩中にふくまれるマグマは、そのままでは地殻内に上昇することはできません。一方で、モホ面付近に集積した玄武岩質マグマの上部は、より低温の地殻と接しているため徐々に冷やされます。マグマだまりの中では結晶化する温度（晶出温度）が高いカンラン石や輝石から順番に結晶化し、残ったメルトの組成は徐々に変化します。その結果、メルトの SiO_2 量が増えてゆき、玄武岩質マグマは次第に安山岩質マグマや流紋岩質マグマに変化するのです。このように、できた結晶が分離することによって元のメルトとは組成の異なるメルトが生まれることを**結晶分化作用**といいます。

モホ面直下まで上昇してきた玄武岩質マグマの温度は、１２００℃を超えることもあります。この温度は下部地殻をつくる岩石（はんれい岩や角閃岩など）の融点よりも高いため、下部地殻が融解して安山岩質〜流紋岩質マグマが直接生成されることもあります。これを地殻の部分融解（**アナテクシス**）とよびます。

結晶分化作用やアナテクシスにより生成した安山岩質〜流紋岩質マグマは、周囲の下部地殻の岩石よりも密度が小さくなります。それらのマグマは再び浮力を受け、地殻内を上昇する原動力を得ます。

マグマだまり

結晶分化作用やアナテクシスにより密度の小さくなったマグマは地殻内を上昇しますが、まだそのまま地表に噴出できるほど大きな浮力は受けられません。そのためマグマは、その密度が周囲の岩石の密度と釣り合う深さでいったん上昇を停止します。その深さを**浮力中立点**といいます（**図8・11**）。浮力中立点の深さはマグマの組成によっても異なりますが、安山岩質マグマの場合

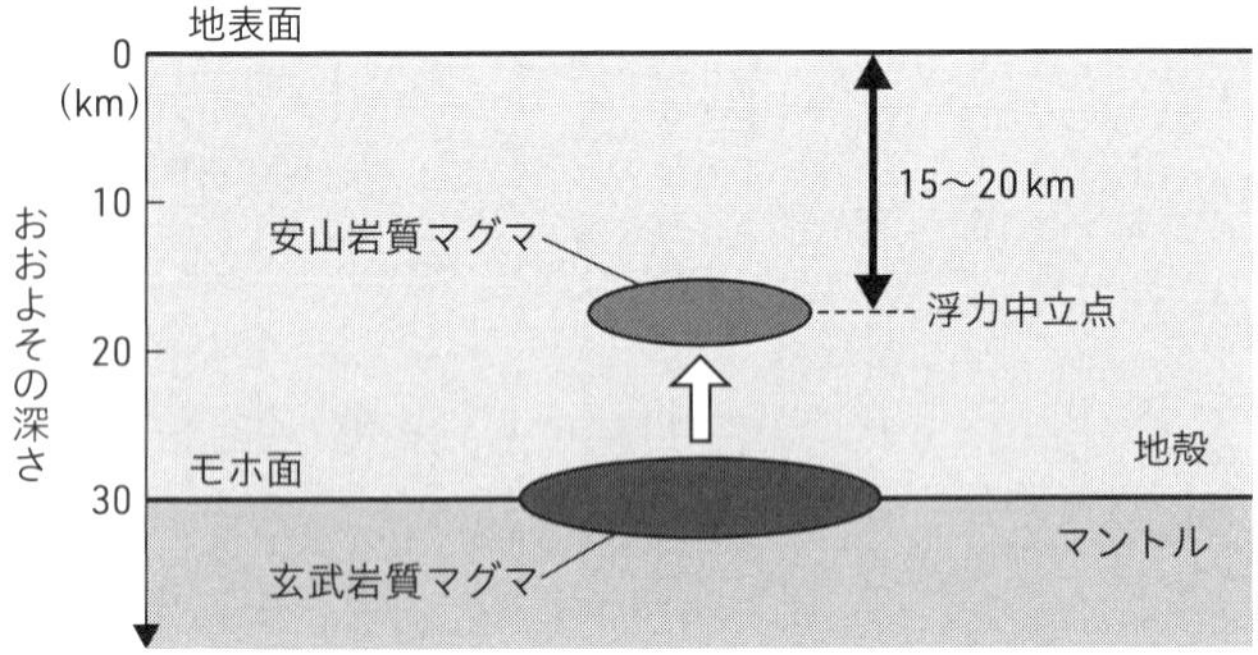

図8・11 **浮力中立点**

マグマの密度が周囲の岩石の密度と釣り合う深さを浮力中立点という。マグマの上昇はこの深さでいったん止まる。

は深さ15〜20㎞程度と考えられています。

地殻内の浮力中立点ではマグマが停留し、マグマだまりが形成されます。このマグマだまりは**深部マグマだまり**とよばれ、そこにたまっているマグマの温度は1000℃程度です。

図8・12は東北地方の火山フロントに沿った深さ60㎞までの鉛直断面図です。東北地方の火山の下の下部地殻（深さ20〜30㎞）にはマグマだまりと解釈できる地震波の遅い領域があり、それはモホ面直下に集積したマグマとつながっているようにみえます。また、深部マグマだまりは個々の火山体ごとに分かれておらず、近接する複数の火山がひとつのマグマだまりを共有しているようにもみえます。

深さ20㎞での地殻の温度は600〜800℃程度です。この温度はマグマだまりの温度（〜10

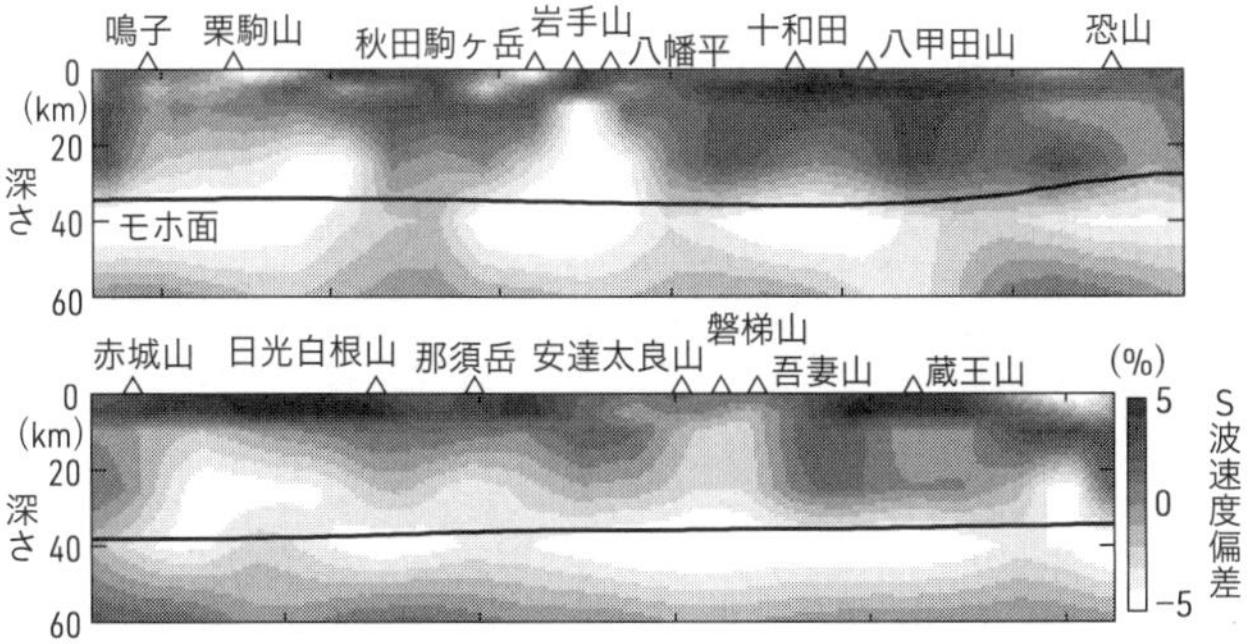

| 図8・12 | 東北地方の火山フロントに沿った鉛直断面におけるS波速度分布

白色は平均よりS波速度が遅い領域。モホ面直下と下部地殻にマグマがたまっていることがわかる。中島（2017）にもとづく。

00℃）より低いため、深部マグマだまりは周囲の岩石によって徐々に冷やされます。すると、晶出温度が高い鉱物から次々に晶出し、再び結晶分化作用を受けて周囲の岩石より軽くなったマグマは、さらに上昇を始めると考えられています。

しかし、マグマが地殻中部から浅部へ上昇していく経路は、地震学的にはよくわかっていません。地震波トモグラフィでは、浅間山などの一部の火山の下を除き、深さ15㎞より浅部には10㎞を超える広がりをもつマグマだまりは見つかっていないのです。上昇するマグマ量が少ない可能性があります。または、マグマは狭い亀裂などを通って上昇するため、空間分解能が低い（～10㎞弱）地震波トモグラフィでは見つからないのかもしれません。

地殻中部から地表付近にいたるマグマの上昇経

路を知ることは、火山噴火のプロセスを理解するためにきわめて重要です。データの丹念な解析や新しい手法の開発により、その上昇過程が解明されることを期待しましょう。

浅いマグマだまりへの制約

火山地域周辺を伝播する地震波を観測すると、火山体直下を通過する地震波のみ、その振幅が小さくなることがあります。また、周囲では地震が発生しているにもかかわらず、地震がまったく発生しない「地震の空白域」が火山体直下に存在する場合もあります。いずれも火山体直下にある高温のマグマだまりが原因であると考えられます。

ほかにも、地表に噴出した火山岩の分析により、火山体直下のマグマだまりの位置を推測することができます。マグマが固まってできた火山岩をさまざまな温度・圧力条件でとかしてみることで、「マグマだまりの状態」を再現できる条件を探すのです。この方法により、いくつかの火山下では、マグマだまりの深さに制約が与えられています。

地表の地殻変動からもマグマだまりの位置を求めることができます。火山体にマグマが供給されるときに観測される山体の変形を利用するのです。たとえば、地表が山頂を中心に対称に膨張した場合、その原因は山頂直下の球状圧力源へのマグマの供給（球状のマグマだまりが膨張したこと）だと考えられます。一方、非対称な地表変形であれば、傾いた面状のマグマだまりあるいは岩脈状のマグマだまりの貫入による膨張などが起きたと考えられます。また、マグマだまりが浅いと地表変形は狭い領域でのみ、深い場合には広域に変動が観測されます。このように、地表で観測された上下変動・水平変動の空間パターンから、地下の圧力源(マグマだまり)の位置と形状を推定することができるのです。

火山下のマグマだまりの深さ

いくつかの火山では、浅いマグマだまりの位置がわかっています。マグマ供給系が明らかになっているいくつかの火山を具体的にみていきましょう。

(1) 桜島

桜島は、南岳と北岳が連なる火山であり、山頂火口のほかに山腹には多くの側火山が認められます。約2万9000年前に始良《あいら》カルデラが形成された後、休止期を挟みながらも北岳において活動が活発だったことが、火山性軽石層の層序からわかっています。とくに、約5000年前までの8000年間には、少なくとも10回のプリニー式噴火(大量の軽石・火山灰を放出する大規模な爆発的噴火で、火砕流をともなうこともある)を繰り返しました。一方、南岳が活動し始めたのは約4500年前からです。1600年前頃までにブルカノ式噴火(粘性が高い安山岩質マグマで多く見られ、火山灰、火山礫《れき》などを大量に噴出する噴火。日本の火山で最も多い噴火様式）による降下火山灰が堆積したほか、山麓には溶岩流が流下しました。その後、1000年近い休止期を経て、現在にいたるまで幾度となく大規模な噴火を繰り返しています。

1914年1月に始まった大正噴火では、約1ヵ月にわたって爆発的噴火が頻繁に繰り返され、多量の溶岩が流出しました。その溶岩により、それまで海峡で隔てられていた桜島と大隅半島が陸続きになりました。このような活発な活動が見られる桜島火山では、地球物理学的、地球化学的な観測・研究がおこなわれ、マグマ供給系が明らかになってきました。

桜島にマグマを供給するマグマだまりは複数あり、それらは異なる深さに位置しています。深いマグマだまりは桜島の北方、姶良カルデラの地下約10㎞にあると推定されています。そこから中央火口丘下の深さ3～6㎞にある浅いマグマだまり、および南岳山頂火口につながる火道の存在が指摘されています。地表面の上下変動の空間分布と時間変化から、年間1000万㎥（東京ドーム約8杯分）のマグマが深いマグマだまりに供給されていることがわかっています。

このように、桜島は火口へのマグマ供給系が最も理解されている火山のひとつです。マグマの動きを逐次モニターすることができる数少ない火山といえます。

(2) 浅間山

浅間山は過去幾度となく大規模な噴火を繰り返してきた火山です。1783年に発生した天明の大噴火では、初期に大量の軽石や火山灰が空高く噴き上げられました。軽井沢の宿は真っ暗闇になり、江戸でも日中灯火をつけるほど暗かった、という記録が残っています。噴火の末期には大規模な火砕流が発生し、近隣の村が破壊されました。火砕流発生直後に火口から流れ出した大量の溶岩は北側の斜面へ広がり、「鬼押出し溶岩」とよばれる溶岩流跡をつくりました。この特徴的な痕跡はいまでも観察することができます。

浅間山も、日本で最も多くの観測機器が設置されている火山のひとつで、マグマ供給系が明らかにされています。2004年、2008年の噴火では、山頂西側約8㎞の深さ5〜10㎞に存在する直径5㎞ほどの球状マグマだまりから、山頂西側約5〜8㎞の海面下1㎞付近の西北西－東南東走向の岩脈にマグマが供給されました。マグマはその後、山頂直下まで水平に移動し、そこから垂直に上昇して噴火にいたったことが、地震活動や地殻変動の解析からわかっています。現在もマグマの動きの監視が続けられています。

(3) その他のおもな火山

有珠山：2000年3月に22年ぶりに噴火した有珠山は、過去300年ほどの間、おおよそ数十年に一度の頻度で噴火してきたことがわかっています。有珠山の特徴のひとつは爆発的な噴火です。また、噴火の数日前から始まる群発地震活動や、噴火にともなう激しい地殻変動、噴火末期の溶岩ドームの形成などの特徴も知られています。1944年の噴火では昭和新山が形成されました。

有珠山の下には2つのマグマだまりがあると推定されています。ひとつは深さ約10㎞、もうひとつは深さ約4～6㎞のマグマだまりです。

岩手山：西岩手・東岩手の2つの火山からなり、西岩手の山頂部には小規模なカルデラ地形が存在します。地質学的な調査からは、少なくとも7回の大規模山体崩壊の痕跡が確認でき、その崩壊堆積物は山麓を広く覆っています。

1998年には地震活動の移動、火山性微動※1の発生、山体膨張などの複数の現象が相次いで観測され、噴火の兆候ではないかと騒がれました。しかし、9月3日に岩手山の南西約10㎞で発生した地震（M6・1）を境に徐々に活動度が低下し、噴火にいたらずに活動は終息しました。

この一連の活動では、1998年2月から4月にかけて岩手山の南西の深さ1~2㎞に岩脈状のマグマが貫入し、8月にかけてより西側の西岩手の下で球状圧力源へのマグマの供給があったことがわかっています。

三宅島：直径8㎞のほぼ円形の島で、有史以来何度も激しい噴火を繰り返してきました。

1983年の噴火では、その数時間前から地震や火山性微動が観測されました。噴火は南西山腹での割れ目噴火から始まり、流れ出た溶岩流により山麓の集落で大きな被害が出ました。

2000年6月には激しい群発地震が観測され、翌日には海面の変色も確認されました。その後も地震活動が続き、神津島近海で一連の群発地震で最大となるM6・4の地震が発生しました。その後、水蒸気爆発により直径約800mの巨大なカルデラが形成され、8月のマグマ水蒸気爆発などの激しい活動へ移行していきました。

2000年の噴火では、深さ10㎞付近の玄武岩質のマグマだまり、および深さ3~5㎞付近の2つの安山岩質のマグマだまりが関与したと考えられており、具体的なマグマ移動についていくつかのモデルが提案されています。そのうちのひとつのモデルでは、浅部の安山岩質マグマが神津島方向に移動したことで神津島近海で地震が発生し、マグマの移動により生じた空間に深部から玄武岩質マグマが上昇したと考えられています。

霧島山（新燃岳）：九州の霧島山にある新燃岳が2011年1月に大規模なマグマ噴火を起こし

ました。じつは、新燃岳周辺では２００９年12月ごろから、山体の膨張を示すと思われるわずかな地殻変動が観測されていました。２０１０年５月以降に観測された地殻変動を解析したところ、新燃岳火口の西北西約10㎞、地下約６㎞のマグマだまりに約６００万㎥（東京ドーム約５杯分）、火口直下地下約３㎞の浅いマグマだまりに約１００万㎥（東京ドーム約０・８杯分）のマグマが供給されていたことが明らかになりました。

※１　活動的な火山では、さまざまな地震が観測されます。その原因はたとえば、マグマや熱水の移動・上昇そのものであったり、それにより生じる応力がもたらす地殻の破壊であったりします。火山体周辺で発生する地震を総称して火山性地震とよびます。一方、振動が数十秒から数分、時には何時間も継続する、Ｐ波・Ｓ波の立ち上がりが不明瞭な振動を火山性微動といいます。火山性微動の原因は地下のマグマやガス、熱水など流体の振動だと考えられています。２０１４年９月に発生した御嶽山の水蒸気噴火や、２０１８年１月に発生した草津白根山の水蒸気噴火の直前に火山性微動が発生していたことがわかりました。火山性微動は、火山活動の活発化を表すひとつの目安となっています。

Chapter
09

内陸地殻で何が起こっているか？

マントルで生成されたマグマは地殻内に貫入し、地表に向けて上昇します。噴出（噴火）するのに十分な量のマグマが地表に供給されると火山が形成され、地表に噴火の痕跡が残ります。一方で、マグマの供給量が十分でない場合には、マグマは地表まで到達せずに地殻内で冷え固まってしまうでしょう。冷え固まったマグマは地殻の成長に寄与します。また、マグマが冷え固まる際には、マグマが運んだ水を放出します。放出された水は温泉水として地表へ達したり、地殻の変形を促進したりします。本章では、地殻内の水の分布や、地殻変形に対する水の役割をみていきましょう。

低周波地震と水——日本列島下の地殻は水だらけ？

火山噴火は、マグマが地下深部から地表まで上昇してきたことを直接的に物語る現象です。噴出物を調べることで、マグマの上昇過程やマグマだまりの深さなどを知ることができます。しかし、火山から離れた場所でのマグマや水の挙動を知るためには、噴火現象だけでは情報不足です。

第6章で紹介したプレート境界で発生するスロー地震のひとつに、深部低周波地震がありました。じつは、深部低周波地震は火山体下のモホ面付近で最初に発見された現象です。火山地域で発見された深部低周波地震（長周期地震ともいう）は、卓越周期が約0・5〜1秒と通常の地震（〜0・1秒）よりも長く、連続して発生する場合があります。また一般に、P波の立ち上がりが不明瞭という特徴もあります（**図9・1**）。

深部低周波地震は規模が小さく、P波が不明瞭なため、地震波形を用いた解析は容易ではありません。それでもP波・S波の振動方向や振幅の特徴から、低周波地震を発生させる物理メカニズムが調べられてきました。深部低周波地震は、マグマの移動、またはマグマの固化により生じた水の急激な移動と深く関係している、と考えられています。

深部低周波地震の発生数のピークはモホ面付近（深さ約30㎞）にありますが、その発生深度に

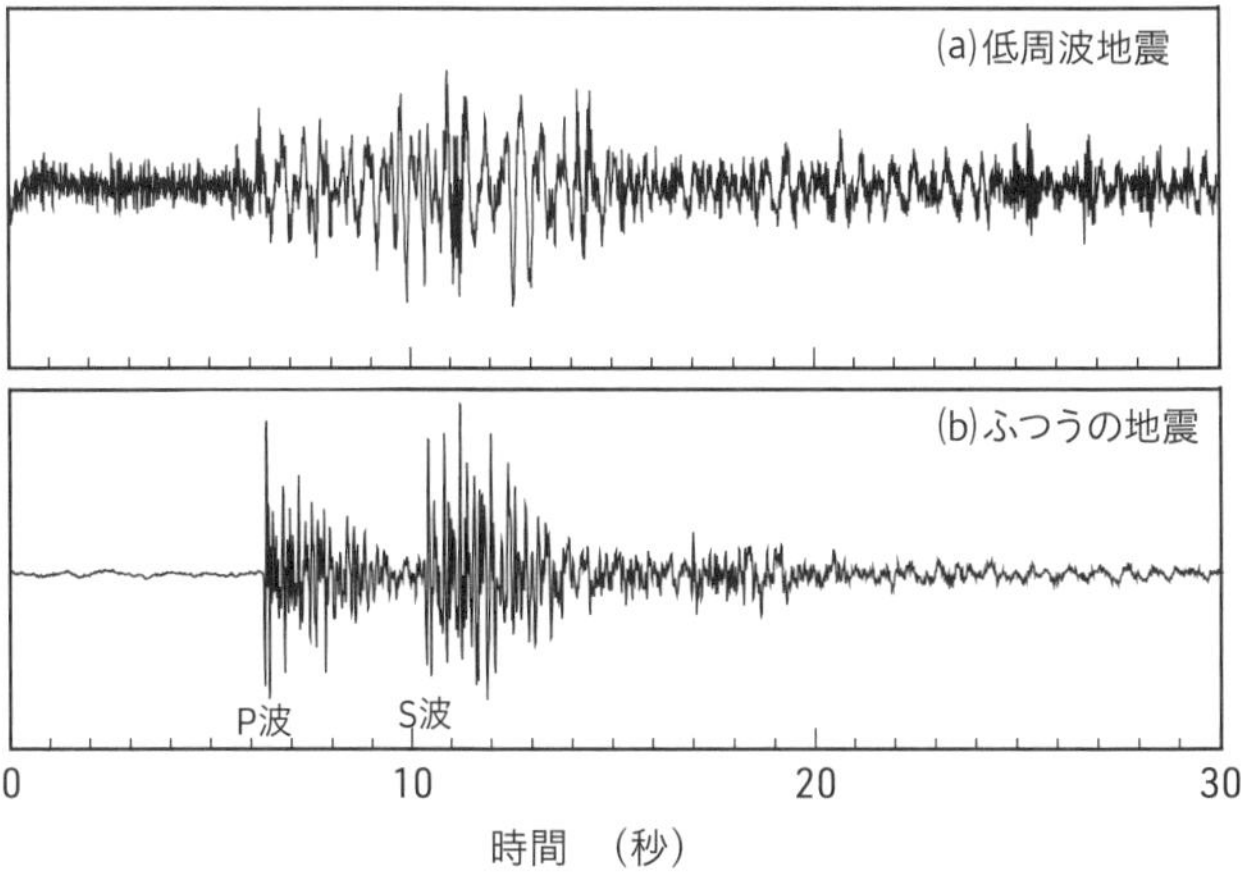

| 図9・1 | (a)低周波地震と(b)ふつうの地震の地震波

多様性があり、深さ10〜40㎞の範囲で発生しています。深部低周波地震は通常の地震発生層(深さ〜15㎞)よりも深い領域(深さ25〜30㎞)で見出されましたが、必ずしも「深部」で発生するとは限らないのです。そこで、以降では「低周波地震」とよぶことにします。

図9・2に、日本列島で発生する低周波地震の分布を示しました。たとえば東北地方では、火山フロント沿いの火山周辺に加えて、火山地域からやや離れた場所でも低周波地震が多く発生しています。また、大阪湾から琵琶湖にかけての領域や鳥取県西部など、活火山が分布しない地域でも孤立した活発な活動がみられます。

非火山地域で孤立的に発生する低周波地震は**準火山性低周波地震**とよばれています。地震波形や活動の時間変化などを丹念に調べると、準

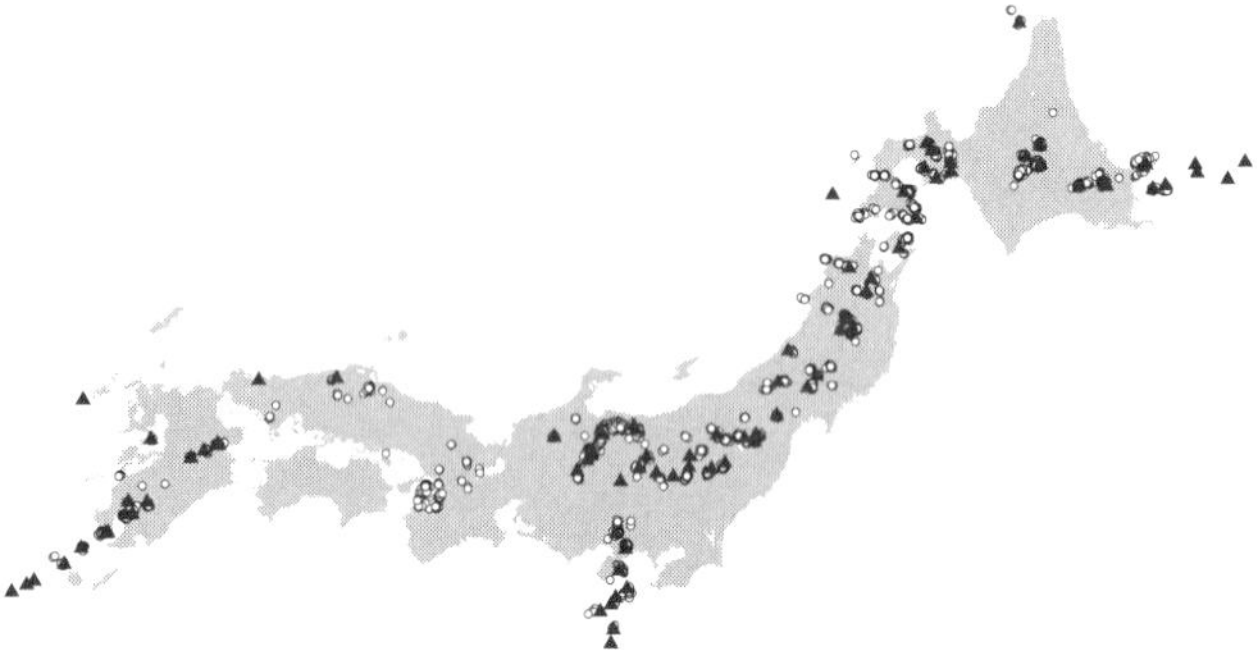

図9・2 日本列島における低周波地震の分布

低周波地震（白丸）は火山（黒三角）周辺だけではなく、火山から離れた領域でも発生している。

火山性低周波地震は火山地域で発生する低周波地震**（火山性低周波地震）**とよく似ていることがわかりました。準火山性低周波地震も火山性低周波地震と同様に、マグマや水の急激な移動により起きていると考えられます。

低周波地震は、地下でのマグマや水の動きを直接観測できる数少ない動的な現象です。火山から離れた地域で多くの低周波地震が発生しているという事実は、マグマやマグマから放出された水が日本列島下の地殻のいたるところに分布していることを示唆します。

内陸地殻の変形様式
——脆性破壊か塑性変形か

岩石の変形には脆性《ぜいせい》変形と塑性《そせい》変形があります。

脆性とは物質のもろさを表す用語で、**脆性変形**とは、外力で生じる弾性ひずみが物質のもつ限界を超えた場合にみられる変形（破壊現象）です。**脆性破壊**ともいいます。地震は断層の脆性破壊によって発生します。一方、**塑性**とは、外力により物質が非弾性的に変形する性質を指します。**塑性変形**が起こると永久変形（力を取り除いても元には戻らない変形）が残ります。やわらかい物質では塑性変形が支配的です。イメージとしては、脆性破壊は岩石が「バリッ」と割れる変形、塑性変形は岩石がゆっくりと流動する変形です。

岩石の変形様式は、その岩石の脆性破壊強度、塑性変形強度と関係します。岩石の強度は構成鉱物の種類や粒径などにも依存しますが、大きな影響を与えるのは圧力と温度です。断層面の脆性破壊強度は、その面にかかる圧力（正確には面に直交する方向の圧力）に比例します。一方、塑性変形強度は岩石の温度に強く依存します。塑性変形は鉱物内の結晶格子に沿った変形の伝播が原因なので、結晶格子を容易に断ち切ることができる高温条件下ほど塑性変形強度が小さくなるのです。

下部地殻の塑性変形とひずみの集中

図9・3に、地殻を構成する岩石の強度分布を模式的に示しました。岩石に力がかかったとき、脆性破壊と塑性変形のどちらが起こるかは、どちらの強度が小さいか（変形が起こりやすい

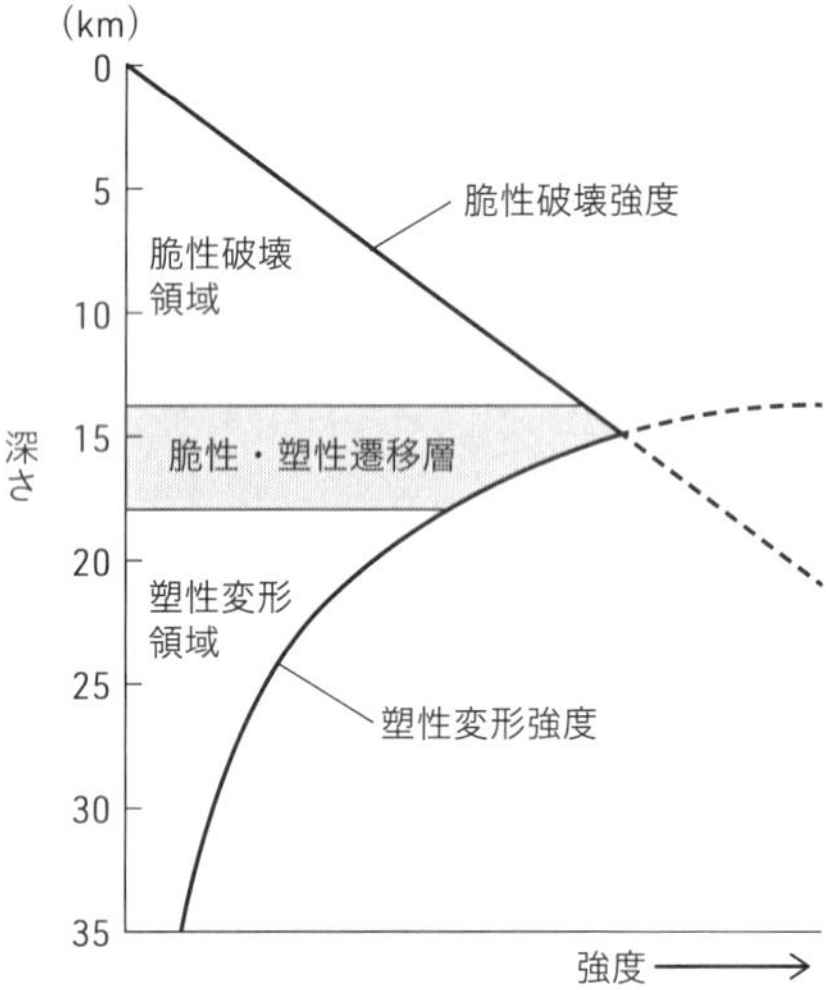

図9・3 地殻の強度分布

地殻上部と下部で変形様式が異なる。

か）で決まります。一般に、浅い低温の領域（上部地殻）では脆性破壊、深部の高温域（下部地殻）では塑性変形が起こります。変形様式が脆性破壊から塑性変形に移り変わる深さを**脆性・塑性遷移層**といいます。

上部地殻を構成する花崗岩は温度350～400℃までは脆性破壊、それ以上の温度では塑性変形が卓越すると考えられています。つまり、地殻内で地震が発生するのは温度350～400℃の深さまでです。その深さは火山地域では5～10km、非火山地域では10～15kmほどです。

脆性破壊強度が大きい上部地殻と、それよりも塑性変形強度が小さい下部地殻からなる系を圧縮すると、何が起こるでしょうか？　圧縮力が小さいうちは、強度の大きな上部地殻がそれを支えるため、全体としては大きな変形は起こりません。しかし、圧縮力が大きくなると、上部地殻がそれを支えきれなくなり、強度が小さい下部地殻で塑性変形が始まります。上部地殻と下部地殻は連続しているので、下部地殻が塑性変形すると、それに応じて上部地殻のやわらかいところも変形します。そのような地殻全体の変形は、地表の変形（ひずみの集中）となって表れます。

ひずみ集中帯

日本列島には、地表の変形速度が周囲に比べ数倍から10倍ほど大きな領域（**ひずみ集中帯**）が見つかっています。ひずみ集中の顕著な事例は、ＧＮＳＳ観測により、新潟から神戸にかけての領域で最初に見出されました（**図9・4**）。この領域は「新潟－神戸ひずみ集中帯」とよばれています。

新潟－神戸ひずみ集中帯は北東－南西に延びる長さ５００㎞、幅１００㎞ほどの地域で、そこでは、周囲より10倍ほど大きな西北西－東南東方向の短縮変形が進行しています。新潟－神戸ひずみ集中帯に沿う下部地殻では、地震波速度が周囲に比べ５％ほど遅いことがわかっています。また、高いヘリウムの同位体比（$^{3}He/^{4}He$）が観測される地域があります。高い $^{3}He/^{4}He$ 比は、マントル起源の水が地表まで上昇してきている証拠と解釈されています。これらの観測事実は、フィリピン海スラブ起源の水がマントルウェッジを経由して、新潟－神戸ひずみ集中帯に沿って地殻内まで上昇してきていることを示唆しています。

不純物である水の存在は、結晶内に格子欠陥（本来あるべき場所に原子・分子がない状態）を生じたり、結晶界面での物質の移動を促進したりします。いずれの効果も塑性変形強度を低下させるため、水があると岩石の塑性変形強度が小さくなります。つまり、新潟－神戸ひずみ集中帯に沿っては、水によって塑性変形強度が著しく低下した下部地殻で変形が進むことで、地表にひずみが集中していると考えられるのです。

　日本列島には、ほかにもひずみ集中帯が見つかっています。有名なのは、東北脊梁山地（奥羽山脈）に沿うひずみ集中帯です（図9・4）。東北脊梁山地

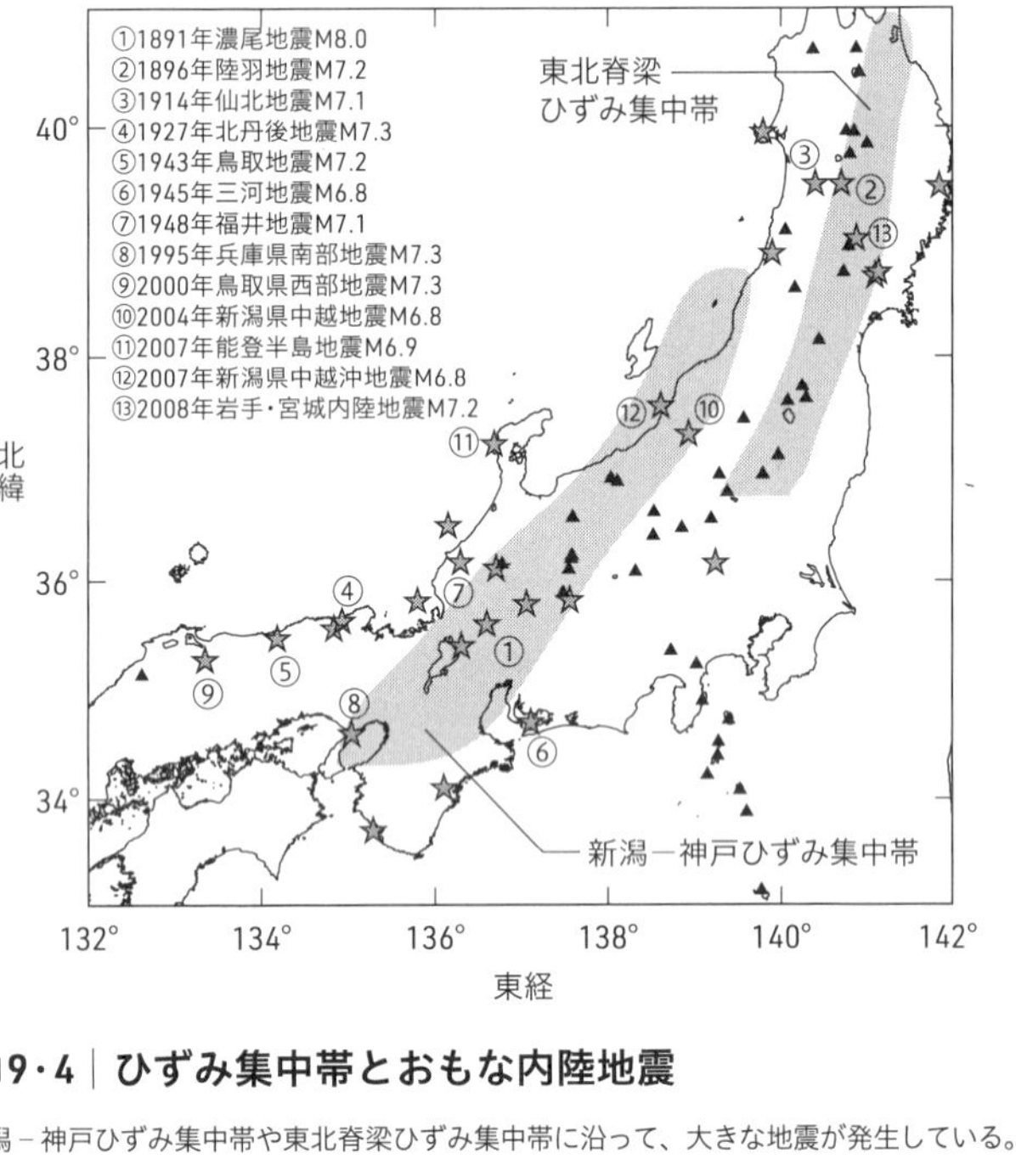

図9・4　ひずみ集中帯とおもな内陸地震

新潟－神戸ひずみ集中帯や東北脊梁ひずみ集中帯に沿って、大きな地震が発生している。

下の下部地殻も新潟－神戸ひずみ集中帯と同様に地震波速度が遅くなっています。火山体の周辺では低周波地震の活動も活発です。これらの観測はいずれも、水に富む領域が東北脊梁山地周辺の下部地殻に広く分布することを示しています。

上部地殻の地震——地殻の変形の均一化

下部地殻での塑性変形にともない上部地殻も変形しますが、温度が低い上部地殻では塑性変形よりも脆性変形が支配的であり、その変形強度も大きくなっています。そのため、下部地殻の変形に追随することができず、上部地殻の変形は遅れます。ひずみが蓄積されるのです。プレート境界についての第6章で紹介した「すべり欠損」と同じ現象です。

しかし、上部地殻が蓄積できるひずみには限界があります。したがって、下部地殻での塑性変形がさらに進むと、上部地殻はそのひずみに耐えきれなくなり、脆性破壊を起こしてひずみを解消するでしょう。地震の発生です。地震（断層に沿う変形）は、上部地殻での変形遅れを取り戻し、地殻の変形度合いを均一化する最後のプロセスであると考えられます。

下部地殻の塑性変形速度が速いと、上部地殻に蓄積されるひずみが大きくなります。このことから、ひずみ集中帯の上部地殻で地震が頻繁に起こることが予測されます。実際、新潟－神戸ひずみ集中帯に沿って、国内最大の内陸地震である1891年濃尾地震（M8・0）をはじめ、1

995年兵庫県南部地震（M7・3）、2004年新潟県中越地震（M6・8）、2007年新潟県中越沖地震（M6・8）などの地震が発生しました。東北脊梁山地に沿っても、1896年陸羽地震（M7・2）や2008年岩手・宮城内陸地震（M7・2）が発生しています（図9・4）。下部地殻の塑性変形速度が内陸地震の発生頻度をコントロールしている、と考えられるのです。

地震発生層の厚さ

上部地殻の変形を少し詳しくみてみましょう。

火山地域では下部地殻からのマグマの貫入により、上部地殻も比較的高温になっています。そのようなところでは、上部地殻でも塑性変形が卓越すると考えられます。温度が高い上部地殻では、地震を起こすことができる脆性破壊領域（**地震発生層**）は地表から5〜10㎞と薄く、地震を起こす断層の幅（深さ）が限定されます。そのため、大きな地震はほとんど発生しません（表6・1）。火山体の周辺（おおむね10㎞以内）ではM6以上の地震は発生しない、とされています。

火山から離れた領域では上部地殻の温度は低く、そこでは脆性破壊が卓越します。地震発生層も10〜15㎞と厚くなります。このような強度が高い上部地殻は容易に変形することができません。そのため、強度の限界までひずみが蓄積されるでしょう。大きなひずみを解放するためには、大きな脆性破壊(地震)が必要です。濃尾地震や兵庫県南部地震などの内陸大地震の多くが火山地域から離れた温度の低いところで発生しているのは、このような理由によると考えられます。

日本列島の地震発生層の厚さはおおむね15km以下ですが、一部の地域では30kmを超える厚い地震発生層が報告されています。

そのひとつが日高山脈周辺です。北海道中軸部では、太平洋プレートの沈み込みにともなって、北海道東部(千島弧)が北海道西部(東北日本弧)に衝突し続けていると考えられています(図3・2②から④)。この衝突により形成された日高山脈では、激しい衝突によってめくれ上がった千島弧の地殻と最上部マントルが地表に露出しています。また、東北日本弧の地殻が深さ60km程度まで押し込まれた可能性も指摘されています。

2018年9月北海道胆振東部地震(M6・7、深さ約37km)や1982年浦河沖地震(M7・1、深さ約40km)など、日高山脈の西側で発生する地震はその震源が深いのが特徴です。これらの地震は、衝突により深くまで押し込まれた地殻部分に生じた弱面に沿って発生したのかもしれません。低温の地殻が深いところまで押し込まれたために、日高山脈周辺では地震発生層が厚くなっていると考えられます。

また、関東地方でも地震発生層が厚いこと（厚さ約30㎞）が知られています。関東地方下では、フィリピン海プレートと太平洋プレートという2つの海洋プレートの沈み込みにより、上盤プレート（オホーツクプレート）の地殻が冷やされています（第10章参照）。そのために、地震を起こすことができる脆性破壊領域が深くまでおよんでいると考えられます。

上部地殻での変形の押し付け合い

上部地殻での変形強度の違いにより、火山地域に挟まれた非火山地域の上部地殻にひずみが蓄積されることもあります。火山地域の上部地殻は高温のため、脆性変形よりも塑性変形が支配的になりますが、火山地域から少し離れた低温の上部地殻では脆性変形が卓越するでしょう。すると、下部地殻の塑性変形に応答して、まず火山地域の上部地殻が塑性変形により大きく変形します。火山地域の上部地殻で塑性変形が先行すると、その周囲の脆性的な上部地殻にひずみが蓄積されるでしょう。火山地域から少し離れた領域の上部地殻には、下部地殻の塑性変形にともなうひずみだけでなく、火山地域の上部地殻の塑性変形によるひずみも蓄積されると考えられるのです（**図9・5**）。

1896年陸羽地震（M7・2）は、東北脊梁山地に沿うひずみ集中帯の中の秋田駒ヶ岳と栗駒山に挟まれた地域で発生しました。2016年4月の熊本地震（M7・3）は阿蘇山の南西側、1894年庄内地震(M7・0)は鳥海山の南側で発生しました。これ以外にも、第四紀火山をふくむ火山地域から少しだけ離れたところで発生した大地震が多く知られています。その原因は、上部地殻の変形強度の空間変化にあると考えられます。

地震と活断層

図9・6には日本の火山と**活断層**の分布を示しました。東北地方では、大きな(長い)活断層は東北脊梁山地の両側に多く分布しています。また、岩手山や栗駒山などの火山周辺には大きな断層は分布しない、という特徴もあります。この理由は地震発生層の厚さの違いで説明できます。

火山地域では地震発生層が薄く、規模の大き

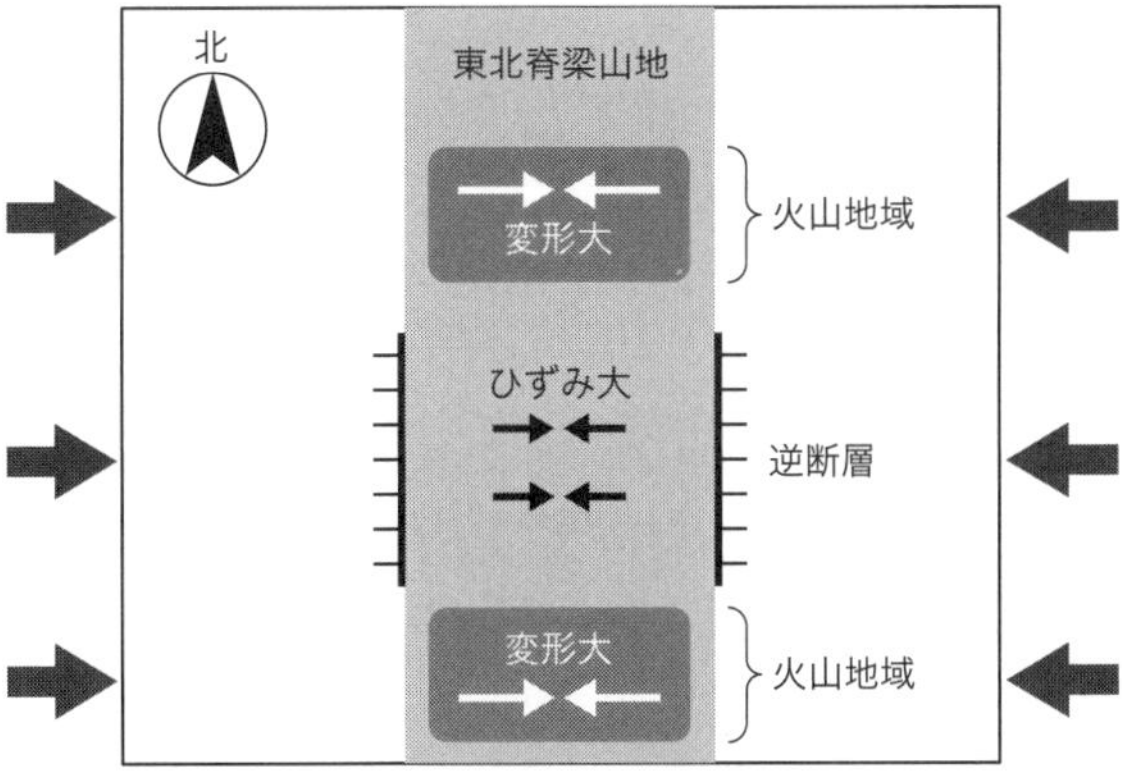

| 図9・5 | 上部地殻の変形様式の空間変化

高温の火山地域では、上部地殻でも塑性変形が卓越する。その結果、非火山地域の上部地殻に大きなひずみが蓄積する。Hasegawa *et al.*(2009) にもとづく。

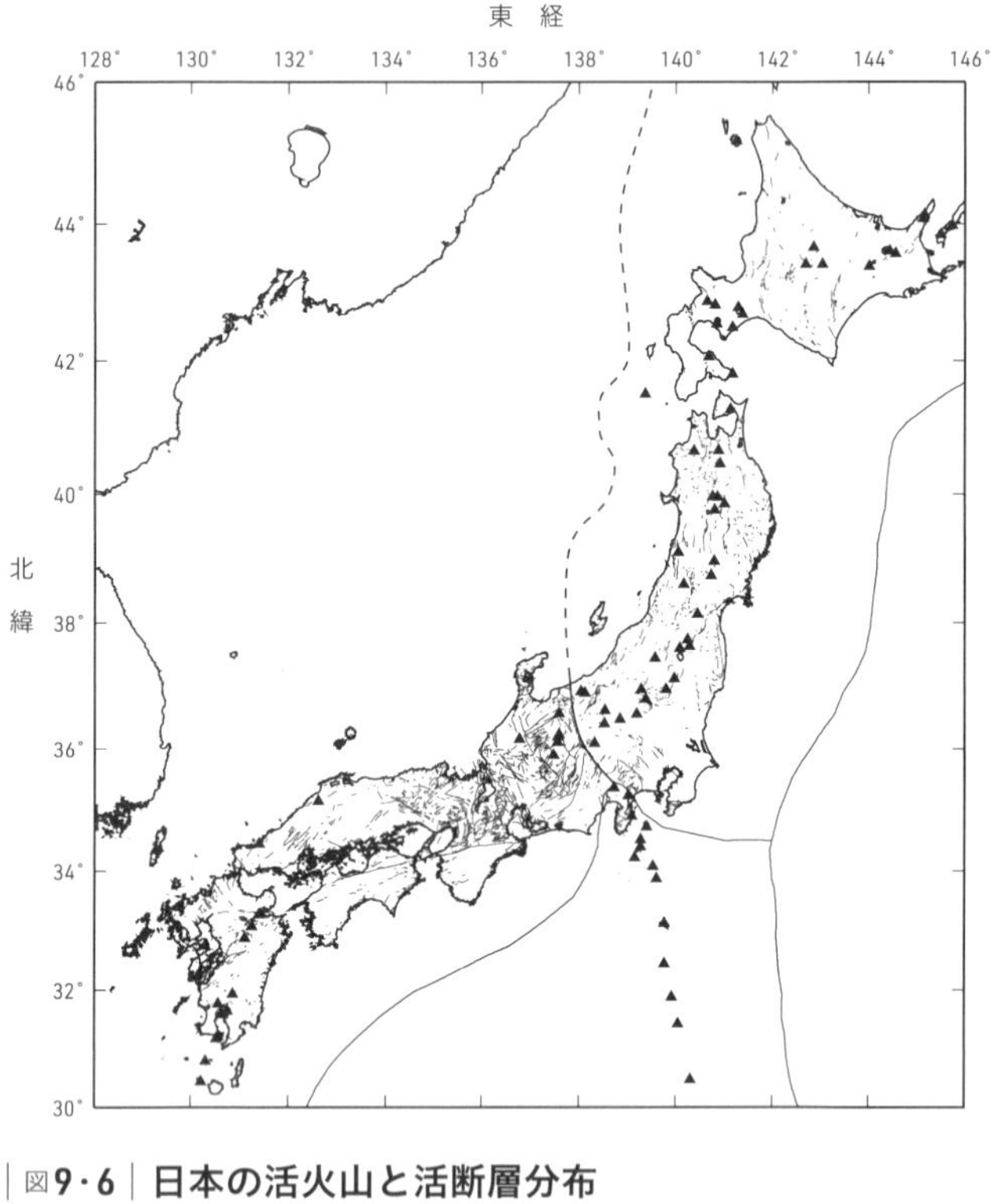

図9・6 日本の活火山と活断層分布

東北地方は南北走向、中部地方は北東－南西または北西－南東走向の活断層が多く分布する。中部地方から近畿地方に活断層がとくに多く分布する。

な地震は多くありません。そのため、地震による断層運動が地表まで達することはまれで、地表に地震の痕跡が残りません。火山地域で活断層が少ない理由はこのように説明できます。

非火山地域(火山と火山の間もふくむ)では地震発生層が厚いため、上部地殻全体を断ち切るような大地震が時折発生します。大地震では断層の食い違い量が大きいため、断層運動が地表付近まで達すると、地表に断層として明瞭な痕跡が残ります。活断層です。東北地方で火山と火山の間をつなぐ山地の東西縁(山地と盆地の境界)に長い活断層が多く分布するのは、そこで過去に何度も大地震が起こったことを表しているのです。

日本列島全域をみると、活断層の分布には偏りがあり、北海道や東北地方よりも中部日本や近畿地方に多いことがわかります。断層の走向方向にも地域性があり、東北地方では南北走向の逆断層、中部日本では北東–南西走向と北西–南東走向の横ずれ断層が多く見られます。近畿地方とその周辺では、横ずれ断層と逆断層が混在します。

東日本と西日本の断層の走向の違いは、力のかかり方の違いを反映します。東日本は太平洋プレートの沈み込みのために東西圧縮場となっており、南北に走る断層が選択的に逆断層として活動します。西日本の応力場は中立的(圧縮でも引張でもない)であり、横ずれ断層が多く見られます。

近畿地方でとくに活断層が多く分布する、伊勢湾~若狭湾~大阪湾を結ぶ三角形に囲まれた地域を「近畿三角地帯」とよぶことがあります。この地域には六甲山地、生駒山地、伊吹山地などがあり、山地の間には京都盆地、奈良盆地、琵琶湖などの低地があります。活断層の多くはこの山地と低地の境界に分布しています。近畿三角地帯に活断層が多く分布する原因については、伊勢湾から琵琶湖にかけて低角で沈み込むフィリピン海スラブを考慮した、次のようなモデルが提唱されています。

アムールプレートに属し、年間数ミリの速さで東に移動している西南日本のリソスフェアは、近畿三角地帯の東縁で低角に沈み込むフィリピン海スラブと衝突しています。そこでのスラブの深さは40㎞と浅く、スラブの西側（衝突面）では顕著な東西圧縮場が形成されます。近畿三角地帯の南北走向の活断層はこの圧縮場によって生じた、という考えです。

内陸地震の発生と水

これまでは、「地殻の変形とひずみの解消」という視点で内陸地震の発生をみてきました。最近の研究により、スラブ内地震と同様に内陸での断層運動にも水が関与していることがわかってきました。ここではいくつかの観測事実を紹介します。

下部地殻でマグマが固化する際に放出された水は、地殻内を上昇します（**図9・7a**）。地殻内ではマントル上昇流のような物質の移動は起こらないので、水が上昇する原動力は浮力です。

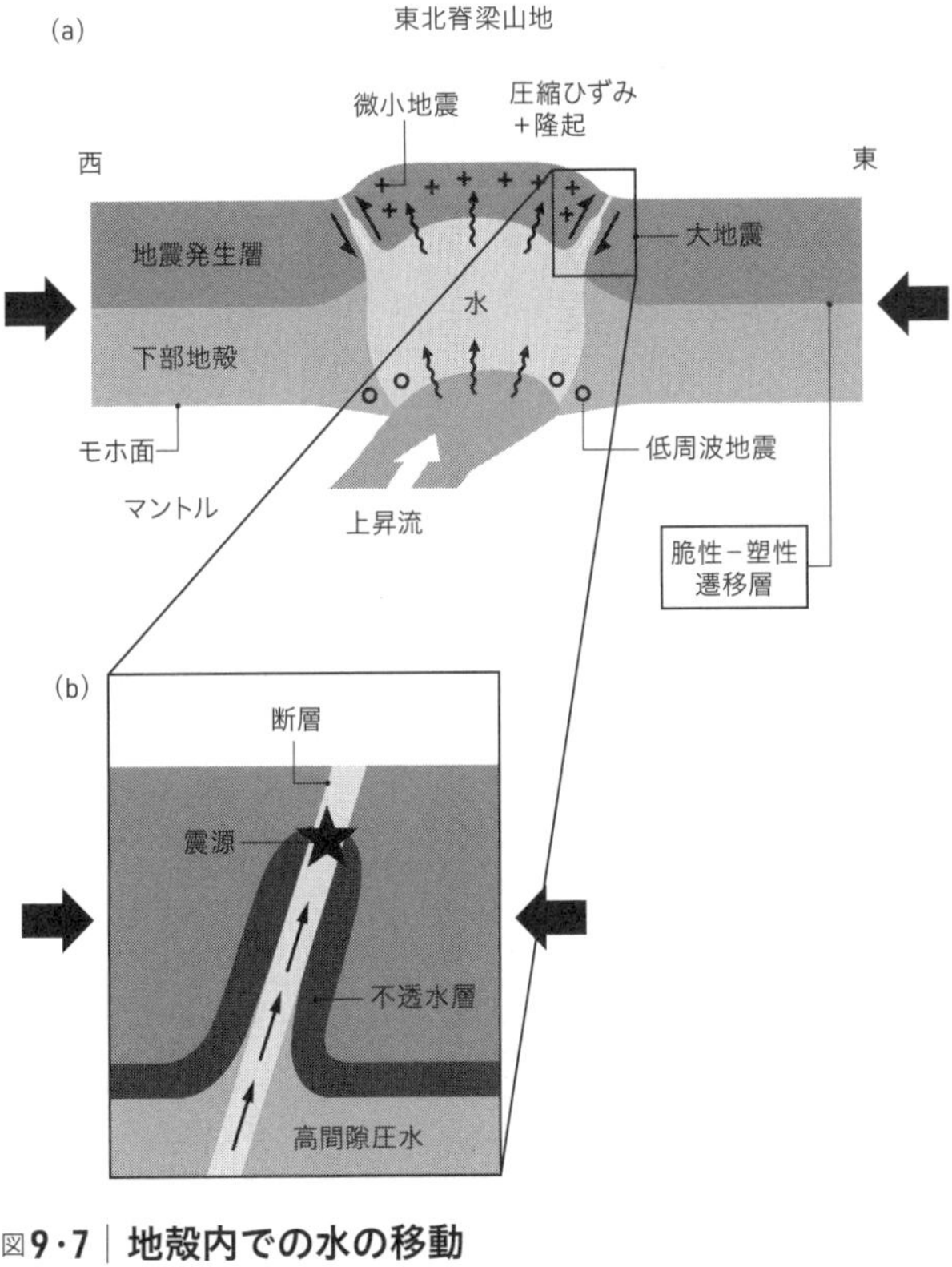

| 図9・7 | 地殻内での水の移動

(a) 下部地殻でマグマが固化する際に放出された水は、浮力を受けて地殻内を上昇する。(b) 既存の断層に沿って上昇した水にふくまれる不純物が沈殿して不透水層が形成されると、間隙水圧が上昇し、断層のせん断破壊強度が低下する。長谷川ほか (2012) にもとづく。

浮力により上昇する場合、水は透水性が高い亀裂（断層）などを選択的に通って移動すると考えられます。透水性の高い経路に沿って水が上昇すると、水にふくまれる不純物は少しずつ沈殿し、その経路に目詰まりを起こします。不透水層が形成されるのです。

下部地殻からの断続的な水の供給により、目詰まりを起こした断層では間隙水圧が少しずつ上昇し（図9・7b）、断層のせん断破壊強度は徐々に低下します。断層面に水が入り込むことで、内陸地震が起こりやすくなるのです。断層がすべると、目詰まりを起こしていた部分は破れ、水は浅部に抜けていくでしょう。断層は再び水の上昇経路となり、しばらく時間が経過すると、また不純物の沈殿が起こり、いずれ密閉されます。次の地震サイクルの始まりです。

これまでに発生した多くの内陸地震（1995年兵庫県南部地震、2004年新潟県中越地震、2008年岩手・宮城内陸地震など）の震源域では、断層帯に沿う顕著な地震波低速度域が見出されています。この観測結果は、断層帯に水が選択的に供給されているようすを映し出していると考えられます。

内陸の断層では、「下部地殻の塑性変形→上部地殻へのひずみの蓄積」と「水の供給→断層の強度低下」という2つの物理プロセスが相互に作用して地震が発生するのです。

では、内陸地震はどこでも発生するのでしょうか。じつは日本列島の地震の発生には、1900万～1500万年前の日本海拡大時や、それ以前（日本がまだ大陸縁辺にあった頃）に形成された断層が大きな役割を果たしていることがわかってきました。

反転テクトニクス――古い断層の再活動

一般に、東北地方で発生する地震の断層面の傾斜は50～60度と比較的高角です。しかしながら、水平方向に圧縮されている東北地方のような場所で最も壊れやすい断層面の傾斜は、約30度であることがわかっています。破壊力学的には傾斜30度ほどの低角な断層面が形成されやすいはずの東北日本において、高角の断層面で多くの地震が発生するのです。これは何を意味するのでしょうか？

断層破壊を模した実験として、高角の切れ目を入れた消しゴムを両側から押してみましょう。すると、既存の切れ目に沿って消しゴムが変形します。これは、破壊力学的に最適な低角の破壊面を新しくつくるよりも、既存の切れ目（弱面）に沿って変形するほうが「楽」なためです。まったく何もないところに新しい切れ目（新しい断層）をつくるよりも、すでにある切れ目を再利用したほうがずっと小さなエネルギーで消しゴムを変形させられるのです。

日本列島が圧縮場になった約３００万年前以降、その圧縮力に最適な低角の断層を新しく形成するよりは、日本海拡大時に形成された高角の断層（当時は正断層として活動した）を使って破壊（変形）するほうが容易だったのでしょう。つまり、過去３００万年にわたり圧縮場に置かれている東北日本において、高角の断層で地震が数多く発生するのは、「すでに弱面として存在していた断層の再活動」と解釈できるのです。第7章で「既存の断層（弱面）でスラブ内地震が起こる」という話をしました。内陸の地殻内でもそれと同じことが起こっていると考えられます。

日本海拡大時に形成された高角の正断層が逆断層として再活動するように、ある断層がその形成時とは逆に動くことを**反転テクトニクス**とよびます。古い断層は弱面であり、亀裂のない岩石よりも水を通しやすいため、水はそのような弱面を選択的に通って上昇すると考えられます。水の上昇による間隙水圧の増加は断層のせん断破壊強度を低下させるので、そのような「古傷」の再活動は繰り返し起きるでしょう。現在の日本列島で発生している内陸地震の多くは、大昔に形成された断層面を再利用しながら、過去何度も発生してきたと考えられるのです。

地震はカメを追いかけるウサギ？

これまで見てきたように、内陸地震は地殻の変形を一様化する（ひずみを解消する）プロセスのひとつであることがわかってきました。しかも、変形の主役を担うのは下部地殻や上部地殻での塑性変形であり、地震（断層運動）はあくまでも脇役です。塑性変形強度が小さな下部地殻でまず変形が進行し、次いで火山周辺の上部地殻で塑性変形、最後に非火山地域の上部地殻で脆性破壊（地震）が起こります。つまり、地震は地殻内変形の仕上げの担い手なのです。大きな地震では断層のすべり量は数メートルに達するので、長い時間をかけて少しずつ進行してきた周囲の塑性変形に一度の地震でいっきに追いつくでしょう。

下部地殻や高温の上部地殻で進行している塑性変形は、ゆっくりと着実に前進するカメにたとえられます。一方、最後のひと走りで変形遅れをすべて帳消しにできる地震は、ずっと昼寝をしていたウサギでしょうか。下部地殻での塑性変形は数百年から数千年、時には数万年かけてゆっくりと進行します。大きな地震が数千年に一度発生すれば、下部地殻で長い間進行してきた塑性変形に追いついてしまいます。内陸地震の発生間隔が長いのは、このような理由によると考えられます。

ウサギの動きを予測する

ここで、地震発生予測の話をしておきましょう。ウサギとカメの例で考えると、ウサギがいつ走り出すかわかれば、地震の発生を予測できることになります。しかし、現実にはウサギの動きを予見することは困難です。それにはおもに2つの理由があります。

まず、私たちはカメがゴール寸前のところにいるのか、まだずっと手前にいるのかを知ることができません。GNSS観測などにより地殻の変形速度(カメの歩く速さ)をある程度知ることはできますが、地殻の変形の絶対量(カメの歩いている場所)がわからないのです。

さらに、ウサギの性格を知らないという問題もあります。プレート境界の大地震は100〜1000年、内陸の大地震は数千年間隔で発生するため、前回の地震をほとんど経験したことがありません。つまり、私たちはウサギが走り出すところをみたことがないのです。そのため、ウサギがせっかちなのか（早めに走り始めるのか）、のんびりとした性格なのか（カメがゴールする直前まで寝ているのか）、慎重な性格なのか（走り出す前に準備体操をするのか）、わかりません。

カメがいる場所とゴールまでの距離がわからないのに加え、ウサギの性格を知らない状況で、ウサギが走り出すタイミングを「予見」するのが難しいことはわかると思います。では、どうすれば地震の予測につながるでしょうか？

ひとつは、数値シミュレーションにより、ウサギとカメの競走を何度も再現することです。そこでは、何匹か性格の異なるウサギを走らせてみるとよいでしょう。また、カメが歩いている場所を、いくつか仮定する必要もあります。さまざまな状況におけるウサギとカメの競走を計算機の中で再現し、ウサギが走り出すタイミングを統計的に集計するのです。そして、ウサギが最もとりそうな行動パターンを予測します。

もうひとつは、できるかぎりの観測をおこない、大地震の発生前、発生時、発生後に何が起こったかをしっかりと記録し、ウサギの行動パターンを次世代に伝えていくことです。私たちの世代だけで記録できる地震は多くありませんが、何世代にもわたってデータを蓄積することで、将来的にはウサギの動きを予想できるようになるかもしれません。気の長い話ですが、地震の発生を予測するためには、観測事実を積み上げていく必要があります。地道な研究が必要なのです。

Chapter
10

関東地方の地下で何が起こっているか？

関東平野は日本の面積の約5％を占める国内最大の平野であり、関東地方の1都6県には約4000万人が暮らしています。江戸幕府の開府以来、この地域は400年以上にわたって日本の首都として、政治・経済の中心的な役割を果たしてきました。2014年に発表された地震調査研究推進本部の長期予測によると、首都直下で起こるM7クラスの地震の発生確率は、今後30年以内に70％と高くなっています。本章では、プレートテクトニクスの見地から関東地方の特徴を概観し、関東地方で地震が多い理由や、過去の被害地震などをみていきます。関東地方が地学的にとても特殊な場所にあることがわかります。

プレートの三重会合点とプレートどうしの接触域

ここまでは2つのプレートの境界について考えてきましたが、幾何学的には3つのプレートが接する**三重会合点**も存在します。

関東地方はオホーツクプレートに属し、その下に2つの海洋プレート（フィリピン海プレートと太平洋プレート）が沈み込んでいます。そのため、房総半島の南東には、日本海溝、伊豆・小笠原海溝、相模トラフの3つの収束境界が一点で交わる三重会合点（海溝－海溝－海溝型）が存在します（**図10・1a**）。じつは、海溝－海溝－海溝型の三重会合点は世界で房総半島沖にしかありません。プレート運動学的にみると、関東地方は世界でたったひとつのきわめて特殊な場所なのです。

フィリピン海プレートの下には、伊豆・小笠原海溝から太平洋プレートが沈み込んでいます。太平洋プレートは古く冷たいプレートなので、その沈み込む過程で上盤のフィリピン海プレートを冷やし続けます。そのため、太平洋プレート上のフィリピン海プレートは厚く、関東地方下に沈み込むフィリピン海プレートは最大で60㎞ほどの厚さをもつことがわかっています（図10・1b）。西南日本下に沈み込む若くて温かいフィリピン海プレート（厚さ30㎞程度）の倍ほどの厚さです。なお、伊豆火山弧の下では地殻の厚さは20㎞程度ですが、プレート（リソスフェア）の

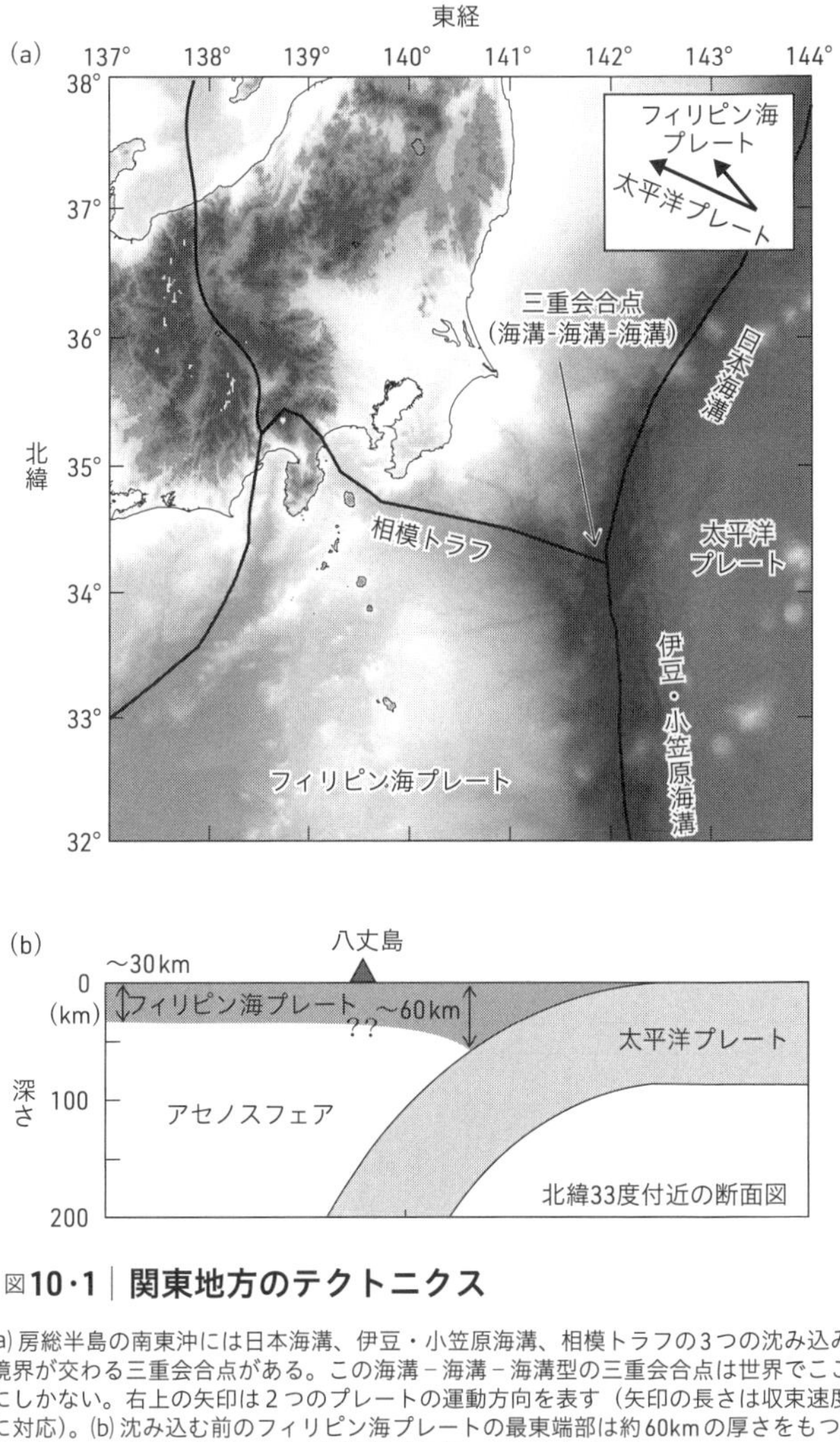

図10・1 | 関東地方のテクトニクス

(a) 房総半島の南東沖には日本海溝、伊豆・小笠原海溝、相模トラフの3つの沈み込み境界が交わる三重会合点がある。この海溝－海溝－海溝型の三重会合点は世界でここにしかない。右上の矢印は2つのプレートの運動方向を表す（矢印の長さは収束速度に対応)。(b) 沈み込む前のフィリピン海プレートの最東端部は約60kmの厚さをもつ。その厚いフィリピン海プレートが関東地方の下に沈み込んでいる。

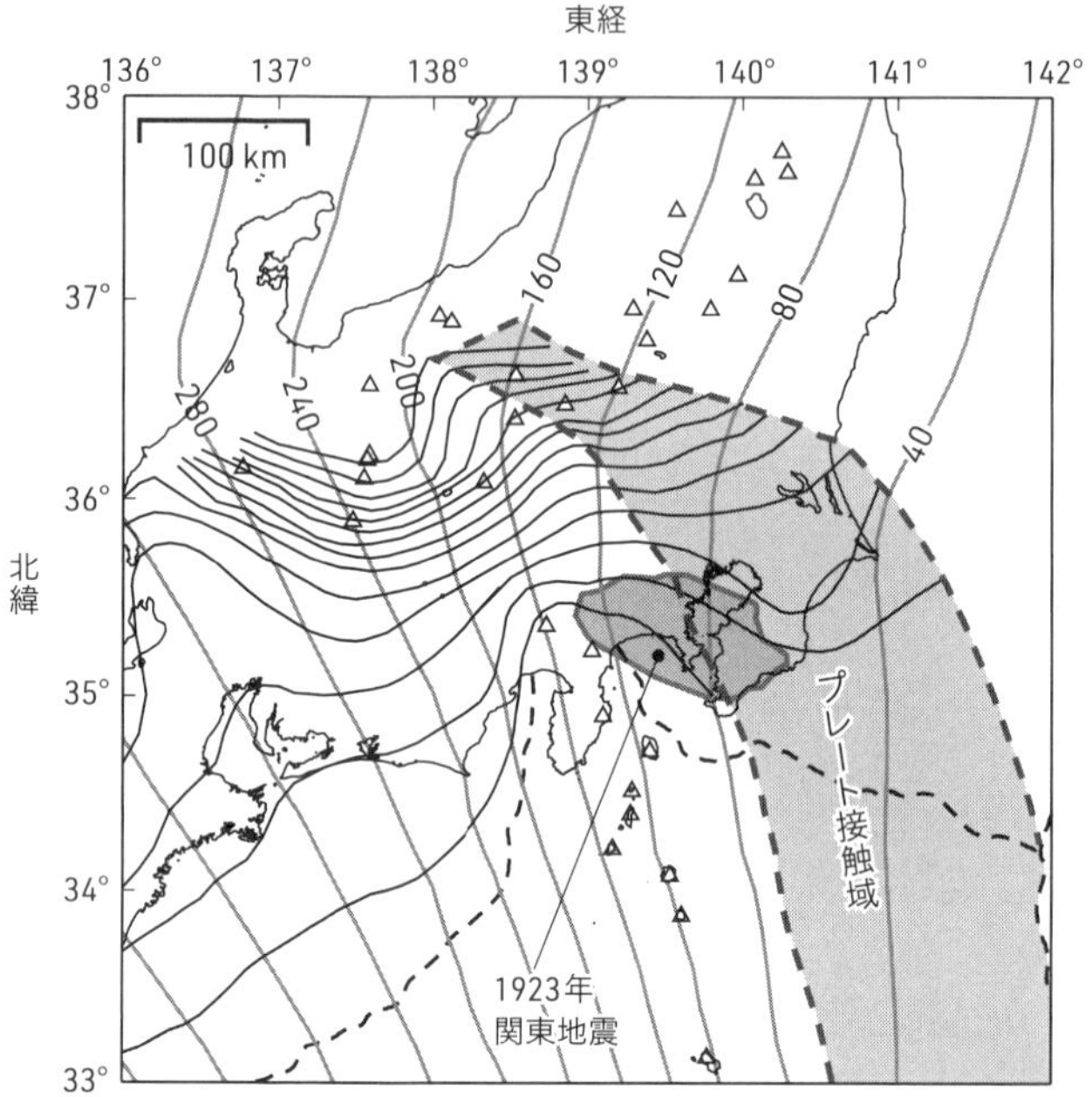

図10・2 フィリピン海プレートと太平洋プレートの接触域

関東地方の下には、2つの海洋プレートの接触域が広がっている。灰色線は太平洋プレートの等深度線（40km間隔）、黒線はフィリピン海プレートの等深度線（10km間隔）。1923年関東地震の震源域も示してある。Nakajima&Hasegawa (2010) にもとづく。

厚さはよくわかっていません。

フィリピン海プレートと太平洋プレートが関東地方の下に沈み込むと、何が起こるでしょうか? 2つのプレートの相対運動を考えてみましょう。2つのプレートの運動方向と収束速度は異なりますが、北向きの速度はほぼ同じです(図10・1aの右上矢印)。つまり、フィリピン海プレートと太平洋プレートは北向きにはほぼ一体となり沈み込んでいます。フィリピン海プレートからみると、ほぼ西向きに運動する太平洋プレートがその真下に沈み込んでいるのです。そのため、2つのプレートは伊豆・小笠原海溝に沿って接触した状態を保ったまま、関東地方の下に沈み込みます。

関東地方の下には、フィリピン海プレートと太平洋プレートの接触域が広がっています(**図10・2**)。後ほど紹介するように、このプレートどうしの接触域が関東地方の地震活動に大きな影響を与えています。2つのプレートの沈み込みを詳しくみていきましょう。

太平洋プレートに行く手を阻まれるフィリピン海プレート

太平洋プレートの上に鎮座するフィリピン海プレートは、太平洋プレートと一緒に北へ沈み込みますが、どこまでも一緒に沈み込むわけではありません。関東地方の下に太平洋プレートの尾根があるためです。

太平洋プレートの尾根は、銚子付近からほぼ利根川に沿って群馬県西部にいたります（図10・2）。尾根の南から北を見ると、その部分で太平洋プレートが浅くなっているのです（**図10・3**）。尾根に突き当たると、フィリピン海プレートが沈み込める空間が狭くなります。もしフィリピン海プレートが十分な強度をもっていれば、太平洋プレートや陸のプレートのマントルを押しのけてさらに北へ沈み込めるかもしれません。しかしながら、太平洋プレートの上に乗ったくさび状のフィリピン海プレートの東端はとても薄く、強度が高くありません。そのため、フィリピン海プレートはそれ以上、北へ沈み込むことはできないでしょう。2つのプレートの接触域の北限が太平洋プレートの尾根とほぼ一致するのは、そのような理由によると考えられます。

フィリピン海プレートは太平洋プレートの尾根を

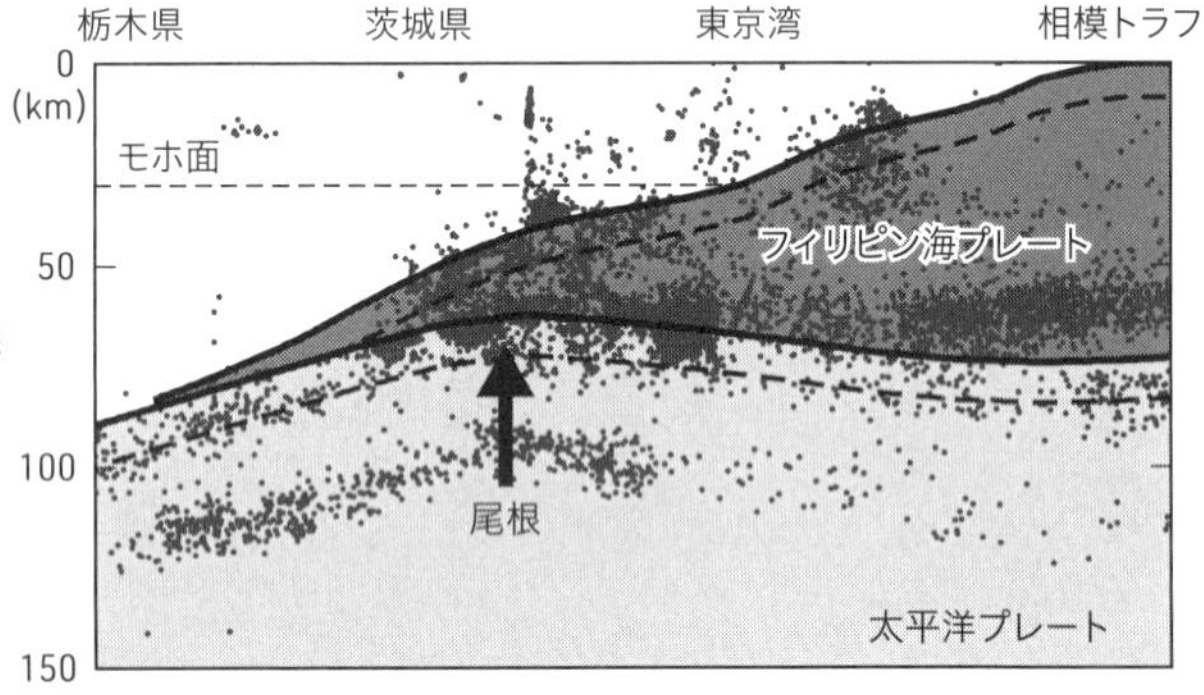

| 図10・3 | **太平洋プレートの尾根**

東経140度に沿う南北鉛直断面図。フィリピン海プレートは上盤プレートのマントルと太平洋プレートのあいだの狭い領域に入り込んでいる。

越えることができない一方で、プレート接触域では、硬く冷たい太平洋プレートに下からしっかりと支えられています。フィリピン海プレートから見ると、太平洋プレートはほぼ西向きに沈み込んでいるため、フィリピン海プレートは太平洋プレートに押される形で短縮変形を受けます。関東西部から中部日本にみられるフィリピン海プレートの複雑な形状(図10・2)は、太平洋プレートに押されて短縮したことが原因と推測できます。太平洋プレートの尾根の存在は、フィリピン海プレートの行く手を阻むのみならず、形状までをも変化させているのです。

尾根との遭遇 ――フィリピン海プレートの運動方向はなぜ変化したのか?

フィリピン海プレートの沈み込み方向が約300万年前に北向きから北西向きに変わった原因も、太平洋プレートの尾根にある、と私は考えています。

関東地方の下にフィリピン海プレートが沈み込み始めたのは約1500万年前です。その頃の相模トラフは南海トラフの北東延長上にあったとされています(図3・2④)。もし、太平洋プレートの尾根の位置が時間的に変化していないと仮定すると、相模トラフから尾根までの水平距離は約300㎞、沈み込んだフィリピン海プレートに沿った距離は、350㎞ほどになります。フィリピン海プレートの収束速度を年間3㎝とすると、相模トラフから太平洋プレートの尾根に到達するまでに1100万~1200万年ほどかかります。逆にいうと、沈み込んだフィリピン海プレートが初めて太平洋プレートの尾根にぶつかったのは、いまから400万〜300万年前だということです。

沈み込み始めてからしばらくは何にも邪魔されることがなく、北向きに沈み込んでいたフィリピン海プレートですが、400万〜300万年前に太平洋プレートの尾根に行く手を阻まれました。もしそのとき、フィリピン海プレートが太平洋プレートの尾根を楽に乗り越えることができたなら、運動方向を変えることなく、北向きの沈み込みを続けていたでしょう。しかし、厚さ約90kmの屈強な太平洋プレートの尾根を乗り越えることができなかったために、やむなく自身の運動方向を北西向きに変えることで沈み込みを継続させたのではないでしょうか。約300万年前に生じたフィリピン海プレートの運動方向の変化は、東北日本を圧縮場にする原因になったともいわれています。「尾根との遭遇」が日本列島の運命を決めたのかもしれません。

上記のモデルは、フィリピン海プレートの運動方向の変化をおおよそ説明できそうです。しかし、解決しなければいけない問題が残されています。たとえば、トラフ軸から尾根までの距離の時間変化です。フィリピン海プレートに乗っていた御坂山地、丹沢山地、伊豆半島などの火山弧の衝突により、トラフ軸は徐々に北へ移動したため、その影響を評価しなければなりません。また、太平洋プレート、フィリピン海プレートの形状や収束速度の時間変化も考慮する必要があります。さらに、西は台湾〜フィリピン、南はニューギニアなどの島嶼部まで広がる大きなフィリピン海プレートの動きが、関東地方下における太平洋プレートの尾根との衝突という局地的な出来事によって変わってしまうものか、という疑問もあります。

これまでに得られているさまざまな、しかし断片的な証拠を積み重ねていき、日本列島周辺のプレート運動の枠組みを再構築する研究が今後必要になってくるでしょう。学生や若い研究者の奮闘に期待します。

関東地方の地震のタイプ

沈み込み帯では一般に、プレート境界地震、スラブ内地震、内陸地震の3つのタイプの地震が発生します。ただし、関東地方では2つの海洋プレートが接触しながら沈み込んでいるので、プレート境界地震は3通り、スラブ内地震は2通りの場所で起こります。関東地方で発生する地震は、

タイプ① 陸のプレート（オホーツクプレート）内で発生する地震
タイプ② フィリピン海プレートとオホーツクプレートの境界で発生する地震
タイプ③ フィリピン海プレート内部で発生する地震
タイプ④ 太平洋プレートとフィリピン海プレートの境界で発生する地震

タイプ⑤　太平洋プレート内部で発生する地震
タイプ⑥　太平洋プレートとオホーツクプレートの境界で発生する地震

の6つに分類できるのです（**図10・4**）。太平洋プレートのみが沈み込む東北地方や北海道で発生する地震は、タイプ①、⑤、⑥のみです（フィリピン海プレートが沈み込んでいないため、タイプ④の地震は起こりません）。太平洋プレートの深さは、東北日本の下でも関東地方の下でも50〜120kmほどです。そのため、太平洋プレートで起こる地震による被害の規模に、東北日本と関東地方で大きな差はありません。

つまり、関東地方に特有の問題はタイプ②およびび③の地震です。沈み込むフィリピン海プレートの深さは20〜60kmと浅いため、タイプ②および③

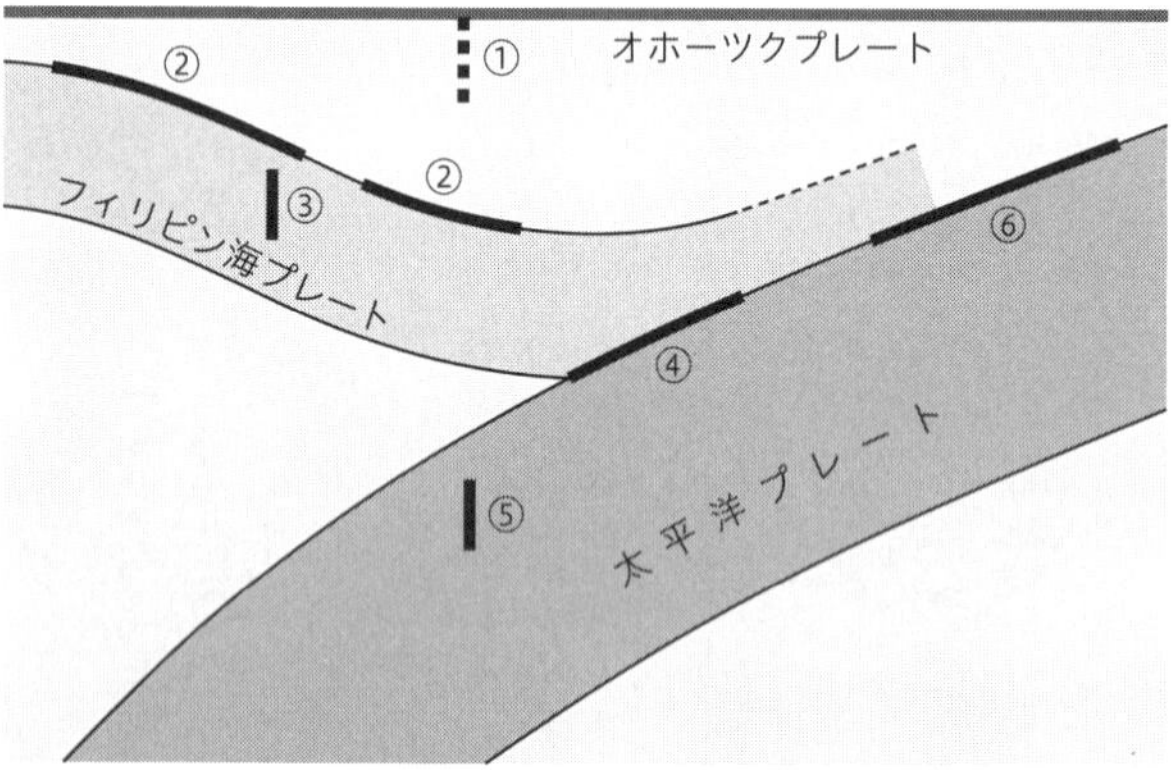

図10・4　**関東地方の6通りの地震の発生場所**

中央防災会議「首都直下地震対策検討ワーキンググループ」（2013）にもとづく。

の大きな地震が発生すると、関東地方に甚大な被害をもたらします。以下では、タイプ②および③の過去の地震を振り返り、関東地方の地震活動を概観しましょう。

関東地震

1923年9月1日に発生した関東地震(M7・9)はタイプ②の地震です。震源域は房総半島から神奈川県の大部分をふくむ東西130km、南北60km程度の断層で(図10・2)、地表から10〜30kmと浅いのが特徴です。プレート境界でのすべり量は6〜7mにも達しました。最大震度は6とされていますが、小田原などの相模湾沿岸では震度7相当の揺れだったと考えられています。

地震の発生が昼どき(11時58分)で、風も強かったため、大規模な火災が発生しました。この地震では10万人を超える死者・行方不明者が出ましたが、そのうち8万人近くが焼死だったとされています。また、建物の倒壊も多くみられ、浅草では12階建ての凌雲閣が8階から折れてしまいました。帝国ホテルの周囲で倒壊した建物や、日本橋通りの火災の写真が残っています。

関東大震災は火災による被害がクローズアップされがちですが、じつは大きな津波も発生しました。熱海では約12m、小田原でも数メートルの津波が地震の約5分後に押し寄せ、多くの家屋や人命が失われました。震源域が海岸線の直下であり、津波が到着するまでの時間が短かったことが大きな被害の原因でした。

フィリピン海プレートは年間3㎝程度のスピードで陸の下に沈み込んでいます。プレート境界でのすべりが6〜7mだったということは、この関東地震で約200年分のすべり欠損が解消されたことになります。実際に、関東地震の220年前にあたる1703年にも、タイプ②の巨大地震が発生していました。M8・1の元禄関東地震です。元禄関東地震と区別するために、1923年の関東地震を「大正関東地震」とよぶこともあります。

元禄関東地震が発生したのは、「生類憐れみの令」で有名な五代将軍徳川綱吉の時代です。震源域は大正関東地震よりも広く、房総半島の東の沖合までのプレート境界がいっきに破壊された巨大地震でした。品川に津波が押し寄せ、浜に逃げた人が巻き込まれたという記録が残っています。死者は約7000人とされていますが、実際にはもっと多かった可能性があります。

元禄関東地震より前の地震については、信頼できる記録は多くありません。それでも、1241年の鎌倉の地震や1433年の相模の地震など、津波被害をともなう地震があったことがわかっています。これらの地震の震源域は特定されていませんが、大きな津波が発生したことを考えると、相模湾下のフィリピン海プレート上部境界（タイプ②）で起きたのかもしれません。また、1605年に発生した慶長地震（震源域は南海トラフ、駿河湾などの諸説あり）では、房総半島でも大きな津波被害が生じたことがわかっています。

このように関東地方では、津波をともなう地震が何度も発生してきた記録があることは、ぜひとも知っておいてください。

東京（江戸）に被害をもたらした地震

江戸に大きな被害をもたらした地震は、関東地震のほかにもいくつか知られています。江戸末期の1855年に発生した安政江戸地震（M7前後）もそのひとつです。西南日本ではその前年の1854年、安政東海地震（M8・4）と安政南海地震（M8・4）が32時間のうちに相次いで発生し、地震動および津波により大きな被害が生じていました。その中で発生した安政江戸地震は江戸幕府を混乱の渦へと巻き込みました。

安政江戸地震の震源は東京湾北部から千葉県北西部とされていますが、その深さはよくわかっていません（タイプ①、②、③の可能性が高い）。江戸の高台では被害は少なかったものの、浅草や深川など海沿いの地域では揺れが激しく、多くの建物が倒壊しました。1万人もの死者が出たといわれています。この地震で世の中に不安が広がり、地震を起こすとされるナマズを退治するようすが描かれた鯰絵《なまずえ》が流行しました。また、水戸藩は重臣の多くを失い、江戸幕府も衰退の一途をたどったとされています。

1894年に発生した明治東京地震（M7・0、タイプ③か④）では、建物が大きな被害を受けました。当時の東京には文明開化の象徴ともいえるレンガづくりの建物が増えていましたが、この地震による死者（31名）の多くはそのような新しい建物の倒壊の犠牲者でした。レンガづくりの煙突の破損や倒壊が多かったことから、「煙突地震」ともいわれました。

１８９５年には霞ヶ浦周辺でやや大きな地震（Ｍ７・２、タイプ⑤）が、１９２１年にも茨城県南部の地震（龍ケ崎地震ともよばれる、Ｍ７・０、タイプ③）が発生しました。さらに、１９２２年には浦賀水道地震（Ｍ６・８、タイプ③）、１９２４年には丹沢地震（Ｍ７・３、タイプ①）、１９３１年には西埼玉地震（Ｍ６・９、タイプ①）など、大きな被害をもたらした地震が多く発生しました。このうち丹沢地震は、前年に発生した関東地震の余震であると考えられています。

関東地方では、１９３１年西埼玉地震以降、１９８７年千葉県東方沖地震まで死者を出す地震は発生しませんでした。第二次世界大戦からの復興期と高度経済成長期は幸いにして、地震活動が低調な時期と重なったのです。

１９８７年千葉県東方沖地震 ――スラブ内の鉛直な断層

１９８７年千葉県東方沖地震（Ｍ６・７、タイプ③）の発生メカニズムについて触れておきましょう。この地震の震源は深さ約50㎞で、発生当時から、フィリピン海スラブ内のほぼ鉛直な断

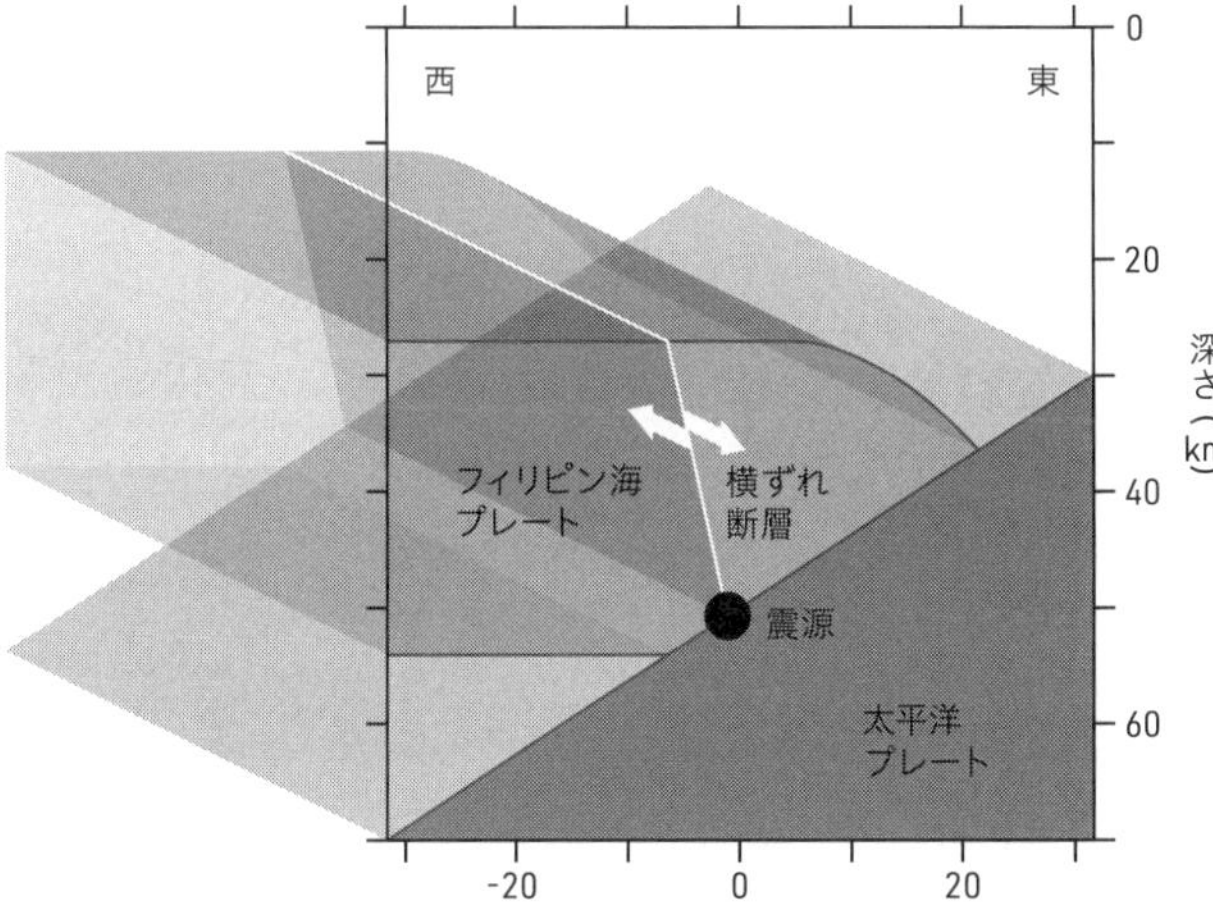

| 図10・5 | 1987年千葉県東方沖地震(M6.7)の発生メカニズム

フィリピン海スラブ内のほぼ鉛直な断層面で地震が発生した。Okada&Kasahara (1990) にもとづく。

層面での横ずれ運動によって発生したことがわかっていました(**図10・5**)。しかし、なぜ鉛直な断層面が存在するのかが不明でした。この地震の発生メカニズムにひとつの解釈を与えたのは、地震波トモグラフィです。

図10・6は、房総半島の中央部を北東ー南西に横切る測線に沿うS波速度構造の鉛直断面図です。第2章で述べたように、沈み込むプレート(スラブ)は周囲のマントルに比べ温度が低いため、地震波は速く伝わります。この特徴は世界中のスラブに共通です。しかしながら、房総半島の沖合に沈み込むフィリピン海スラブの最東端部は、周囲よりも地震波速度が10%以上も遅くなっています(図

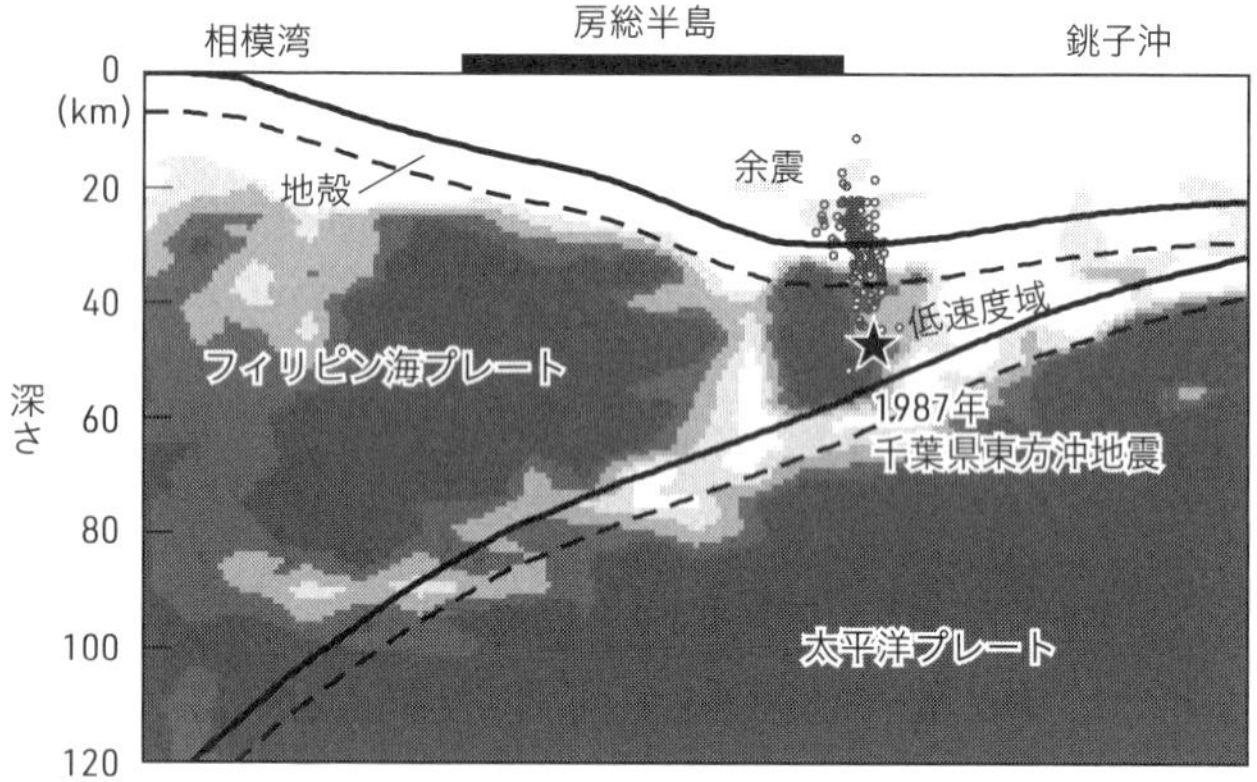

図10・6 房総半島を横切るS波速度構造

白色はS波速度が遅いことを表す。千葉県東方沖地震は速度境界で発生したことがわかる。Nakajima&Hasegawa (2010) にもとづく。

10・6の「低速度域」)。

地震波の伝わる速度が遅いということは、スラブが周囲より高温か、マグマや水(含水鉱物)などを多くふくむか、のいずれかです。もちろん、構成鉱物の組み合わせや、鉱物中の鉄やマグネシウムの量などの化学的な違いでも地震波の伝わる速度は変化します。とはいえ、化学的な不均質のみで地震波速度が10%も低下するとは考えられません。

重要な点は、地震波高速度域と低速度域の境界はほぼ鉛直で、房総半島の沖合と霞ケ浦の西側を結ぶ位置にあることです(**図10・7**)。1987年千葉県東方沖地震の震源は地震波速度が急激に変化する境界に位置し、余震はその境界に沿って発生したことがわかります。つまり、1987年千葉県東方沖地震は、フィリピ

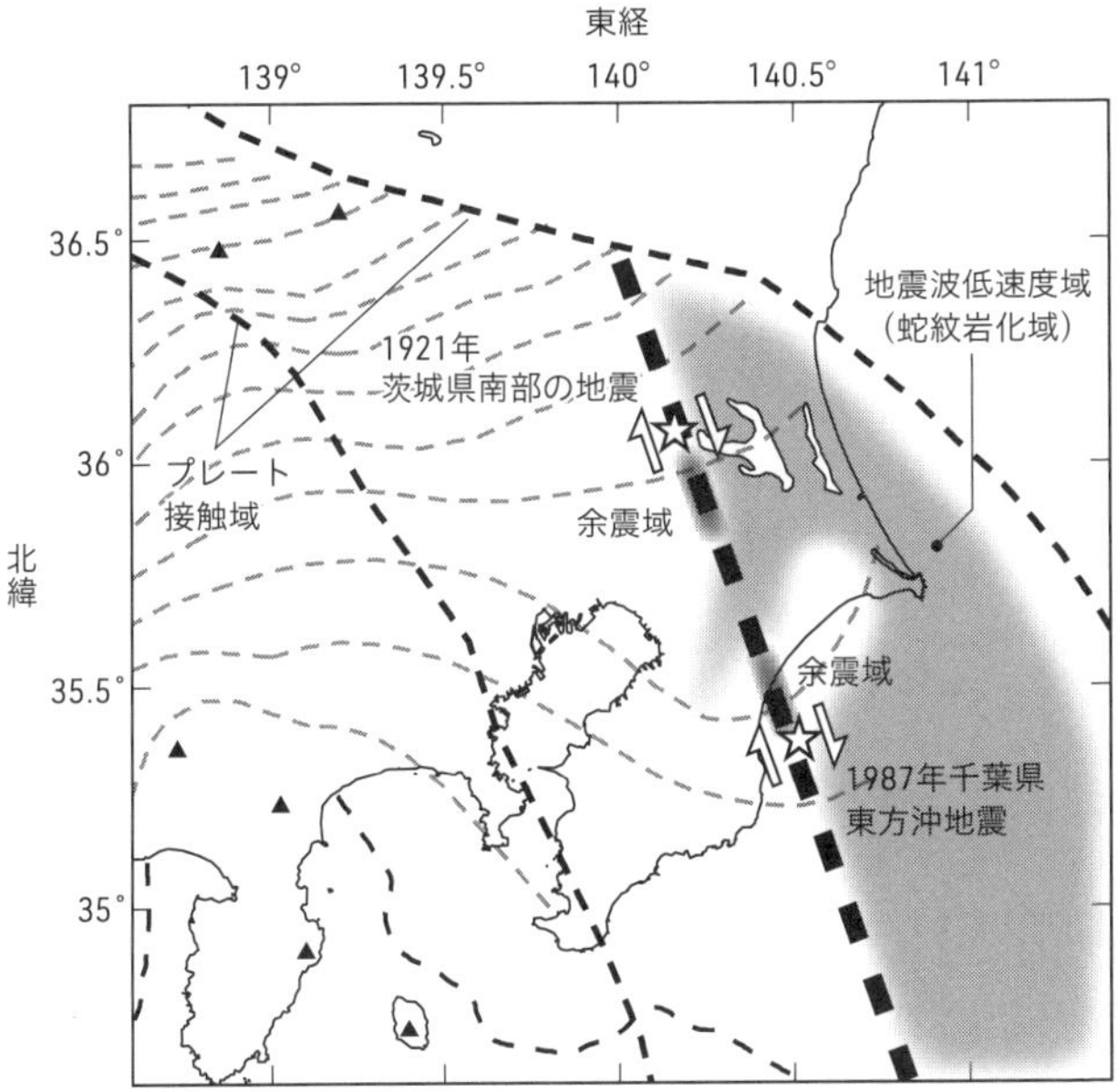

| 図10・7 | フィリピン海スラブ内の地震波低速度域の広がり

2つのM7クラスの地震とその余震は低速度域（蛇紋岩化域）の西縁（太破線）に沿って発生した。Nakajima&Hasegawa (2010) にもとづく。

ン海スラブ内の地震波速度が急激に変化する構造境界で起きた地震だったのです。スラブ内地震の発生は構造的な不均質に起因するという報告はいくつかありますが、これほど明瞭な関係が見つかったのはこの地震が初めてでした。

では、この顕著な構造境界の成因はなんでしょうか？　その謎を解く鍵は、沈み込む前のフィリピン海プレートにありました。

プレートの蛇紋岩化と地震

伊豆・小笠原海溝の西側を覆うフィリピン海プレートの下には、含水化した太平洋プレートが沈み込んでいます（図10・1b）。太平洋プレートの沈み込みにともない含水鉱物が脱水分解し、直上のフィリピン海プレートに水が放出されるでしょう。背弧側の高温のマントルウェッジに供給された水はマグマを生成し、いずれ地表に火山（火山島）を形成します（東北地方に火山フロントができたのと同じプロセスです）。実際に、伊豆・小笠原海溝の西側に火山島が点在し、伊豆・小笠原弧をつくっていることはすでに見てきたとおりです（図3・4）。一方、海溝に近いフィリピン海プレートの低温のくさび状のマントルに水が供給されると、かんらん岩と反応し蛇紋岩化すると考えられます。

伊豆・小笠原弧北部でおこなわれた人工地震を用いた構造探査から、フィリピン海プレート前縁部（東端部）のマントルでは、地震波速度が平均的な値に比べて10〜15％も低いことがわかりました。その速度低下の度合いや広がり方は、関東地方下のフィリピン海プレート内で観測されている低速度域の特徴とほぼ一致します。また、伊豆・小笠原海溝やその南のマリアナ海溝に沿って、蛇紋岩海山が点々と分布しています。これらの海山は、深部から地表に上昇してきた蛇紋岩により形成されたと考えられています。これらの観測事実が示すのは、フィリピン海プレート前縁部のマントルが沈み込む前からすでに蛇紋岩化しているということです（**図10・8**）。

前弧マントルが蛇紋岩化したフィリピン海プレートはプレート運動により北上し、やがて関東地方の下に沈み込みます。房総半島東部から

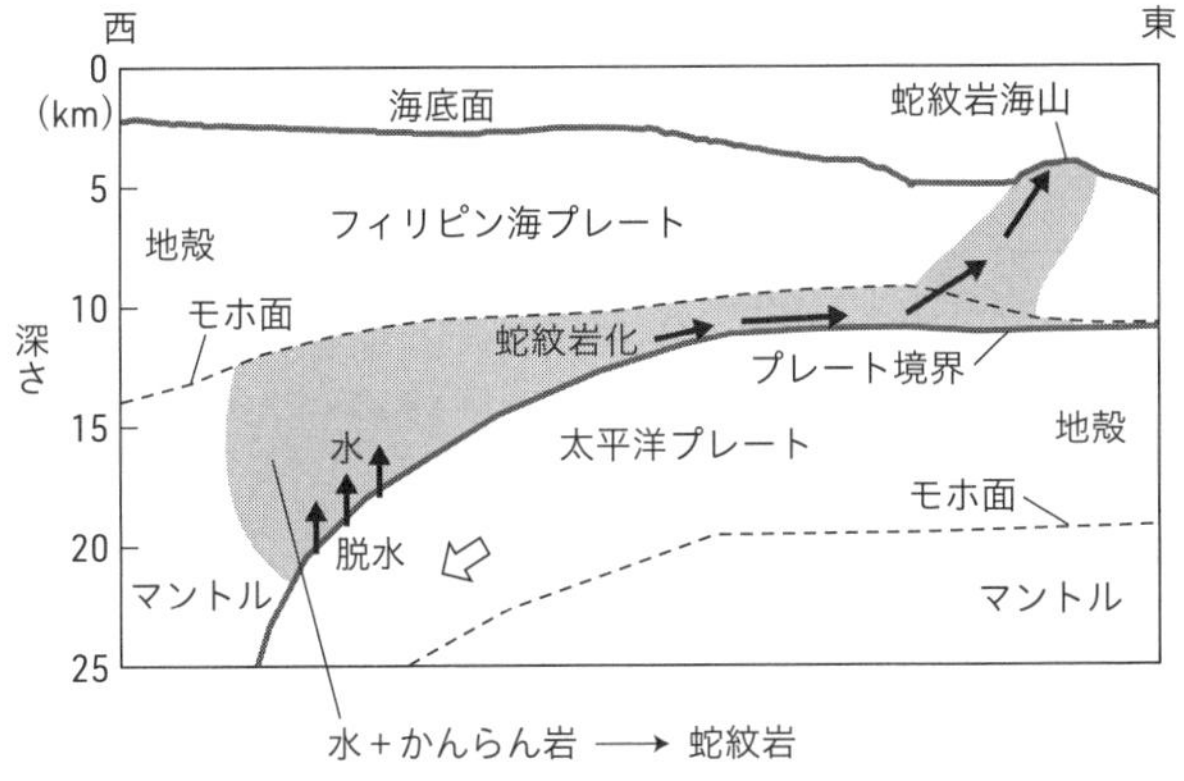

| 図10・8 | **フィリピン海プレート前縁部のマントルの蛇紋岩化**

太平洋プレートの脱水で生じた水がフィリピン海プレートのマントルのかんらん岩と反応し、蛇紋岩が形成されている。Kamimura *et al.* (2002) にもとづく。

霞ヶ浦西側にかけてみられるフィリピン海スラブ内の顕著な地震波速度の境界は、蛇紋岩化したマントルの西縁に対応すると考えられます。つまり、1987年千葉県東方沖地震はスラブ内の弱面である蛇紋岩化域の西縁に沿って発生した、と解釈できるのです。

蛇紋岩化域西縁付近で発生した地震を調べてみると、1921年に霞ヶ浦の西側でM7・0の茨城県南部の地震が発生したことがわかります（図10・7）。この地震については当時の記録が少なく、十分な解析はできていません。それでも、地震の深さは約50㎞（フィリピン海スラブの内部）であり、ほぼ鉛直な断層での右横ずれ運動によって発生した可能性が指摘されています。さらに、余震も蛇紋岩化域の西縁に沿って発生しました。1921年の地震も、フィリピン海スラブ内の蛇紋岩化域西縁に沿って発生したと考えられるのです。

フィリピン海スラブの分裂

蛇紋岩化域西縁で地震が発生するということは、そこでは相対変位（食い違い）があり、すべり欠損が生じているはずです。しかし、スラブ内の弱面に沿う相対変位を直接推定できる観測はありません。そこで、プレート上部境界でのすべりを用いた間接的な方法が試みられています。

蛇紋岩化域周辺のフィリピン海プレート上部境界では、繰り返し地震（第6章）が発生します。その発生間隔とすべり量からプレート収束速度を計算すると、蛇紋岩化域西縁の両側ではプレート収束速度に差があり、西側に比べて東側のほうが年間で０・５〜１㎝ほど遅いことがわかりました。これはあくまでもフィリピン海プレート上部境界における速度差ですが、この差がフィリピン海スラブ内の蛇紋岩化領域における食い違い速度だと仮定してみましょう。すると、蛇紋岩化域の西側（フィリピン海スラブの本体側）と蛇紋岩化域の境界では年間０・５〜１㎝のすべり欠損が生じていることになります。

これらの観測事実は、蛇紋岩化域西縁を境にして、フィリピン海スラブを２つに裂く変形が進行していることを示唆します。水による変成作用を受け蛇紋岩化したフィリピン海スラブ東端部は、その西側の本体部分から取り残されつつあるのかもしれません。

１９８７年千葉県東方沖地震における断層面上でのすべり量は30〜60㎝とされています。年間で０・５〜１㎝程度のすべり欠損が30〜60㎝ほど蓄積するためには、約60年かかります。蛇紋岩化域西縁に沿ってすべり欠損が蓄積され、それを解消するために右横ずれの地震が発生するのであれば、おおよそ60年間隔で似たような地震が発生しているはずです。

実際に、１９２３年関東地震の翌日に１９８７年千葉県東方沖地震とほぼ同じ場所で、波形のよく似た地震（Ｍ６・９）が発生したことがわかっています。この地震は関東地震の余震のひとつですが、発生場所がプレート境界でなかったことから、不思議な余震として知られていました。この余震の発生から千葉県東方沖地震までの間隔は64年です。関東地震の翌日に発生した余震が1987年千葉県東方沖地震のひとつ前の地震であった可能性が高い、と考えられます。もしこの仮説が正しいとすると、千葉県東方沖での次の大きな地震は、今世紀半ばに発生するでしょう。

1921年の茨城県南部の地震の震源域では、現在までの約100年間に同規模の地震は起きておらず、それ以前に同規模の地震が発生した記録も残っていません。そのため、この場所で繰り返し地震が発生するかは不明です。しかし、この領域でも蛇紋岩化域西縁に沿ったすべり欠損が徐々に蓄積されているとすれば、近い将来、茨城県南部を震源とするM7クラスのスラブ内地震が発生する可能性があります。

関東地震前後の活動を説明するモデル――蛇紋岩化域西縁の動き

図10・9に、1600年から現在までに南関東で発生した規模の大きな地震をまとめました。1703年元禄関東地震や1923年大正関東地震の発生直前に地震活動が活発化し、巨大地震発生後の50～100年は地震活動が低調でした。

1923年大正関東地震発生の直前には、1921年茨城県南部の地震、1922年浦賀水道地震などM7クラスの地震が相次いで発生しました。ここでは、フィリピン海スラブ内の蛇紋岩化域西縁での変形によって1923年前後の活発な地震活動を説明するひとつのモデルを紹介し

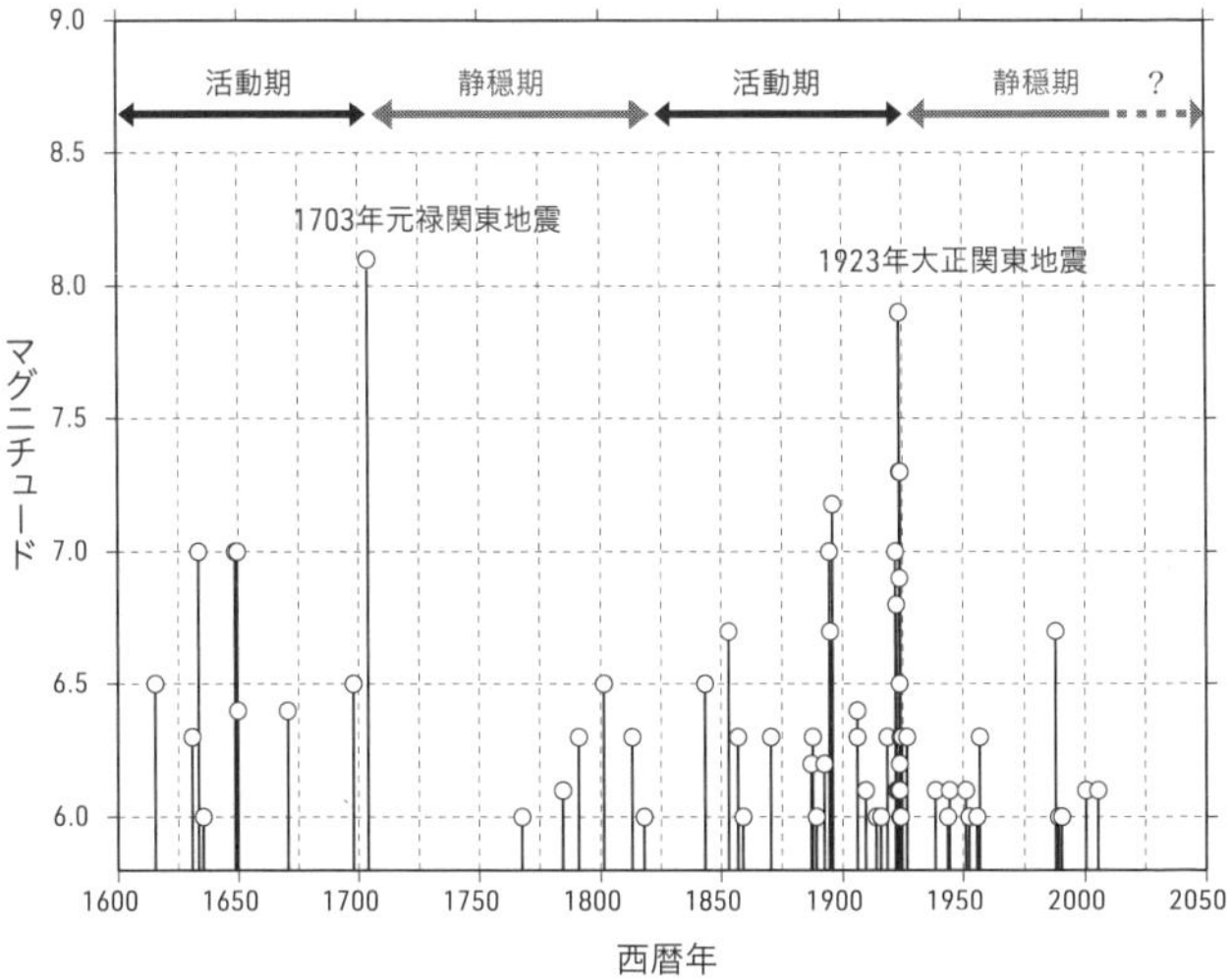

図10・9 南関東で発生した規模の大きな地震リスト

1703年元禄関東地震や1923年大正関東地震の直前に地震活動が活発になり(活動期)、巨大地震後の50〜100年は低調になる(静穏期)。

ます。

前に説明したように、1921年の茨城県南部の地震は、フィリピン海スラブ内の蛇紋岩化域西縁に沿ったほぼ鉛直な断層面での右横ずれにより発生したと考えられます(**図10・10**の①)。この地震により、茨城県南部の蛇紋岩化域西縁に蓄えられていたすべり欠損が解消されました。

1703年元禄関東地震から200年以上が経過しており、相模湾から房総半島にかけてのフィリピン海プレート上部境界では、次の関東地震に向けてすべり欠損が着々と蓄えられていたでしょう。茨城県南部の

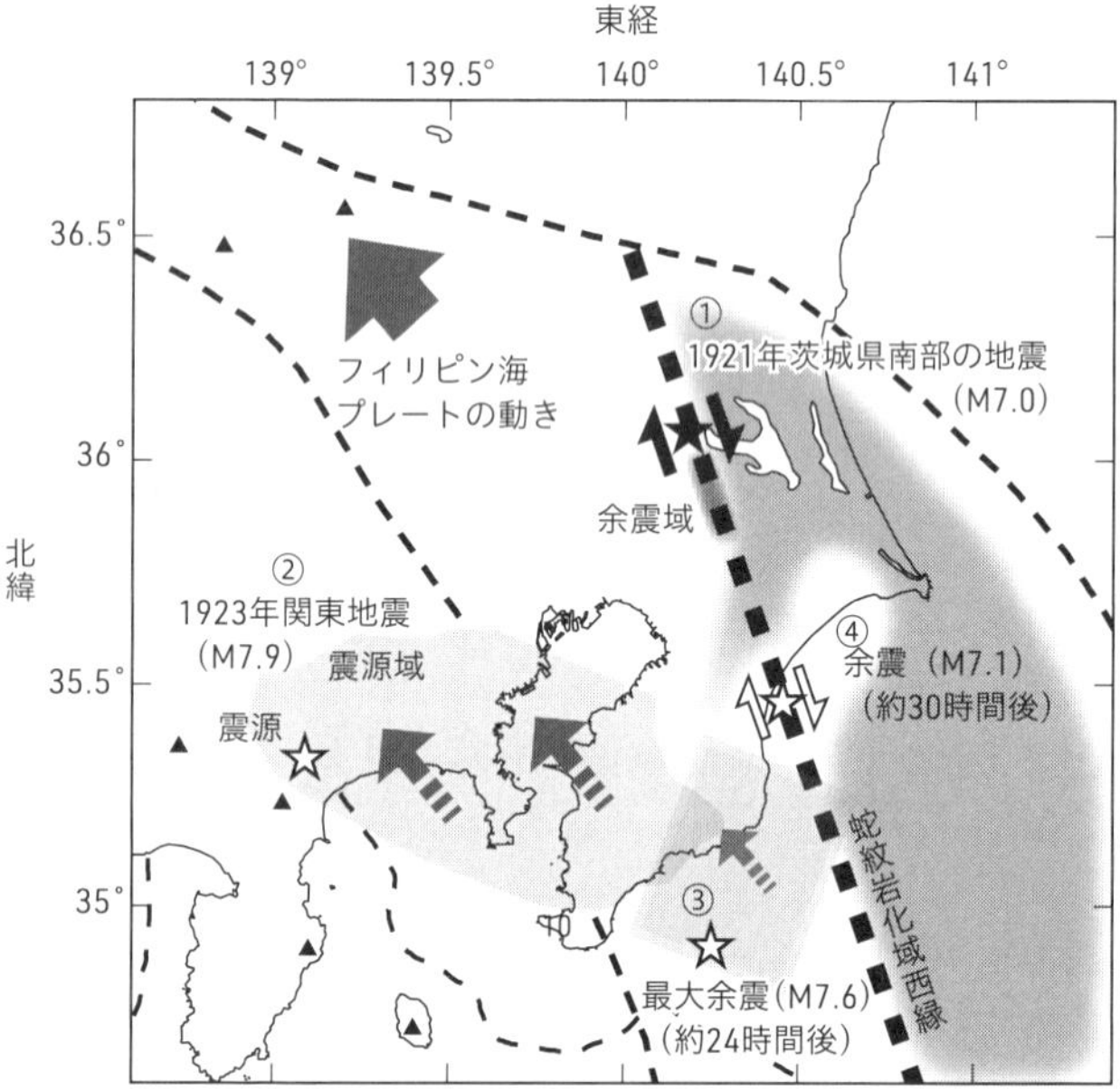

図10・10 大正関東地震前後の地震活動

フィリピン海プレート内の蛇紋岩化域西縁とその上部境界でのすべりの相互作用により、M7クラスの地震が相次いだ理由を説明できる。

地震の右横ずれ運動により、蛇紋岩化域の西側（フィリピン海スラブの本体側）が北（北西）へ動きました。このスラブ本体の移動は、その上部境界浅部の固着域で地震の発生を促す働きをしました。その結果、2年後の1923年に大正関東地震が発生したと考えられます（図10・10の②）。図には示していませんが、1922年の浦賀水道地震は、関東地震のアスペリティ下で発生したスラブ内地震であり、アスペリティの固着の影響を受けて発生したと考えられます。

1923年大正関東地震により、フィリピン海プレートの固着域(神奈川県のほぼ全域と東京湾南部、房総半島西部)はその沈み込み方向(北西方向)に6~7mほどすべりました。さらに、本震の約24時間後に、本震ですべらなかった房総半島沖合のプレート境界でM7・3の最大余震が発生しました(図10・10の③)。この2つの地震により、神奈川県西部から房総半島沖にかけての広い領域でフィリピン海スラブの本体側が、北西方向へ沈み込みました。この動きは、房総半島沖合の蛇紋岩化域西縁での右横ずれ運動を促進します。もしそのとき、蛇紋岩化域西縁に沿ってすべり欠損が十分に蓄積されていたならば、そこで地震が発生するでしょう。

このようにして、関東地震の翌日に蛇紋岩化域西縁に沿ってM6・9クラスの余震が発生したと考えられます(図10・10の④)。1921年茨城県南部の地震とこの余震により、蛇紋岩化域西縁に沿って面的に蓄積されていたすべり欠損は、すべて解消されたことでしょう。その後、蛇紋岩化域西縁では再び徐々にひずみ(すべり欠損)が蓄積されました。そのひずみが限界に達した1987年に、千葉県東方沖地震が発生したと考えられます。先に述べたとおり、蛇紋岩化域西縁に沿うすべり欠損の蓄積速度を考えると、大正関東地震から64年という間隔は辻褄が合うのです。

関東地方のスロースリップ

房総半島は通常、その直下に沈み込むフィリピン海プレートの影響で、年間2〜3㎝のスピードで北西向きに動いています。ところが、1996年5月、房総半島一帯のGNSS観測点がいっせいに逆向き（南東向き）に動き出しました。この動きは約1週間続きました。房総半島沖合下のフィリピン海プレート上部境界面（深さ約20㎞）でスロースリップが発生したのです。

房総半島沖のスロースリップ（図6・7の灰色丸）はその後、2002年、2007年にも観測され、5〜6年周期で発生していることがわかりました。いずれも、10〜30日ほどかけてフィリピン海プレート上部境界面がゆっくりとすべったことが原因です。その後、2011年東北地方太平洋沖地震発生直後とその年の11月、2014年1月にスロースリップが発生しました。以前の5〜6年という周期よりも早いタイミングでした。東北地方太平洋沖地震による応力変化とその余効変動の影響で発生間隔が乱されたと考えられています。最新のスロースリップは、2018年6月に発生しました。発生間隔が徐々に延びているようです。いずれは東北地方太平洋沖地震発生前の5〜6年という周期に戻ると考えられます。

房総半島沖のスロースリップは群発的な地震（スロー地震でないふつうの地震）をともないます。これは西南日本のスロースリップにはみられない特徴です。スロースリップによる応力の伝播が群発地震活動を引き起こしていると考えられます。2018年6月のスロースリップの発生期間中には、最大震度4を観測した地震をふくむ有感地震が相次いで発生するなど、活発な地震活動をともないました。

最近の研究により、少なくとも3年以上すべり続けるスロースリップが、1996～2000年と2007～2011年に東京湾北部から霞ヶ浦の東側にかけての領域下のフィリピン海プレート上部境界で発生したことが報告されています。また、茨城県南西部のフィリピン海プレート上でも約1年周期のスロースリップが発見されました。そのスロースリップの発生とほぼ同時にスロースリップ域直上の地震波の減衰構造が変化し、数ヵ月後にその浅部で地震活動が誘発されるという、興味深い現象も見つかりました。スロースリップにともなってプレート境界からはき出された高間隙圧水が構造変化をもたらし、地震を誘発したと解釈されています。

深い地震の巣——関東地方の地震を支配するもの

関東地方には「地震の巣」とよばれる密集した震源域があります。その中でもとくに顕著なのは「茨城県南西部」と「千葉県北西部」です。東京近郊での有感地震の多くは、この2つの地域で発生します。

茨城県南西部の地震の巣(**図10・11**bのⒶ)は、幅5～8㎞、長さ30㎞の範囲で発生し、その

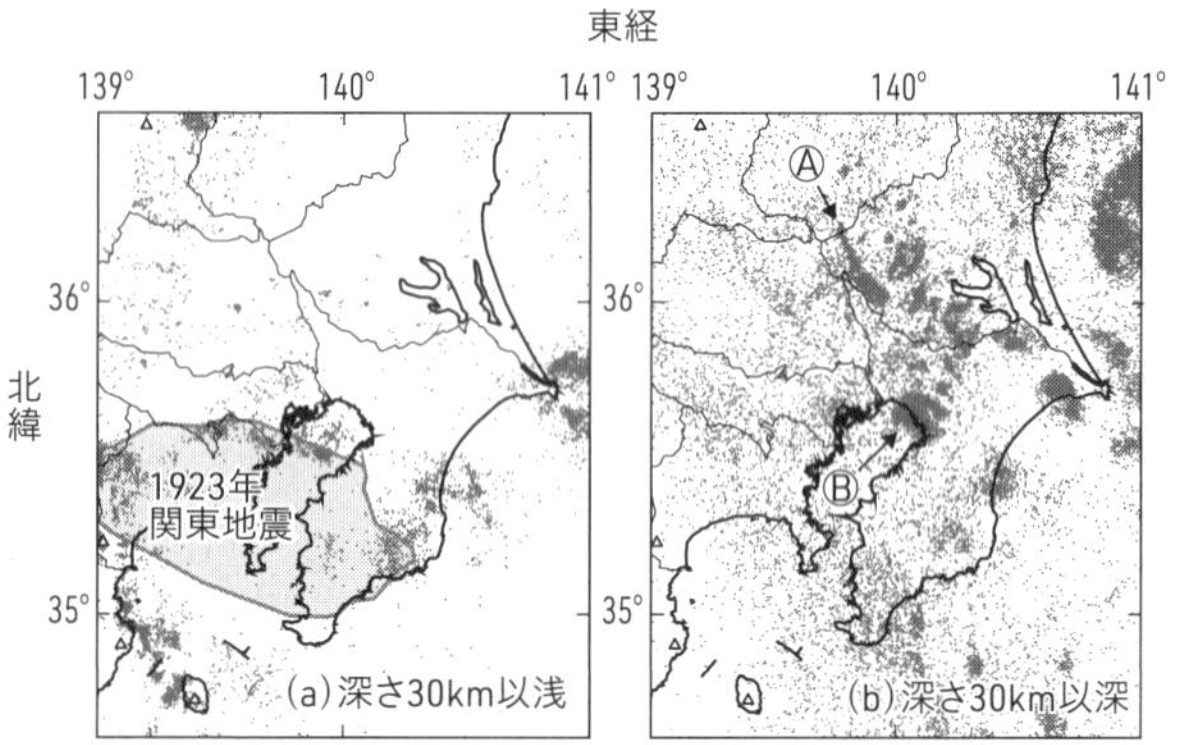

図10・11　関東地方の地震分布

(a)深さ30㎞以浅、(b)深さ30㎞以深の地震活動。注目する地震の巣は矢印で示してある。

ほとんどがフィリピン海プレート上部境界面の地震です（タイプ②）。先に紹介した約1年周期のスロースリップが発見されたのは、この地震の巣です。地震の深さは南東側では約40㎞、北西側では60㎞ほどです。2004年以降に発生した地震の規模は最大でもM5・6で、大きな地震は発生していません。これは、地震活動の幅が狭く、M6を超える地震を発生させるだけの断層幅がないことが原因と考えられます（表6・1）。また、ここでの地震活動には繰り返し地震（第6章参照）が多くふくまれます。

　千葉県北西部の地震の巣（図10・11bのⒷ）は千葉市の直下に位置し、地震はほぼ円形の領域（半径約6〜7㎞）で発生しています（震源の深さは60〜75㎞）。2005年7月にはM6・0の地震が深さ73㎞で発生し、東京で震度

5強を観測しました。東京で震度5強を観測したのは1992年以来13年ぶりでした。ここでは太平洋プレートとフィリピン海プレートの境界で発生する地震（タイプ④）が多いですが、正断層型の地震も少なからず発生しています。また、この地震の巣は深さ方向に2～3㎞の広がりをもちます。このような地震活動の原因はよくわかっていませんが、太平洋プレート上部境界面の凸凹や海山などの要因が絡んでいる可能性があります。

千葉県北西部の地震の巣の北側にもいくつかの地震の巣が飛び飛びにあります。これらの巣でおもに発生するのは、太平洋プレートとフィリピン海プレートの境界で発生する地震（タイプ④）です。

千葉県北西部の地震をふくむこれらの地震の巣はほぼ南北に並んでおり、それより西側の太平洋プレート上部境界面では地震はほとんど発生していません。南北に並ぶ地震の巣よりも西側では太平洋プレートが深く、プレート境界で地震が発生する上限の温度（約350℃）を超えていると考えられます。

一方で、地震の巣の並びの東側にも、太平洋プレート上部境界で地震がほとんど発生しない領域が大きく広がっています。太平洋プレート上で地震活動がみられない領域は、その直上のフィリピン海プレート内部が蛇紋岩化している領域とほぼ一致します。つまり、上盤側の蛇紋岩化がプレート境界地震の発生を抑制している、と解釈できます。「フィリピン海プレート内の蛇紋岩化が関東地方の地震テクトニクスを支配する」と結論づけてよさそうです。

浅い地震

関東地方では、内陸地殻の浅い地震（タイプ①）はあまり発生していません。図10・11aに、深さ30㎞より浅い地震の分布を示しました。活発な地震活動が見られるのは、銚子市付近、神奈川県西部、東京湾北部および房総半島南東部に限られます。

図10・11aには、1923年関東地震のアスペリティも示しました。銚子市付近の活動を除く関東地方の浅い地震は、関東地震のアスペリティ周辺で多く発生しているようにみえます。関東地震のアスペリティの周囲で内陸の浅い地震が多いのは、アスペリティ周辺では上盤プレートの透水性が高く、プレート境界から浅部に水が漏れているためかもしれません。また、アスペリティでの固着はその周囲の応力状態を変化させます。その影響によりアスペリティの周囲で浅い地震が発生している可能性もあります。

大きな内陸地震が発生すると、首都圏に甚大な被害をもたらします。関東地方における浅い地震の発生機構の解明も、重要な研究テーマのひとつです。

首都直下地震の被害想定

地震調査研究推進本部は２０１４年の「相模トラフ沿いの地震活動の長期評価」において、関東地震のような相模トラフ沿いのＭ８クラスの地震が今後30年以内に発生する確率を０～５％と発表しました。また、Ｍ７程度の地震については、１７８２年以降に発生した８つの地震の平均発生間隔から、今後30年以内の発生確率を70％程度と推定しています。では、首都直下でＭ７～８クラスの地震が起きた場合、どのような被害が出るのでしょうか？

東北地方太平洋沖地震の発生を受け、首都直下で想定される地震の規模、揺れ、津波被害などについて最新の知見を踏まえた検討がなされ、２０１３年に内閣府から最終報告が提出されています。その中では、Ｍ７クラスの地震として、内陸の浅い地震やフィリピン海プレートの上部境界、その内部の地震など19の地震（Ｍ６・８～７・３）が想定され、被害が見積もられました。

その結果、震度６強以上の強い揺れが想定される地震では、全壊家屋は約17万５０００棟、家屋の倒壊による死者は最大約１万１０００人にものぼり、建物被害にともなう要救助者は最大７万２０００人とされました。さらに、火災による死者は最大で１万６０００人であり、建物倒壊などとあわせて多くの犠牲者が出る恐れを指摘しています。また、電気・ガス・水道・通信などのライフラインも甚大な被害を受けることが予想されます。首都圏は人口が多く建物が密集しているため、ひとたび大地震が起きると甚大な被害が生じることは避けられません。

地震の確率予測——個人にとって必要な心構えとは？

最近、国が地震の発生確率を発表することが多くなりました。たとえば、先に紹介した「首都直下で今後30年以内にM７程度の地震が発生する確率は70％程度」というのも、そのひとつです。２０１７年12月には、北海道東部の太平洋沿岸でM９クラスの超巨大地震が発生する確率が7～40％という予測も公表されました。

また、確率論的地震動予測地図として、日本の各地で発生するであろう地震による想定震度が計算され、震度ごとに30年確率が公開されています。２０１８年１月１日現在、今後30年間に震度６弱以上の揺れに見舞われる確率が高い地域は、関東から四国にかけての太平洋沿岸です。この地域の大部分で26％以上の確率となっています（80％以上：千葉市や横浜市など、60～80％：根室市、静岡市、高松市、高知市など、40～60％：名古屋市、大阪市など）。それ以外の地域では、糸魚川－静岡構造線沿いで13～30％、中央構造線沿いでほぼ０～12％と確率が高くなっています。一方、北海道北部や中国地方などではその確率が０～０・１％の領域が広がっています。確率論的地震動予測地図はウェブ上で公開されているので、興味のある人はぜひ自分の住んでいる地域を確認してください。

このような確率予測は国や地方自治体における長期的な防災施策には有益です。しかし、個人レベルでは、地震の発生確率をどうとらえてよいか戸惑うかもしれません。

私たちが日常生活で最もよく目にする確率は「降水確率」です。降水確率が10％という予報を聞いても傘をもって出かける人はほとんどいないと思いますが、確率が50％であれば半分以上の人は傘をもつのではないでしょうか。降水確率が80％を超えると、ほとんどの人が傘をもつと思います。

地震の発生確率を降水確率と同じようにとらえている方もいらっしゃるかもしれません。しかし、もし発生確率が10％に満たないのであれば地震に対する備えは必要ない、という考えをもっているとしたら、認識を改める必要があるでしょう。「今後30年以内に数パーセント」という地震発生確率は、日常生活で無視できるほど小さな値ではないのです。

地震調査研究推進本部は「確率の数値を受け止めるうえでの参考情報」と題した解説を発表しています。その中では、地震の発生確率とほかの事象が起こる確率とが比較されています。

たとえば、確率論的地震動予測地図において、太平洋沿岸で多くみられる「今後30年間に震度6弱以上に見舞われる確率26％」という値は、30年間に交通事故で負傷する確率（15％）より高いです。「確率がやや高い」に分類される0・1〜3％には、火災で罹災（1・1％）、大雨や台風で罹災（0・3％）、交通事故で死亡（0・1％）など、各種保険でその保障に備えている日常生活と直結した事象がふくまれます。ちなみに、大雨や台風で死傷する確率は0・01％以下とされています。日常生活で危惧される事象の発生確率に置き換えてみると、「地震発生確率0・1〜3％」というのは決して低い確率ではないことがわかると思います。ましてや「26％」という値はいつ起こってもおかしくない確率なのです。

地震の発生確率や地震動予測確率などは、降水確率とは違った重みがあります。確率が低いからといって安心するのではなく、「日本列島ではいつどこで大地震が起こってもおかしくない」と日頃から考え、地震や災害に備える心構えが大切です。

おわりに

本書を執筆するきっかけは、講談社ブルーバックスの編集者である渡邉拓さんからの「日本列島の地下で起こっていること」をテーマに本を書いてみませんか、というお誘いでした。提案していただいたテーマはあまりにも広すぎて、当初は私の手には負えないのではないかと感じました。しかし、具体的な構想を練ってみると、私が研究してきた内容を活かせる部分が多くあることに気がつきました。なんとか形にすることができるかもしれないと考え、執筆を引き受けることにしたのです（この判断は甘く、のちに相当苦しむことになるのですが）。

私の専門は「地震学」です。私が学生の頃に、日本列島に稠密な地震観測網が整備されました。幸いにも、まだ誰も扱ったことのない貴重なデータが蓄積されていった時期に研究を始めることができたのです。私は日本列島で得られた地震波形データを解析し、日本列島下のプレートモデルを提案したり、スラブ内地震の発生場所の構造的特徴を抽出したり、関東地方で起こっていることを調べたりという、「日本列島の枠組みを理解する研究」をおもにおこなってきました。第4、5、7、9、10章は、私の研究内容と近いため、本書の執筆を依頼された段階から、その内容をある程度見通すことができました。しかしながら、日本列島の形成史を扱った第3章はまったく勉強不足の分野であったため、論文や本を読み、勉強するところから始める必要がありました。また、第6章や第8章の内容は、日々の研究の進歩が著しく、私の学生時代に比べ、その理解が大きく進展しています。私がもっていた知識の多くは、あまり役に立ちませんでした。それでも、何とか本書をまとめることができたのは、学生時代から地質学や岩石学、地球化学など、地震学以外を専門とする方々と議論する機会が多くあり、それらの分野について多少の知識があったことが大きかったと思います。

本書で紹介してきた、日本列島の生い立ち、プレートの沈み込み、スラブ内地震、火山活動、内陸地殻の変形などの一つひとつのテーマは、高校の教科書や多くの入門書で詳しく解説されています。しかし、これらの現象を概観し、「プレートの沈み込み」をひとつのシステムとして扱った書籍はほとんどないと思います。本書では、日本列島周辺でみられる地学現象をできるだけ結びつけて理解できるよう、プレートの沈み込みによって起こる現象の原因（プレートの含水化）から結果（火山の形成や内陸地震の発生）までを、その途中経過（プレート境界地震やスラブ内地震の発生）もふくめて紹介することを心がけました。

地球科学は自然（地球）を相手にするため、同じ現象を何度も観測することはできませんし、過去に起こった現象がすべて記録として残されているわけでもありません。そのため、ある時代には「正しい」と思われてきた仮説も、データ（証拠）がそろうと否定されてしまうことがあります。本書で紹介した内容は、現在多くの研究者のコンセンサスを得られているモデル（考え）ではありますが、データの蓄積や新しい実験などにより、その一部は将来否定されるかもしれません。しかし、少ない状況証拠から、大胆な仮説を立て、それを検証していくことで地球科学は進歩してきました。物理学や化学とはちがった「地球科学の特殊性」も理解していただければ幸いです。

本書では、日本列島の地下で起こっていること、に主眼をおいたために、たとえば２０１１年東北地方太平洋沖地震や２０１４年御嶽山の噴火など、個々の地震・火山現象のメカニズムの詳細にはほとんど触れていません。そのため、それぞれの現象をより深く知りたいと思う読者のみなさんには、物足りないところもあったかもしれません。特定の地震や火山噴火のメカニズムに興味がある方は、本書の内容を踏まえたうえで、関係する書籍を読んでいただけると、その理解がより深まるのではないかと思います。

最後になりましたが、海洋研究開発機構の木村純一さんにはつたない原稿を読んでいただき、日本列島の生い立ちやプレートの含水化、マグマ生成メカニズムなどに関して、的確なアドバイスをいただきました。東京工業大学の同僚である麻生尚文さんからはプレート境界地震や内陸地震に関して、太田健二さんからは物質科学的な視点から多くのコメントをいただきました。研究室の学生である、足立夢成くん、臼井友輔くん、及川元己くん、柏木広和くん、柴田律也くん、土山絢子さん、舩岡知広くんには、最終原稿をチェックしてもらいました。また、学生時代の指導教員であり、現在も共同研究者である長谷川昭先生（東北大学名誉教授）には、日本列島周辺の地震・火山テクトニクスについて、さまざまな観点から議論していただきました。本書の第8、9章の内容は、長谷川先生が提案されたモデルがベースになっています。講談社ブルーバックスの渡邉拓さんには、本書の構想段階から出版にいたるまで、親身になって付き合っていただきました。この場をお借りして、みなさまに感謝いたします。

中島淳一

2018年9月

［推薦図書］

- 井出哲（2017）『絵でわかる地震の科学』 講談社.
- 尾池和夫（2011）『日本列島の巨大地震』 岩波科学ライブラリー.
- 笠原順三ほか編（2003）『地震発生と水』 東京大学出版会.
- 鎌田浩毅（2017）『地学ノススメ』 講談社ブルーバックス.
- 川崎一朗（2006）『スロー地震とは何か』 NHKブックス.
- 木村学（2002）『プレート収束帯のテクトニクス学』 東京大学出版会.
- 木村学・大木勇人（2013）『図解・プレートテクトニクス入門』 講談社ブルーバックス.
- 是永淳（2014）『絵でわかるプレートテクトニクス』 講談社.
- 佐野貴司（2017）『海に沈んだ大陸の謎』 講談社ブルーバックス.
- 高橋正樹（2000）『島弧・マグマ・テクトニクス』 東京大学出版会.
- 巽好幸（1995）『沈み込み帯のマグマ学』 東京大学出版会.
- 巽好幸（2003）『安山岩と大陸の起源』 東京大学出版会.
- 巽好幸（2011）『地球の中心で何が起こっているのか』 幻冬舎新書.
- 堤之恭（2014）『絵でわかる日本列島の誕生』 講談社.
- 中西正男・沖野郷子（2016）『海洋底地球科学』 東京大学出版会.
- 藤岡換太郎・平田大二編著（2014）『日本海の拡大と伊豆弧の衝突』 有隣新書.
- 山岡耕春（2016）『南海トラフ地震』 岩波新書.
- 山崎晴雄・久保純子（2017）『日本列島100万年史』 講談社ブルーバックス.

- Müller, R. D. *et al.* (2008). *Geochemistry, Geophysics, Geosystems*, **9**, Q04006.
- Nakajima, J. and Hasegawa, A. (2007). *Journal of Geophysical Research*, **112**, B08306.
- Nakajima, J. and Hasegawa, A. (2010). *Journal of Geophysical Research*, **115**, B04301.
- Nur, A. and Ben-Avraham, Z. (1977). *Nature*, **270**, 41-43.
- Obara, K. and Kato, A. (2016). *Science*, **353**, 253-257.
- Okada, Y. and Kasahara, K. (1990). *Tectonophysics*, **172**, 351-364.
- Tamura, Y. *et al.* (2002). *Earth and Planetary Science Letters*, **197**, 105-116.
- Wei, D. and Seno, T. (1998). In *Mantle Dynamics and Plate Interactions in East Asia*, 337-346.

〈Webサイト〉

- 伊豆半島ジオパーク　ホームページ
  https://izugeopark.org/
- 地震調査研究推進本部（地震本部）　ホームページ
  https://www.jishin.go.jp/
  - 『日本海東縁部の地震活動の長期評価について』(2003)
    https://www.jishin.go.jp/main/chousa/03jun_nihonkai/index.html
  - 『日本の地震活動　第2版』
    https://www.jishin.go.jp/resource/seismicity_japan/
  - 『南海トラフで発生する地震』
    https://www.jishin.go.jp/regional_seismicity/rs_kaiko/k_nankai/
- 中央防災会議 首都直下地震対策検討ワーキンググループ（2013）
  http://www.bousai.go.jp/jishin/syuto/taisaku_wg/
- United States Geological Survey（USGS、米国地質調査所）　ホームページ
  - 「Putting the pieces together」
    https://geomaps.wr.usgs.gov/parks/pltec/pltec2.html

［引用文献］

〈書籍〉

- 小林和男（1980）『深海底で何が起こっているか』 講談社ブルーバックス.
- 平朝彦（1990）『日本列島の誕生』 岩波新書.
- 日本地質学会編（2008）『日本地方地質誌３　関東地方』 朝倉書店.

〈論文（和文）〉

- 田村芳彦（2003）. 地学雑誌, **112**, 781-793.
- 中島淳一（2017）. 東京大学地震研究所彙報, **92**, 49-62.
- 長谷川昭ほか（2012）. 地学雑誌, **121**, 128-160.

〈論文（英文）〉

- Dziewonski, A. M. and Anderson, D. L. (1981). *Physics of the Earth and Planetary Interiors*, **25**, 297-356.
- Eberle, M. A. *et al*. (2002). *Physics of the Earth and Planetary Interiors*, **134**, 191-202.
- Fukao, Y. and Obayashi, M. (2013). *Journal of Geophysical Research*, **118**, 5920-5938.
- Gamage, S. S. N. *et al*. (2009). *Geophysical Journal International*, **178**, 195-214.
- Grand, S. P. *et al*. (1997). *GSA Today*, **7**, 1-7.
- Hacker, B. R. *et al*. (2003). *Journal of Geophysical Research*, **108**.
- Hasegawa, A., and Nakajima, J. (2004). In *The State of the Planet: Frontiers and Challenges in Geophysics*, 81-94.
- Hasegawa, A. *et al*. (2009). *Gondwana Research*, **16**, 370-400.
- Kamimura, A. *et al*. (2002). *Physics of the Earth and Planetary Interiors*, **132**, 105-129.
- Kawasaki, I. *et al*. (1995). *Journal of Physics of the Earth*, **43**, 105-116.

271
康和南海地震（1099年）▶132
三陸はるか沖地震（1994年）▶126
塩屋崎沖地震（1938年）→福島県東方沖地震
積丹半島沖地震（1940年）▶79
庄内地震（1894年）▶236
正平地震（1361年）▶132
昭和三陸地震（1933年）▶104, 174
昭和東南海地震（1944年）▶134, 143
昭和南海地震（1946年）▶134, 143
スマトラ地震（2004年）▶121
大正関東地震（1923年）▶128, 259, 260, 269, 272, 278
丹沢地震（1924年）▶262
千葉県東方沖地震（1987年）▶262, 268, 269, 273
チリ地震（1960年）▶121
東北地方太平洋沖地震（2011年）▶9, 105, 121, 146, 148, 274
十勝沖地震（1968年）▶126
新潟県中越沖地震（2007年）▶234
新潟県中越地震（2004年）▶234
新潟地震（1964年）▶79
西埼玉地震（1931年）▶262
日本海中部地震（1983年）▶79
仁和地震（887年）▶132
濃尾地震（1891年）▶233, 235
白鳳地震（684年）▶132
日向灘地震（1968年）▶129
兵庫県南部地震（1995年）▶149, 234, 235
福島県東方沖地震（1938年）▶126
宝永地震（1707年）▶133, 150
房総沖地震（1909年）▶129
房総沖地震（1953年）▶129
北海道胆振東部地震（2018年）▶235
北海道南西沖地震（1993年）▶79
宮城県沖地震（1978年）▶126
宮城県沖地震（2003年）▶173, 180
宮城県沖地震（2005年）▶105, 126
宮城県沖地震（2011年）▶173, 180
明応地震（1498年）▶132
明治三陸地震（1896年）▶105
明治東京地震（1894年）▶261
八重山地震（1771年）▶129
陸羽地震（1896年）▶234, 236

【た】

【さ】

[索引]

N.D.C.453　295p　18cm

ブルーバックス　B-2075

日本列島《にほんれつとう》の下《した》では何《なに》が起《お》きているのか

列島誕生から地震・火山噴火のメカニズムまで

2018年10月20日　第1刷発行
2018年11月6日　第3刷発行

著者　中島淳一《なかじまじゅんいち》
発行者　渡瀬昌彦
発行所　株式会社講談社
〒112-8001 東京都文京区音羽2-12-21
電話　出版　03-5395-3524
販売　03-5395-4415
業務　03-5395-3615
印刷所　（本文印刷）豊国印刷株式会社
（カバー表紙印刷）信毎書籍印刷株式会社
本文データ制作　講談社デジタル製作
製本所　株式会社国宝社

定価はカバーに表示してあります。

ISBN978−4−06−513521−1

発刊のことば

科学をあなたのポケットに

二十世紀最大の特色は、それが科学時代であるということです。科学は日に日に進歩を続け、止まるところを知りません。ひと昔前の夢物語もどんどん現実化しており、今やわれわれの生活のすべてが、科学によってゆり動かされているといっても過言ではないでしょう。

そのような背景を考えれば、学者や学生はもちろん、産業人も、セールスマンも、ジャーナリストも、家庭の主婦も、みんなが科学を知らなければ、時代の流れに逆らうことになるでしょう。

ブルーバックス発刊の意義と必然性はそこにあります。このシリーズは、読む人に科学的に物を考える習慣と、科学的に物を見る目を養っていただくことを最大の目標にしています。そのためには、単に原理や法則の解説に終始するのではなくて、政治や経済など、社会科学や人文科学にも関連させて、広い視野から問題を追究していきます。科学はむずかしいという先入観を改める表現と構成、それも類書にないブルーバックスの特色であると信じます。

一九六三年九月

野間省一

ブルーバックス　地球科学関係書

1414 謎解き・海洋と大気の物理　保坂直紀
1510 新しい高校地学の教科書　杵島正洋／松本直記／左巻健男＝編著
1576 富士山噴火　鎌田浩毅
1639 見えない巨大水脈　地下水の科学　日本地下水学会／井田徹治
1656 今さら聞けない科学の常識2　朝日新聞科学グループ＝編
1670 森が消えれば海も死ぬ　第2版　松永勝彦
1721 図解　気象学入門　古川武彦／大木勇人
1756 山はどうしてできるのか　藤岡換太郎
1804 海はどうしてできたのか　藤岡換太郎
1824 日本の深海　瀧澤美奈子
1834 図解　プレートテクトニクス入門　木村　学／大木勇人
1844 死なないやつら　長沼　毅
1848 今さら聞けない科学の常識3　聞くなら今でしょ！　朝日新聞科学医療部＝編
1861 発展コラム式　中学理科の教科書　改訂版　生物・地球・宇宙編　石渡正志／滝川洋二＝編
1865 地球進化　46億年の物語　ロバート・ヘイゼン／円城寺　守＝監訳／渡会圭子＝訳
1883 地球はどうしてできたのか　吉田晶樹
1885 川はどうしてできるのか　藤岡換太郎
1905 あっと驚く科学の数字　数から科学を読む研究会

1924 謎解き・津波と波浪の物理　保坂直紀
1925 地球を突き動かす超巨大火山　佐野貴司
1936 Q&A火山噴火127の疑問　日本火山学会＝編
1957 日本海　その深層で起こっていること　蒲生俊敬
1974 海の教科書　柏野祐二
1995 活断層地震はどこまで予測できるか　遠田晋次
2000 日本列島100万年史　山崎晴雄／久保純子
2002 地学ノススメ　鎌田浩毅
2004 人類と気候の10万年史　中川　毅
2008 地球はなぜ「水の惑星」なのか　唐戸俊一郎
2015 三つの石で地球がわかる　藤岡換太郎
2021 海に沈んだ大陸の謎　佐野貴司

ブルーバックス　宇宙・天文関係書

ブルーバックス　物理学関係書（I）

79 相対性理論の世界 J・A・コールマン 中村誠太郎＝訳
563 電磁波とはなにか 後藤尚久
584 10歳からの相対性理論 都筑卓司
733 紙ヒコーキで知る飛行の原理 小林昭夫
911 電気とはなにか 室岡義広
920 イオンが好きになる本 米山正信
1012 量子力学が語る世界像 和田純夫
1084 図解　わかる電子回路 加藤　肇／見城尚志／高橋　久
1128 原子爆弾 山田克哉
1150 音のなんでも小事典 日本音響学会＝編
1174 消えた反物質 小林　誠
1205 クォーク　第2版 南部陽一郎
1251 心は量子で語れるか ロジャー・ペンローズ／A・シモニー／N・カートライト／S・ホーキング 中村和幸＝訳
1259 光と電気のからくり 山田克哉
1310 「場」とはなんだろう 竹内　薫
1324 いやでも物理が面白くなる 志村史夫
1375 実践　量子化学入門　CD-ROM付 平山令明
1380 四次元の世界（新装版） 都筑卓司
1383 高校数学でわかるマクスウェル方程式 竹内　淳
1384 マックスウェルの悪魔（新装版） 都筑卓司
1385 不確定性原理（新装版） 都筑卓司
1390 熱とはなんだろう 竹内　薫
1391 ミトコンドリア・ミステリー 林　純一
1394 ニュートリノ天体物理学入門 小柴昌俊
1415 量子力学のからくり 山田克哉
1444 超ひも理論とはなにか 竹内　薫
1452 流れのふしぎ 石綿良三／根本光正＝著 日本機械学会＝編
1469 量子コンピュータ 竹内繁樹
1470 高校数学でわかるシュレディンガー方程式 竹内　淳
1483 新しい物性物理 伊達宗行
1487 ホーキング　虚時間の宇宙 竹内　薫
1509 新しい高校物理の教科書 山本明利／左巻健男＝編著
1569 電磁気学のABC（新装版） 福島　肇
1583 熱力学で理解する化学反応のしくみ 平山令明
1605 マンガ　物理に強くなる 関口知彦＝原作 鈴木みそ＝漫画
1620 高校数学でわかるボルツマンの原理 竹内　淳
1638 プリンキピアを読む 和田純夫
1642 新・物理学事典 大槻義彦／大場一郎＝編
1648 量子テレポーテーション 古澤　明
1657 高校数学でわかるフーリエ変換 竹内　淳
1663 物理学天才列伝（上） ウィリアム・H・クロッパー 水谷　淳＝訳

ブルーバックス　物理学関係書（II）

1664 物理学天才列伝（下）　ウィリアム・H・クロッパー　水谷　淳＝訳
1675 量子重力理論とはなにか　竹内　薫
1697 インフレーション宇宙論　佐藤勝彦
1701 光と色彩の科学　齋藤勝裕
1715 量子もつれとは何か　古澤　明
1716 「余剰次元」と逆二乗則の破れ　村田次郎
1720 傑作！　物理パズル50　ポール・G・ヒューイット＝作　松森靖夫＝編訳
1728 ゼロからわかるブラックホール　大須賀　健
1731 宇宙は本当にひとつなのか　村山　斉
1738 物理数学の直観的方法（普及版）　長沼伸一郎
1750 知っておきたい物理の疑問55　日本物理学会＝編
1776 現代素粒子物語（高エネルギー加速器研究機構）＝協力　中嶋　彰／KEK
1780 オリンピックに勝つ物理学　望月　修
1798 ヒッグス粒子の発見　イアン・サンプル　上原昌子＝訳
1799 宇宙になぜ我々が存在するのか　村山　斉
1803 高校数学でわかる相対性理論　竹内　淳
1809 物理がわかる実例計算101選　クリフォード・スワルツ　園田英徳＝訳
1815 大人のための高校物理復習帳　桑子　研
1827 大栗先生の超弦理論入門　大栗博司
1832 マンガ　はじめまして　ファインマン先生　ジム・オッタヴィアニ＝原作　リーランド・マイリック＝漫画　大貫昌子＝訳

1836 真空のからくり　山田克哉
1848 今さら聞けない科学の常識3　聞くなら今でしょ！　朝日新聞科学医療部＝編
1852 物理のアタマで考えよう！　ウィープケ・ドレンカン＝絵　ジョー・ヘルマンス　村岡克紀＝訳・解説
1856 量子的世界像　101の新知識　ケネス・フォード　青木　薫＝監訳　塩原通緒＝訳
1860 発展コラム式　中学理科の教科書　改訂版　物理・化学編　滝川洋二＝編
1867 高校数学でわかる流体力学　竹内　淳
1871 アンテナの仕組み　小暮裕明　小暮芳江
1894 エントロピーをめぐる冒険　鈴木　炎
1899 エネルギーとはなにか　ロジャー・G・ニュートン　東辻千枝子＝訳
1905 あっと驚く科学の数字　数から科学を読む研究会
1912 マンガ　おはなし物理学史　小山慶太＝原作　佐々木ケン＝漫画
1924 謎解き・津波と波浪の物理　保坂直紀
1930 光と重力　ニュートンとアインシュタインが考えたこと　小山慶太
1932 天野先生の「青色LEDの世界」　天野　浩／福田大展
1937 輪廻する宇宙　横山順一
1939 灯台の光はなぜ遠くまで届くのか　テレサ・レヴィット　岡田好惠
1940 すごいぞ！　身のまわりの表面科学　日本表面科学会

ブルーバックス　物理学関係書（III）

1960 超対称性理論とは何か　小林富雄
1961 曲線の秘密　松下泰雄
1970 高校数学でわかる光とレンズ　竹内　淳
1975 マンガ現代物理学を築いた巨人 ニールス・ボーアの量子論　ジム・オッタヴィアニ＝原作 リーランド・パーヴィス＝漫画 今枝麻子／園田英徳＝訳
1981 宇宙は「もつれ」でできている　ルイーザ・ギルダー 山田克哉＝監訳 窪田恭子＝訳
1982 光と電磁気　ファラデーとマクスウェルが考えたこと　小山慶太
1983 重力波とはなにか　安東正樹
1986 ひとりで学べる電磁気学　中山正敏
2019 時空のからくり　山田克哉
2031 時間とはなんだろう　松浦　壮
2032 佐藤文隆先生の量子論　佐藤文隆
2040 ペンローズのねじれた四次元　増補新版　竹内　薫
2048 $E=mc^2$ のからくり　山田克哉
2056 新しい１キログラムの測り方　臼田　孝

ブルーバックス　化学関係書

920 イオンが好きになる本　米山正信
969 化学反応はなぜおこるか　上野景平
1152 酵素反応のしくみ　藤本大三郎
1188 金属なんでも小事典　増本 健＝監修　ウォーク＝編著
1240 ワインの科学　清水健一
1296 暗記しないで化学入門　平山令明
1334 マンガ　化学式に強くなる　高松正勝＝原作　鈴木みそ＝漫画
1375 実践　量子化学入門　CD-ROM付　平山令明
1508 新しい高校化学の教科書　左巻健男＝編著
1534 化学ぎらいをなくす本（新装版）　米山正信
1583 熱力学で理解する化学反応のしくみ　平山令明
1632 ビールの科学　サッポロビール価値創造フロンティア研究所＝編　渡 淳二＝監修
1646 水とはなにか（新装版）　上平 恒
1658 ウイスキーの科学　古賀邦正
1710 マンガ　おはなし化学史　松本 泉＝原作　佐々木ケン＝漫画
1729 有機化学が好きになる（新装版）　米山正信／安藤 宏
1805 元素111の新知識　第2版増補版　桜井 弘＝編
1816 大人のための高校化学復習帳　竹田淳一郎
1848 今さら聞けない科学の常識3　聞くなら今でしょ！　朝日新聞科学医療部＝編
1849 分子からみた生物進化　宮田 隆
1860 発展コラム式　中学理科の教科書　改訂版　物理・化学編　滝川洋二＝編
1905 あっと驚く科学の数字　数から科学を読む研究会
1922 分子レベルで見た触媒の働き　松本吉泰
1940 すごいぞ！　身のまわりの表面科学　日本表面科学会
1956 コーヒーの科学　旦部幸博
1957 日本海　その深層で起こっていること　蒲生俊敬
1980 夢の新エネルギー「人工光合成」とは何か　光化学協会＝編　井上晴夫＝監修
2020 「香り」の科学　平山令明
2028 元素118の新知識　桜井 弘＝編

ブルーバックス 12cm CD-ROM付

BC07 ChemSketchで書く簡単化学レポート　平山令明